U0345911

高职高专"十二五"电子商务专业规划教材

网站设计与网页制作

主　编　段淑敏　郭军明
副主编　张六成　王　俊

上海财经大学出版社

图书在版编目(CIP)数据

网站设计与网页制作/段淑敏,郭军明主编.—上海:上海财经大学出版社,2015.8

(高职高专“十二五”电子商务专业规划教材)

ISBN 978-7-5642-2172-0/F·2172

Ⅰ.①网… Ⅱ.①段…②郭… Ⅲ.①网站-设计-高等职业教育-教材②网页-制作-高等职业教育-教材 Ⅳ.①TP393.092

中国版本图书馆 CIP 数据核字(2015)第 106063 号

□ 责任编辑 袁春玉
□ 电　　话 021－65903827
□ 封面设计 张克瑶
□ 责任校对 王从远

WANGZHAN SHEJI YU WANGYE ZHIZUO

网 站 设 计 与 网 页 制 作

主　编 段淑敏 郭军明
副主编 张六成 王　俊

上海财经大学出版社出版发行
(上海市武东路 321 号乙 邮编 200434)
网　址:http://www.sufep.com
电子邮箱:webmaster @ sufep.com
全国新华书店经销
上海华业装璜印刷厂印刷装订
2015 年 8 月第 1 版 2015 年 8 月第 1 次印刷

787mm×1092mm 1/16 19.25 印张 492 千字
印数:0 001－4 000 定价:45.00 元
(本教材附赠光盘一张)

前　言

互联网已经在现代经济的各个领域、社会的各个角落发挥着不可替代的作用。面对互联网这样一个大市场，越来越多的企业把目光投向电子商务，而电子商务活动的开展必须依赖于电子商务网站这个平台。电子商务网站是企业开展电子商务的基础设施和信息平台，是实施电子商务的公司或商家与服务对象的交互页面，是电子商务系统运转的承担者和表现者。HTML 语言是整个网站设计和开发的核心。它是网页开发所基于的标准的结构化语言，其包含的各种结构标记的基本功能是控制网页内容的结构划分。在网页开发之初，各项标准并不完善，HTML 肩负了内容与外观的双重任务。目前，Web 标准大潮已席卷了网站设计领域，许多网站设计者学习并应用 CSS＋DIV 布局网站，本书就是在这一时期推出的利用 Web 标准进行商务网站开发的指导用书，力求通过最简单的方法与大家一起探讨使用 Web 标准进行网站开发的方法，能帮助学习者改变传统的网站设计思维，进入基于 Web 标准的 CSS＋DIV 网页设计领域。另外，Photoshop、Fireworks、Dreamweaver 和 Flash 是现在流行的网页设计与制作相关软件，因其完好的集成性，为网页设计者提供了无缝隙配合环境，这是网站开发的最佳选择。本书紧紧围绕商务网站开发的需要，介绍了相关软件的使用方法与配合应用。通过实例向读者介绍了网页用图的绘制与处理、网页动画设计与制作、网页制作编辑方法。

1. 内容及其组织

商务网站开发按照学习进程分成三个部分。第一部分是电子商务网页设计基础篇；第二部分是电子商务网站开发技术篇；第三部分是电子商务网页制作工具篇。主要内容包括：电子商务网页和网站的制作流程、电子商务网站系统分析与总体规划、网页设计语言 HTML 与 XHTML、脚本语言 JavaScript、CSS 样式基础、CSS 布局页面元素、CSS 定位与 DIV 布局、Photoshop 与 Fireworks 图形图像编辑、Dreamweaver 布局、Flash 动画制作等。本书采用项目任务法进行编写，按照实际网站设计应用提取不同的能力目标，分配到 10 个不同的项目中，并在每一个项目前明示项目的课程专业能力。全书以商务网站开发过程为基础构建学习案例，贴近职业实际。

2. 教材特色

(1)知识以合理够用为度，突出能力本位。本书以能力训练为主，同时兼顾知识的系统性。内容涵盖了从 Web 排版到页面布局的所有元素，内容全面、条理清晰，注重与学习者的认识过程相结合。融合编者多年的网页设计经验和教学经验进行点拨，使读者能够学以致用。书中明确了学习目标，使读者有成就感，增强了学习兴趣。

(2)采用案例驱动，注重实用。本书提供大量电子商务网页设计与制作的范例，并辅以细致的讲解、图示及源代码,易于理解。书中实例可以引领学习者完成从构思、规划到设计、制作完整网站的全部工作。

(3)教学内容模块结合。本书用10个项目概括了商务网站开发的基本方法,各部分界限清晰、自成一体,不同专业或不同基础读者可以有重点地选择阅读相应章节。

(4)语言描述通俗易懂、图文并茂,知识讲解深入浅出,内容组织层次分明,案例实现循序渐进,注重思维锻炼与实践应用。

(5)将基础理论、应用技术和周边软件进行结合,全方位地为解决实际问题提供思路、方法和技巧。本书基于较新版本的网站开发相关软件,按照从简单到复杂、从入门到精通的思路进行编写。教材内容融入成熟的技术标准,既兼顾学习者取得相应的职业资格认证,又体现对其职业素质的培养。

3. 关于本书作者

本书的几位作者均有着多年的网页教学以及网页设计制作经验,先后在多家网站开发公司从事网页设计工作,积累了大量的网页设计制作经验,并精通网页布局和美化的多种技巧。在编写过程中,作者结合多个经典的网站实例进行讲解,使读者能够快速掌握商务网站开发技巧。

4. 如何阅读本书

本书采用图文并茂的方式,全面展现了网页设计与制作的细节,并通过大量的提示和技巧为读者解除阅读和学习上的障碍,使读者能够快速、高效地提升自己的网页制作技能。本书配套光盘提供了书中所有实例的源文件,供读者学习和参考。读者可以通过运行代码了解各个案例的功能,以及其中包含的亮点;通过阅读代码了解代码的整体布局,并掌握代码实现方式。

本书适合于初级、中级网页设计爱好者,以及希望学习Web标准对原有网站进行重构的网页设计者。本书可作为高等院校、高等职业院校的相关教材,也可以作为网站制作培训班的参考用书。

本书由段淑敏、郭军明主编和统稿,张六成、王俊参与编写。项目1、项目2、项目4、项目5由段淑敏编写,项目3、项目8、项目9、项目10由郭军明编写,项目6、项目7由王俊和张六成共同编写。本书致力于让多层次的读者阅读后能有所收获,但是由于编者水平有限,书中纰漏在所难免,恳请广大读者批评、指正。

编　者

2015年6月

目　录

第二部分 电子商务网站开发技术篇

第一部分

电子商务网页设计基础篇

互联网已经在现代经济的各个领域、社会的各个角落发挥着不可替代的作用。面对互联网这样一个大市场,任何企业都不愿错过,纷纷投入到各自的企业电子商务建设中。电子商务系统是进行电子商务活动的载体,在电子商务系统中,最基础的就是电子商务网站的建设,它是从事电子商务活动的基础平台。通常,人们通过 Internet 浏览器访问不同的电子商务网站,进行有关的信息交互活动,从而完成商务活动的全过程。企业拥有自己的电子商务平台,便于吸引更多的客户,加强企业同客户的交流,让客户了解企业的产品与服务。随着电子商务影响力的逐渐扩大,各类电子商务网站也在大量涌现。众多的电子商务网站展现了丰富多彩的界面和内容,但是它们在结构、功能和开发技术等很多方面都有着相似的地方。

本部分内容主要包括电子商务网页和网站的制作流程,电子商务网站系统分析与总体规划。项目 1 为电子商务网页和网站的制作流程,主要是让读者了解网页与网站的关系,以及网页的基本构成元素,网页设计与制作、网页设计的特点和网页设计的相关术语,熟悉网站制作流程,了解网站建设标准、熟悉常见页面布局方式与网站类型。项目 2 为电子商务网站系统分析与总体规划,让读者了解电子商务网站技术的有关基础知识,掌握电子商务网站的构成要素,并通过对某企业电子商务网站建设项目规划书的分析,学习网站项目规划。本书是介绍商务网站开发方面的书籍,必须结合电子商务网页制作的基础知识才能做到融会贯通。

第一部分

电子商务网页设计基础篇

项目 1　电子商务网页和网站的制作流程

【课程专业能力】

1. 了解网页与网站的关系和网页的基本构成元素。
2. 了解网页设计与制作、电子商务网页设计的特点和网页设计的相关术语。
3. 熟悉电子商务网站制作流程。
4. 了解网站建设标准，熟悉常见页面布局方式。
5. 熟悉常见的网站类型。

【课前项目直击】

互联网给全世界带来了非同寻常的机遇。全球社会、政治、经济、科技、教育、生活等方方面面都已与互联网紧密地联结在一起。互联网依托网站所提供的信息和各种服务已深刻、全方位地影响和改变着我们的生活。

20 世纪 80 年代，人们上网主要是浏览 BBS、查看信息、发布留言。进入 20 世纪 90 年代后，还可以在网上“安家”，建立个人网站。从 20 世纪 90 年代中后期以来，越来越多的个人和企业意识到通过网络进行商务活动的重要性，企业纷纷建立门户网站，许多个人也到交易网站注册自己的网上商店，越来越多的企业和个人从事着电子商务活动。

任务 1　网页和网站

随着 Internet 的日益成熟，越来越多的人得益于网络的发展和壮大，每天无数的信息在网络上传播，而形态各异、内容繁杂的网页就是这些信息的载体。

一、网页与网站的关系

现在许多企业都拥有自己的网站，并利用网站进行宣传、发布产品资讯和招聘信息。随着网页制作技术的流行，很多个人也开始制作个人主页，这些网页通常是作者用来自我介绍、展示个性的地方。同时，也出现了很多以提供网络资讯为营利手段的网络公司，这些公司的网站会提供生活各个方面的资讯，如财经、科技、体育、旅游、娱乐、游戏、房产、数码、亲子等。

网站(Website)是指在国际网络中根据一定的规范，使用超文本标记语言或其他工具软件制作的用于展示特定内容的相关网页和文件的集合。简单地说，网站是网络中的通信工具。像布告栏一样，网站拥有者可以通过网站发布资讯或提供相关的网络服务；用户可以通过浏览

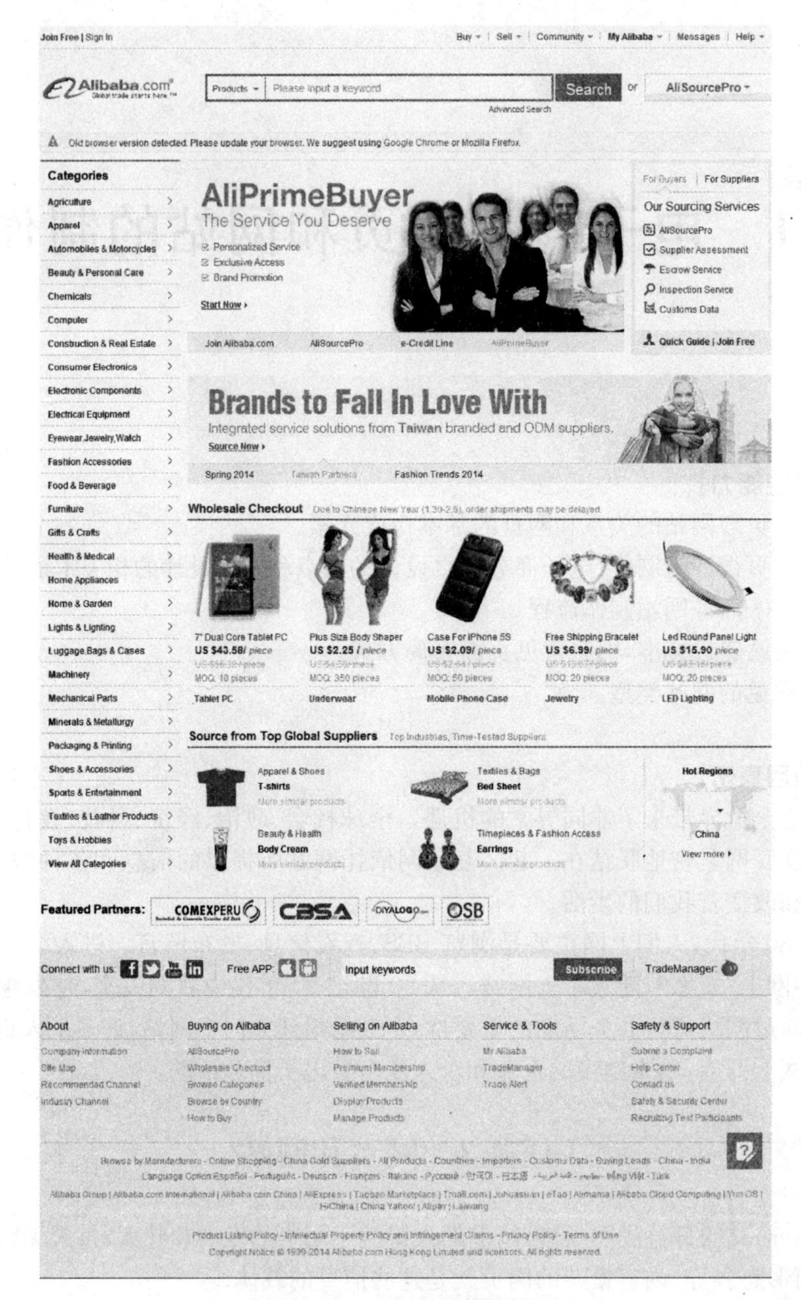

图 1－1　Alibaba 网站页面

器访问网络中的网站，获取需要的资讯或接受网络服务。网站是一个存放在网络服务器上的完整信息的集合体，它包含一个或多个网页，网站的第一个网页称为首页。

> **☆知识链接**
>
> 网页是一个文件，经由统一资源定位器(URL)来识别与存取，当用户在浏览器中输入网址后，服务器端程序进行处理，将网页文件传送到用户的计算机，通过浏览器解释网页的内容后再展示给用户。网页是网站中的一“页”，通常是 HTML 格式(文件扩展名为.html 或.htm、.asp、.aspx、.php、.jsp 等)，网页由文字、图片、声音、视频等多媒体视听元素通过超链接

的方式有机地组合起来，需要通过 Web 页面浏览器阅读。

如果仅有域名和虚拟主机而未制作任何网页，用户则无法访问网站。

二、网页的基本构成元素

网页是互联网上的基本文档，网页可以是站点的一部分，也可以独立存在。网页是由一些基本元素组成的。

（一）文本

网页中的信息主要以文本为主，可以通过设置字号大小、字体名称、颜色、底纹、边框等来修改文本的样式。

（二）图像

今天看到的丰富多彩的网页，都是因为有了图像，可见图像在网页中的重要性，网页中的图片一般为 JPG、GIF 和 PNG 格式。

（三）超链接

超链接是网站的灵魂，是从一个网页指向另一个目的端的链接。网页中的超链接分为文本超链接和图像超链接两种，只要访问者用鼠标单击带有链接的文字或图像，就可以自动连接到对应的其他文件，从而使网页链接成为一个整体。

（四）表单

表单是一种可以在访问者和服务器之间进行信息交互的技术，使用表单可以完成搜索、登录、发送邮件等交互功能。

（五）动画

网页中的动画可分为 GIF 动画和 Flash 动画两种。由于动态的内容总是比静态的内容更引人入胜，因而精彩的动画能够让网页更加丰富。

（六）多媒体元素

随着网络技术的不断发展，越来越多的设计者会在网页中加入音乐、视频等，让网站更富有个性。

（七）HTML

通过浏览器访问的网站，通常是基于 HTML 形成的。HTML（Hypertext Markup Language，超文本标记语言）是一种文本类、解释执行的标记语言，用于编写要通过 WWW 显示的超文本文件。HTML 文件能独立于各种操作系统平台。自 1990 年以来，HTML 就被全球广域网用作信息表示语言。

任务2　网页设计概述

由于人们频繁地使用网络，使得网页设计得到了快速发展。网页讲究的是排版布局，其目的就是提供一种布局更合理、功能更强大、使用更方便的形式给浏览者，使他们能够轻松、快捷地了解网页所提供的信息。

一、网页设计与制作

很多人对网页设计与制作的概念和界限比较模糊，那么网页设计与制作之间到底有什么区别和联系呢？

首先来看下面两则招聘广告：

A 网络公司：精通 Dreamweaver、Flash、Fireworks 等网页制作软件，能够手工修改源代码，熟练使用 Photoshop 等图形设计软件，有网站维护工作经验者优先。

B 网络公司：具有美术设计功底，3 年以上相关工作经验，精通现今流行的各种平面设计、动画制作、网页制作技术。

以上招聘启事是从众多招聘信息中挑选出来的最具代表性的两个，它们对网页制作的定位可以说是各有千秋。A 公司侧重于能够编写网页，B 公司则更倾向于要求应聘者具有一定的美术设计功底。

可见，网页设计者所需要的技能更加全面，优秀的网页设计师是网页技术高手和设计高手的结合，应该做到"网页设计"和"网页技术"两手抓，这样制作出来的网站才能既具备众多交互性能、动态效果，又具有形式上的美感。

另外，网站设计是一个思考的过程，而制作只是将思考的结果表现出来。成功的网站首先需要优秀的设计，然后辅之优秀的制作。设计是网站的核心和灵魂，一个相同的设计可以有多种表现形式。

二、电子商务网页设计的特点

与最初的纯文字的网页相比，现今的网页无论是在内容还是在形式上都得到了极大的丰富。电子商务网页设计主要具有以下几方面的特点：

（一）交互性

网络媒体不同于传统媒体，它具有信息的动态更新和即时交互性。即时交互是网络媒体成为热点媒体的主要原因，也是网页设计必须考虑的问题。传统媒体以线性方式提供信息，即按照信息提供者的感觉、体验和事先确定的格式来传播，信息接收者只能被动地接受。在网络环境下，人们不再是传统媒体方式的被动接受者，而是以主动参与者的身份投入到信息的加工处理和发布之中。这种持续的交互，使网页艺术设计不像印刷品设计那样，出版之后就意味着设计的结束。网页设计人员可以根据网站各个阶段的经营目标，配合网站不同时期的经营策略以及用户反馈的信息，反复对网页进行调整和修改。

（二）版式的不可控性

网页设计者无法控制页面在用户端的最终显示效果，这正是网页版式设计的不可控性。

网页的版式设计与传统印刷的版式设计有着极大的差异，主要体现在：第一，印刷品设计者可以指定要使用的纸张和油墨，网页设计者不能要求浏览者使用什么样的计算机或浏览器；第二，网络正处于不断的发展之中，不像印刷设计那样基本具备了成熟的印刷标准；第三，在网页设计过程中，有关 Web 的每一件事都可能随时发生变化。

网络应用尚处于发展中，很难在各个方面都制定出统一的标准，这必然导致网页版式设计的不可控制性。其具体表现为：一是网页页面会根据当前浏览器窗口的大小自动格式化输出；二是网页的浏览者可以控制网页页面在浏览器中的显示方式；三是使用不同种类、版本的浏览器观察同一网页时，效果会有所不同；四是浏览者的浏览器工作环境不同，显示效果也会有所不同。

（三）技术与艺术结合的紧密性

设计是主观和客观共同作用的结果，是在自由和不自由之间进行的，设计者不能超越自身已有经验和所处环境提供的客观条件来进行设计。优秀的设计者正是在掌握客观规律的基础上,进行自由的想象和创造。网络技术主要表现为客观因素,艺术创意主要表现为主观因素,网页设计者应该积极主动地掌握现有的各种网络技术规律,注重技术和艺术的紧密结合,这样才能穷尽技术之长,实现艺术想象,满足浏览者对高质量网页的需求。

(四)多媒体的综合性

网页中使用的多媒体视听元素主要有文字、图像、声音、视频、动画等。随着网络带宽的增加、芯片处理速度的提高以及跨平台的多媒体文件格式的推广,必将促使设计者综合运用多种媒体元素来设计网页,以满足和丰富浏览者对网页不断提高的要求。目前,国内网页已出现了模拟三维的操作界面,在数据压缩技术的改进和流技术的推动下,互联网上出现了实时音、视频服务。因此,多媒体的综合运用已经成为网页艺术设计的特点之一,也是网页设计未来的发展方向之一。

(五)多维性

多维性源于超链接,主要体现在网页设计中导航的设计上。由于超链接的出现,网页的组织结构更加丰富,浏览者可以在各种主题之间自由跳转,从而打破了以前人们接受信息的线性方式。例如,可以将页面的组织结构分为序列结构、层次结构、网状结构、复合结构等。但页面之间的关系过于复杂,不仅增加了浏览者检索和查找信息的难度,还给设计者带来了更大的挑战。为了让浏览者在网页上迅速找到所需的信息,设计者必须考虑快捷、完善的导航及超链接设计。

三、网页设计的相关术语

在打开网页时,浏览者可能会有这样的经历:在相同的条件下,有些网页不仅美观、大方,打开的速度也非常快,而有些网页却要等很久,这就说明网页设计不仅需要网页精美、布局整洁,在很大程度上还要依赖网络技术。因此,网站不仅是设计者审美观、阅历的体现,更是设计者知识面、技术等综合素质的展示。

只有了解网页设计的相关术语,才能制作出具有艺术性和技术性的网页。

(一)万维网

WWW是World Wide Web的缩写,也可以简称为Web,万维网又称国际互联网,是全球性的网络,是一种公用信息的载体,是大众传媒的一种,具有快捷性、普及性,是现今最流行、最受欢迎的传媒之一。这种大众传媒比以往的任何一种通信媒体都要快。互联网是由一些使用公用语言互相通信的计算机连接而成的网络,即广域网、局域网及单机按照一定的通信协议组成的国际计算机网络。

(二)浏览器

浏览器(Browers)是安装在计算机中用来查看WWW中网页的一种工具,每一个互联网的用户都要在计算机上安装浏览器来“阅读”网页中的信息。

(三)统一资源定位器

统一资源定位器(Uniform Resource Locator,URL)是对可以从互联网上得到的资源的位置和访问方法的一种简洁的表示,是互联网上标准资源的地址。互联网上的每个文件都有一个唯一的URL,它包含的信息指出文件的位置以及浏览器应该怎么处理它。

(四)HTTP协议

超文本传输协议(HTTP,Hypertext Transfer Protocol)是一种详细规定了浏览器与万维网服务器之间互相通信的规则,通过互联网传送万维网文档的数据传送协议。

(五)TCP/IP 协议

TCP/IP 协议(Transmission Control Protocol/Internet Protocol)译名为传输控制协议/因特网互联协议,又名网络通信协议,是 Internet 最基本的协议,也是国际互联网络的基础,由网络层的 IP 协议和传输层的 TCP 协议组成。TCP/IP 定义了电子设备如何连入因特网以及数据如何在它们之间传输的标准。

(六)FTP 文件传输协议

即文件传输协议,它使得主机间可以共享文件。FTP 使用 TCP 生成一个虚拟连接用于控制信息,然后再生成一个单独的 TCP 连接用于数据传输。控制连接使用类似 TELNET 协议在主机间交换命令和消息。文件传输协议是 TCP/IP 网络上两台计算机传送文件的协议,FTP 是在 TCP/IP 网络和 Internet 上最早使用的协议之一,它属于网络协议组的应用层。FTP 客户机可以给服务器发出命令来下载文件、上传文件、创建或改变服务器上的目录。

(七)IP 协议

IP(Internet Protocol)是网络之间互连的协议,中文简称为"网协",也就是为计算机网络相互连接进行通信而设计的协议。在互联网中,它是能使连接到网上的所有计算机网络实现相互通信的一套规则,规定了计算机在互联网上进行通信时应当遵守的规则。任何厂家生产的计算机系统,只要遵守 IP 协议就可以与互联网互连互通。IP 地址具有唯一性。

(八)域名

域名(Domain Name)是上网单位的名称,是一个通过计算机登上网络的单位在该网中的地址。通俗地说,域名相当于一个家庭的门牌号码,别人通过这个号码可以很容易找到你。一个公司如果希望在网络上建立自己的主页就必须取得一个域名。域名由若干部分组成,包括数字和字母。

☆知识链接

域名是网站建设的内容之一,域名的价值在于域名资源的有限性、专属性和唯一性。从技术上说,域名只是 Internet 中用于解决地址对应问题的一种方法,可以说只是一个技术名词。从社会科学的角度上说,域名已成为 Internet 文化的组成部分。从商务上讲,域名已被誉为"企业的网上商标"。从域名的价值角度来看,域名是互联网上最基础的东西,也是一个稀有的全球资源,无论是电子商务还是网上开展的其他活动,都要从域名开始,一个名正言顺和易于宣传推广的域名是互联网企业和网站成功的第一步。

域名可分为不同级别,包括顶级域名、二级域名等。

顶级域名又分为两类:一类是国家顶级域名,如中国是 cn、美国是 us、日本是 jp 等;第二类是国际顶级域名,如表示工商企业的.com、表示网络提供商的.net、表示非营利组织的.org 等。

二级域名是指顶级域名之下的域名,在国际顶级域名下,它是指域名注册人的网上名称,如 ibm、yahoo、microsoft 等;在国家顶级域名下,它是表示注册企业类别的符号,如 com、edu、gov、net 等。

注册域名需要遵循先申请先注册原则,每一个域名的注册都是独一无二、不可重复的。

(九)静态网页

静态网页的网址形式通常以超文本标记语言(.htm,.html)和可扩展标记语言(.shtml,.xml)等为后缀。在超文本标记语言格式的网页上,也可以出现各种动态的效果,如 GIF 格式的动画、Flash、滚动字幕等，这些“动态效果”只是视觉上的，其内容不会因时因人而异，不能够在客户端与服务器端进行交互，与动态网页是不同的概念。

（十）动态网页

动态网页是与静态网页相对应的一种网页编程技术，其内容能够因人因时变化，且能够在客户端与服务器端进行交互。动态网页代码虽然没有变，但是显示的内容却可以随着时间、环境或者数据库操作的结果而发生改变。网页的扩展名依据所用的编程语言来定，如.jsp、.aspx。

（十一）虚拟主机

虚拟主机，也称“网站空间”，就是把一台运行在互联网上的服务器划分成多个“虚拟”的服务器，每一个虚拟主机都具有独立的域名和完整的Internet服务器（支持WWW、FTP、E-mail等）功能。虚拟主机是网络发展的福音，极大地促进了网络技术的应用和普及。同时，虚拟主机的租用服务也成为网络时代新的经济形式。虚拟主机的租用类似于房屋租用。

（十二）租赁服务器

租赁服务器是指由服务器租用公司提供硬件，负责基本软件的安装、配置，负责服务器上基本服务功能的正常运行，让用户独享服务器的资源，并服务其自行开发运行的程序。

（十三）主机托管

主机托管，也称主机代管，指的是客户将自己的互联网服务器放到互联网服务供应商ISP（互联网服务提供商）所设立的机房，每月支付必要费用，由ISP代为管理维护，而客户从远端连线服务器进行操作的一种服务方式。客户对设备拥有所有权和配置权，并可要求预留足够的扩展空间。主机托管摆脱了虚拟主机受软件和硬件资源的限制，能够提供高性能的处理能力，同时有效降低维护费用和机房设备投入、线路租用等高额费用，非常适合中小企业的服务器需求。

任务3　电子商务网站制作流程

制作网站有时需要许多负责不同层次、不同分工的工作人员来共同完成。如何解决网站开发各个部门的协调以及各个开发阶段的衔接，已成为网站建设的重要问题。因此，在开发过程中需要有一定的制作流程来分配每个环节的任务，以保障项目工程在过程中的顺利和协调。网站的制作流程主要分为前期策划、页面细化及实施和后期维护。

一、前期策划

网站的前期策划对于网站的运作至关重要。在规划一个网站时，可以用树状结构先把每个页面的内容大纲列出来，尤其是在制作一个大型网站时，特别需要好的规划，还要考虑到以后的扩展性，避免制作好后再更改整个网站的结构。

前期策划通常由网站使用者和开发者共同商讨确定。网站的前期策划需要确定网站的市场分析、目的及功能定位、网站技术解决方案、网站内容和实现方式、网页设计要求和费用预算六个部分。

（一）网站的市场分析

首先，分析相关行业的市场有何特点，是否能在万维网上开展公司业务。

其次，分析市场主要竞争者，包括竞争对手网站的情况和网站的策划以及功能作用。

最后，分析公司自身的条件，包括公司概况、市场优势、可以利用网站提升哪些竞争力、建设网站的能力(费用、技术、人力等)。

(二)目的及功能定位

确定建立网站的目的是为了树立企业形象、宣传产品、进行电子商务还是建立行业型网站;是企业的基本需要还是市场开拓的延伸。

整合公司资源,确立网站的功能。根据公司的需要和计划,确定网站的功能类型,包括企业型网站、行业型网站、电子商务型网站、应用型网站等。

根据网站的功能确定网站应达到的效果和作用。

企业内部网的建设情况和网站的可扩展性。

(三)网站技术解决方案

技术解决方案根据网站的功能而定,主要包括:是采用自建服务器还是租用虚拟主机;选择操作系统;是采用模板自助建站、建站套餐还是个性化开发;网站的安全性措施,防黑防病毒方案;选择什么样的动态程序以及相应的数据库。

(四)网站内容和实现方式

根据网站的目的确定网站的结构导航、整体功能、网站结构导航中的每个频道的子栏目、网站内容的实现方式。

(五)网页设计要求

网页设计要求包括网页设计的美术设计要求;在新技术的采用上要考虑主要目标访问群体的分布地域、年龄阶层、网络速度、阅读习惯等;制订网站改版计划。

(六)费用预算

企业建站费用的初步预算通常根据企业的规模、建站目的、上级的批准而定;企业可通过专业建站公司提供详细的功能描述及报价进行性价比研究;构建网站的价格从几千元到十几万元不等。如果排除模板式自助建站(企业的网站无论大小,必须有排他性,如果千篇一律,将影响网站的宣传效果)和牟取暴利的因素,网站建设的费用一般与功能要求成正比。

二、页面细化及实施

网页设计制作是一个复杂而细致的过程,一定要按照“先大后小、先简单后复杂”的顺序来进行。所谓“先大后小”,是指在制作网页时,先把大的结构设计好,然后再把小的部分逐渐完善设计出来。所谓“先简单后复杂”,是指先设计出简单的内容,然后再将复杂的内容设计出来并完善,这样,在出现问题时便于修改。如果有一个好的网站策划和分工,后台程序可以和美工设计同时展开。

页面实施主要由网站制作者或建站公司完成。由于存在多样化的网站制作工具和技术,这就需要设计者决定使用何种网页设计的语言和工具。常见的网页设计的工具有 HTML 编辑器、Frontpage、Dreamweaver、Flash 等。

此外,个人网站制作者还需了解 W3C 的 HTML 规范、CSS 层叠样式表的基本知识、JavaScript 和 VBScript 的基本知识。对于常用的一些脚本程序,如 ASP、CGI、PHP,也要有适当的了解,还要熟练使用图形图像处理工具和动画制作工具以及矢量绘图工具,并能熟练使用 FTP 工具,以及拥有相应的软、硬件和网络知识。

网页中需要多种多样的按钮、背景,还需要各种各样的图形、图片。如果这些图都靠自己完成,既浪费时间又浪费金钱,而且还需要掌握强大的图形、图像制作技术。为了省却这些麻烦,网站制作者可以从网上下载各种精美实用的图片、按钮、背景等免费且无版权争议的素材。

网站发布前要进行细致周密的测试，以保证网页能够正常浏览和使用。测试结果正常以后，可以将网站发布或推广。测试内容主要包括：文字与图片是否有错误，程序及数据库测试、链接是否有错误，测试浏览器的兼容性，等等。

三、后期维护

后期维护主要由企业专门的维护人员、网站制作者或建站公司负责。动态信息的维护通常由企业安排相应人员进行在线更新管理；静态信息可由专业公司进行维护。

网站维护的主要内容有：服务器及相关软硬件的维护；内容的更新、调整；数据库维护；制定相关网站维护的规定，将网站维护制度化、规范化。

很多网站的人气很旺，这与网站内容的定期更新是分不开的。也有很多网站由于种种原因，数月才更新一次，这就违背了网站最基本的商业目的。网站与购买一件商品不同，会随着时间的推移而贬值，只有不断地融入新的内容，推陈出新，才会具有创造力，才能发挥网站的商业潜能。

任务4　布局方式

网站设计时如何使用众多Web标准的各项技术来分离结构、表现和行为，一直是设计者面临的难题。使用CSS完成页面的布局表现，可以将表现和内容分离，还可以达到不与新技术和结构冲突的效果。

一、网站建设标准

网站建设标准不是某一个标准，而是一系列标准的集合。网页主要由三部分组成：结构(Structure)、表现(Presentation)和行为(Behavior)。

例如，一本书分为篇、章、节和段落等部分，这就构成了一本书的“结构”，而每个组成部分用什么字体、字号、颜色等，就称为这本书的“表现”。由于传统的图书是固定不变的，因此它不存在“行为”。在一个网页中，同样可以分为若干个组成部分，包括各级标题、正文段落、各种列表结构等，这就构成了一个网页的“结构”。每种组成部分的字号、字体和颜色等属性就构成了它的“表现”。网页和传统媒体的不同在于它可以随时变化，而且可以与浏览者互动。因此，如何变化以及如何交互就称为它的“行为”。简言之，“结构”决定了网页“是什么”，“表现”决定了网页看起来是“什么外观”，而“行为”决定了网页“做什么”。

“结构”、“表现”和“行为”对应的标准也分三个方面：结构化标准语言主要包括XHTML和XML；表现标准语言主要包括CSS；行为标准主要包括对象模型(如W3C DOM)、ECMAScript等。这些标准大部分由W3C起草和发布，也有一些是其他标准组织制订，比如ECMA(European Computer Manufacturers Association)的ECMAScript标准。简言之，XHTML和XML用来决定网页的结构和内容，CSS用来设定网页的表现样式，ECMAScript等用来控制网页的行为。

(一)结构化标准语言

1. XML

XML是由W3C发展的可扩展标记语言(The Extensible Markup Language)的简写，它与HTML一样，都是标准通用标记语言(Standard Generalized Markup Language，SGML)。

XML 是 Internet 环境中跨平台的、依赖于内容的技术，是当前处理结构化文档信息的有力工具。扩展标记语言 XML 是一种简单的数据存储语言，使用一系列简单的标记描述数据，而这些标记可以用方便的方式建立，虽然 XML 比二进制数据占用更多的空间，但 XML 极其简单，易于掌握和使用。

2. XHTML

可扩展超文本标记语言（The Extensible HyperText Markup Language，XHTML）是一种标记语言，表现方式与超文本标记语言（HTML）类似，不过语法上更加严格。从继承关系上讲，HTML 是一种基于标准通用标记语言（SGML）的应用，是一种非常灵活的标记语言，而 XHTML 则基于可扩展标记语言（XML），XML 是 SGML 的一个子集。XHTML 1.0 在 2000 年 1 月 26 日成为 W3C 的推荐标准。简单地说，建立 XHTML 的目的就是为了实现 HTML 向 XML 的过渡。

（二）表现标准语言

CSS 是 Cascading Style Sheets（层叠样式表）的缩写。目前推荐遵循的是 W3C 于 1998 年 5 月 12 日推荐的 CSS2（参考 http://www.w3.org/TR/CSS2/）。W3C 创建 CSS 标准的目的是以 CSS 取代 HTML 表格式布局、帧和其他表现的语言。纯 CSS 布局与结构式 XHTML 相结合能帮助设计师分离外观与结构，使站点的访问及维护更加容易。

（三）行为标准语言

1. DOM

DOM 是 Document Object Model（文档对象模型）的缩写。根据 W3C DOM 规范（http://www.w3.org/DOM/），DOM 是一种与浏览器、平台、语言无关的接口，使用户可以访问页面其他的标准组件。简单理解，DOM 解决了 Netscaped 的 JavaScript 和 Microsoft 的 JScript 之间的冲突，给予 Web 设计师和开发者一个标准的方法，让他们来访问其站点中的数据、脚本和表现层对象。

2. ECMAScript

ECMAScript 是 ECMA（European Computer Manufacturers Association）制定的标准脚本语言（JavaScript）。目前推荐遵循的是 ECMAScript 262（http://www.ecma.ch/ecma1/STAND/ECMA-262.HTM）。

二、页面布局

网页布局大致可分为“国”字型、拐角型、标题正文型、左右框架型、上下框架型、综合框架型、封面型、Flash 型、变化型。

（一）“国”字型

“国”字型也称“同”字型，是大型网站所青睐的类型，其最上面是网站的标题以及横幅广告条，接下来是网站的主要内容，左右分列一些短小内容，中间是主要部分，与左右一起罗列到底，最下面是网站的一些基本信息、联系方式、版权声明等，如图 1—2 所示。这种结构是最常见的一种结构类型。

（二）拐角型

拐角型和“国”字型近似，只是形式上略有区别。其上部是标题及广告横幅，接下来的左侧是一窄列链接等，如导航链接，右列是很宽的正文，下面是网站的辅助信息，如图 1—3 所示。

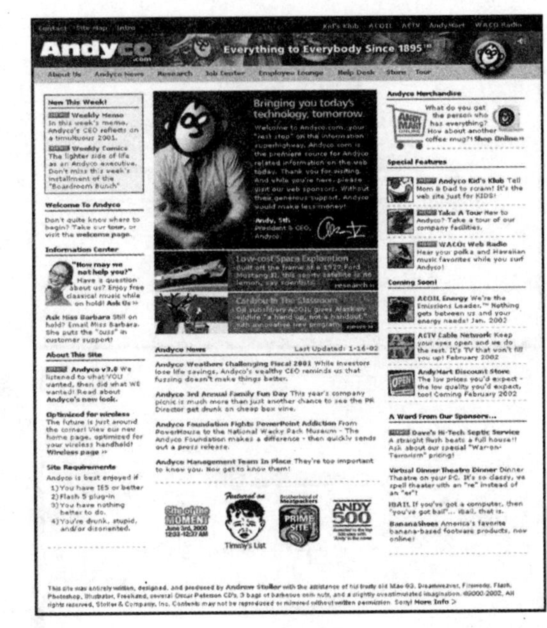

图 1－2　“国”字型

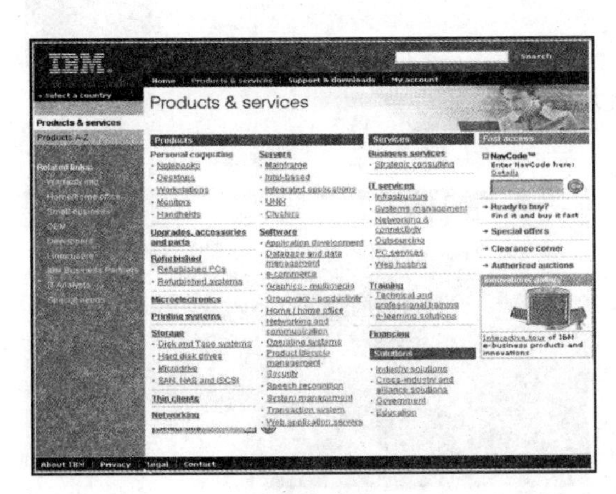

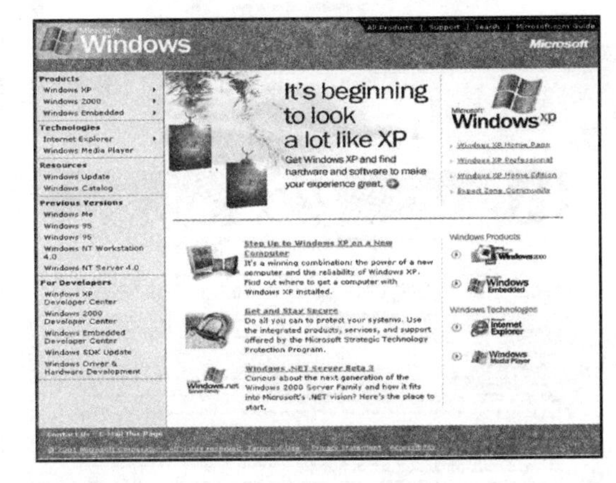

图 1－3　拐角型

（三）标题正文型

标题正文型最上面是标题或类似标题的一些东西，下面是正文，如一些文章页面或注册页面等，如图 1－4 所示。

（四）左右框架型

左右框架型是左右分为两页的框架结构，一般左边是导航链接，有时最上面会有一个小的标题或 Logo 标志，右边是正文。这种类型结构非常清晰，一目了然。大部分的大型论坛和一些企业网站喜欢采用此结构，如图 1－5 所示。

（五）上下框架型

上下框架型与左右框架型类似，区别仅仅在于上下框架型是一种上下分为两页的框架结构，如图 1－6 所示。

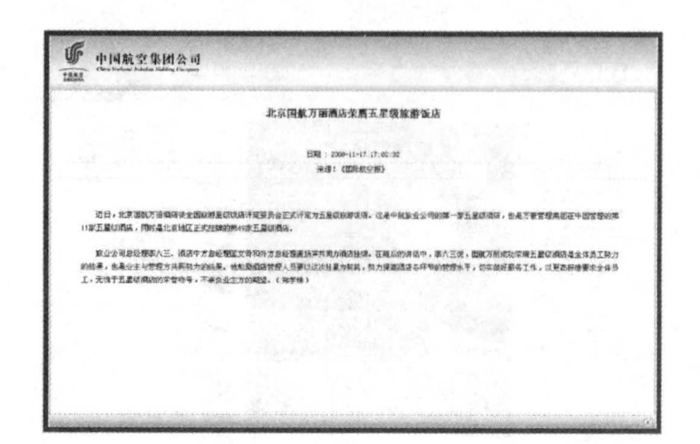

图 1—4　标题正文型

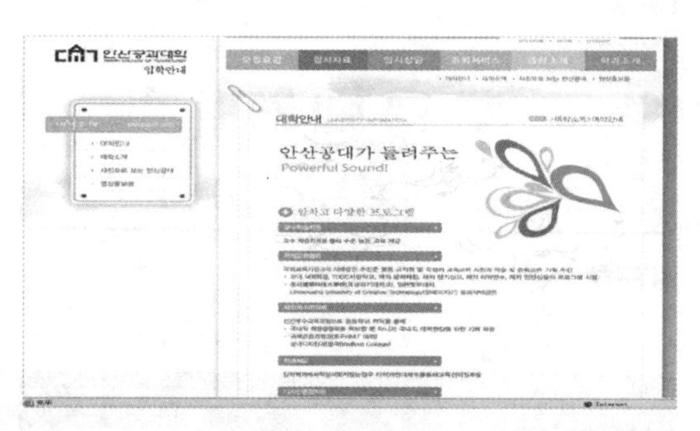

图 1—5　左右框架型

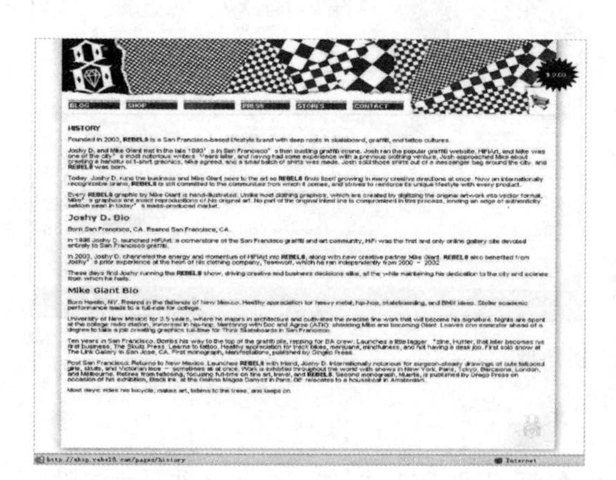

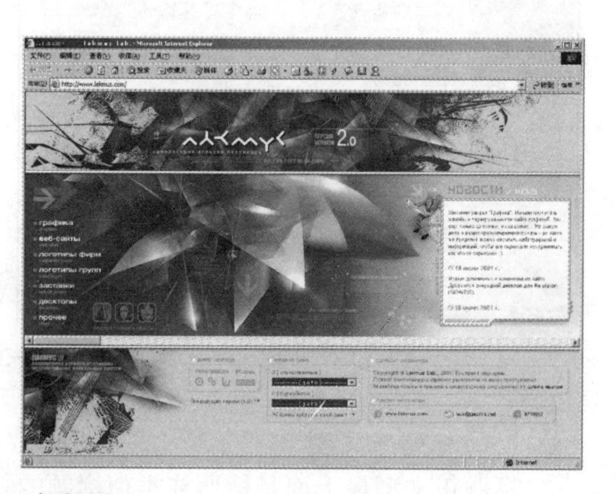

图 1—6　上下框架型

（六）综合框架型

综合框架型是上面两种结构相结合的相对复杂的一种框架结构。较为常见的是类似于拐角型，但只是采用了其框架结构，如图 1—7 所示。

（七）封面型

封面型基本上出现在一些网站的首页，大部分是一些精美的平面设计结合一些小动画，再放上几个简单的链接或者仅是一个"进入"链接，甚至直接在首页的图片上做链接而无任何提示。这种类型大部分出现在企业网站和个人主页，如图 1—8 所示。

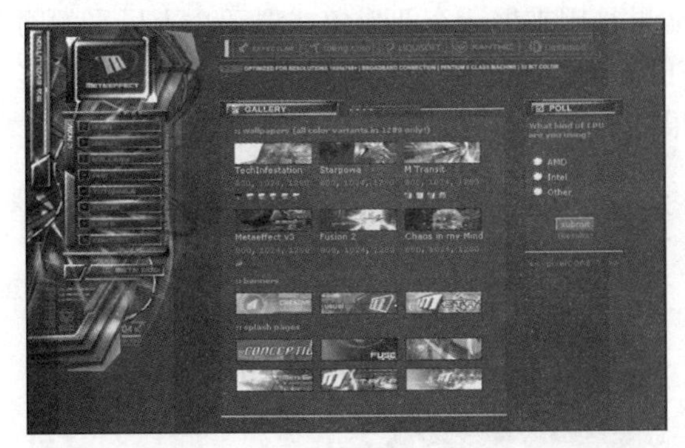
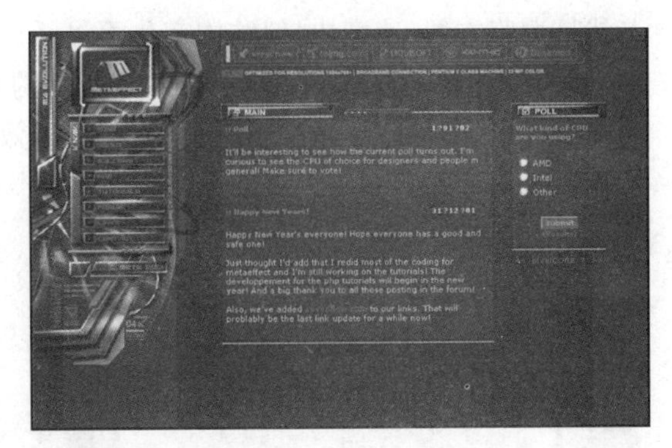

图 1—7 综合框架型

图 1—8 封面型

（八）Flash 型

Flash 型采用目前非常流行的 Flash 作为网页的主要内容，由于 Flash 功能强大，页面所表达的信息更丰富，其视觉效果及听觉效果如果处理得当，绝不亚于传统的多媒体，如图 1—9 所示。

图 1—9 Flash 型

（九）变化型

变化型是以上几种类型的结合与变化。例如，网站在视觉上接近于拐角型，但在功能上实质是上、左、右结构的综合框架型，如图 1—10 所示。

衡量网页布局形式，要具体情况具体分析。如果网页内容较多，可考虑用“国”字型或拐角型，如果内容不多而一些说明文字较多，则可考虑标题正文型。这几种框架结构的一个共同特点就是浏览方便、速度快，但结构变化不灵活。如果是用来展示企业形象或展示个人风采的网站，封面型是首选。Flash 型更灵活一些，好的 Flash 可以丰富网页的内容，但它不能表达过多的文字信息，所以它更适合于展示图片、动画效果的网站。

图 1－10　变化型

【知识拓展】

网站类型

不同类型的网站需要不同的设计风格，网站的门类划分可以很细致，也可以很概括。细致划分会划分出许许多多的门类。

一、综合(门户)类网站

这类网站的共同特点是提供两个以上的典型服务，如新浪、搜狐。可以把这类网站看成一个网站服务的大卖场，不同的服务由不同的服务商提供。这类网站的首页在设计时都尽可能把所能提供的服务都包含进来，一般看起来会显得拥挤。由于这类综合网站有很大的影响力，所以很多其他类型网站的首页设计者会产生一种错觉，好像不把首页塞满就不能算首页，这种情况直到 Google 的兴起才有所改变。

综合(门户)类网站也可以分为综合性门户和行业门户两种。其中，综合性门户一般包括免费服务、内容频道、分类网址等。国内的综合性门户网站有网易、搜狐等，见图 1－11。综合类网站的特点很明确，就是信息量大。因此，这类网站的信息设计是主要的，视觉设计是次要的。

二、新闻类网站

新闻类网站以提供信息为主要目的，其网站投资者的主要目的是在互联网上建立一个宣传册，不要求实现业务或工作逻辑。这类网站所包含的功能比较简单，通常有检索、论坛、留言，也有一些网站会提供简单的浏览权限控制，例如，很多企业网站中就有只对代理商开放的栏目或频道。这类网站的技术构架简单，开发工作量主要与以下三个因素有关：一是承载的信息类型，如是否承载多媒体信息、是否承载结构化信息等；二是信息发布的方式和流程；三是信息量的数量级。目前，大部分的政府网站和企业网站都属于这类网站。国内的新闻类网站有新浪网、千龙网、人民网等，见图 1－12。它们大多用于发布实时的新闻内容、突发事件及相关深度报道等。

图 1—11　综合(门户)类网站

图 1—12　新闻类网站

三、交易类网站

交易类网站是以实现交易为目的、以订单为中心的网站，此类网站需要实现商品展示、订单生成和订单执行三项内容。这类网站的成功与否，关键在于其业务模型的优劣。这类网站中最著名的当属亚马逊，国内的淘宝网、当当网也是其中的佼佼者，见图 1—13。这类网站在设计上也很有特色，暗示性比较强，能够引导消费，让浏览网站的用户有购物的冲动。网络购物、网上交易已经成为现代人一种重要的生活方式。

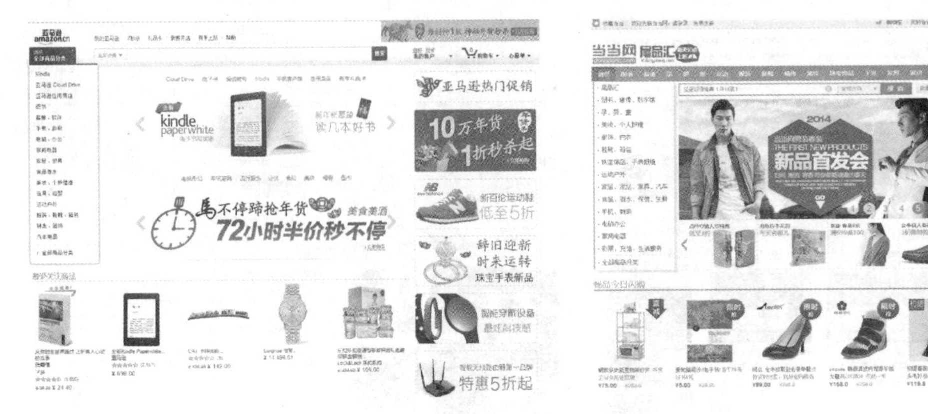

图 1—13　交易类网站

四、IT 类网站

IT 类网站是最早的网站类型，它以提供计算机、软件、行业资讯等内容为主。目前，IT 网站很多，商业化倾向也越来越重，这些网站都希望在浏览者中挖掘自己的客户，这样就需要 IT 网站在设计上更加突出。在很大程度上，这类网站对功能性的要求很高，技术要求很严谨，见图 1—14。

图 1—14　IT 类网站

五、教育类网站

各种网校是此类网站的主要内容。它们力求简洁大方，以营造出学术研究的氛围，体现严谨、认真的特点，见图 1—15。

六、生活娱乐类网站

生活娱乐类网站相对活泼，主要提供娱乐信息、生活指南、文学欣赏等内容。这类网站一

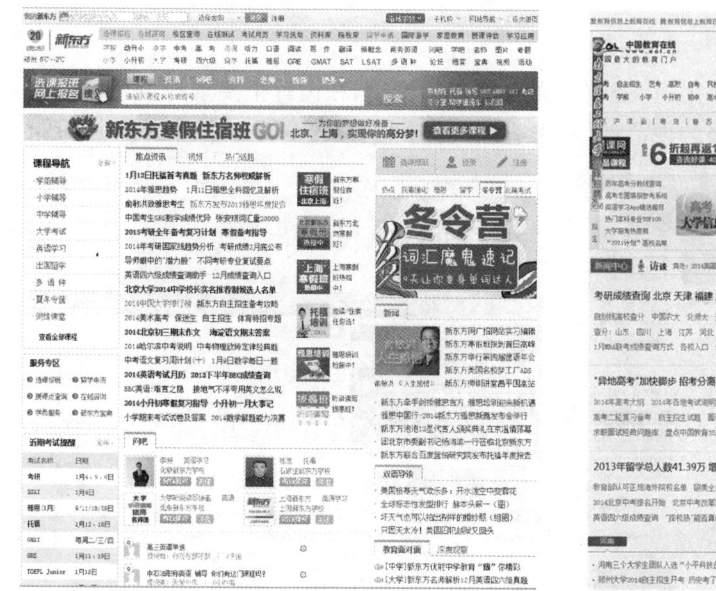

图 1—15　教育类网站

般可再进行细分。其中，娱乐类网站风格多样，以时尚风格为主导。这类网站设计一般会有大量的大幅图片出现，以此来吸引并冲击浏览者的眼球。设计时考验设计人员版式理论是否过硬，而且合理的图文率安排才能使页面合理且不杂乱，见图 1—16。

图 1—16　生活娱乐类网站

图文率是指页面中文字和图片分别占用画面的空间比例。印刷品一般情况下图文率较低，即图少文字多。图片的信息量没有文字来得具体、丰富，但是图片能很好地起到吸引眼球的作用，图和文相辅相成、相互补充。控制好图文率，页面才能更加出彩。既抓住用户，又给用户提供了足够的信息量，使用户能够获取足够的信息，只有这样，用户才不会产生华而不实、信息量单薄的心理感受。

七、政府类网站

政府类网站是政府公开的重要渠道，是政府面对公众的窗口，在设计上要求严肃、大气，突出政府形象。政府类网站具有很强的规范性，要求也很严格，见图1—17。

图1—17　政府类网站

八、个人类网站

随着网络的普及，个人博客、个人网站、个人空间等已不再是新鲜名词。当然，个人网站的样式千奇百怪、各具特色。个人类网站的内容多样，用于展现个人的观点和趣味，不以追求访问量为目的，而是注重自我观点的表达，设计很自由，见图1—18。

图1—18　个人类网站

九、功能型网站

功能型网站最著名的代表是Google。其特点是将一个具有广泛需求的功能扩展开来，开发具有一套强大的支撑体系，将该功能的实现推向极致。这类网站的页面实现看似简单，却往往需要相当惊人的投入，见图1—19。

图1－19 功能型网站

“一招鲜，吃遍天”，要想把一个看似人人都会的功能做到大多数人难以企及，实非易事。国内的百度、天极网、空中网等都属于这种类型的网站。3721尽管也提供“上网助手”等功能，但它主要还是以提供中文域名解析而著称，所以也应该属于这类网站。

十、其他行业类网站

目前，其他行业类网站有很多。例如，电子产品类网站，趋向于时尚、简洁、智能化；健康医药网站，突出自然健康的理念；设计类网站，趋向于个性化、先锋化、追求设计感等，见图1－20。

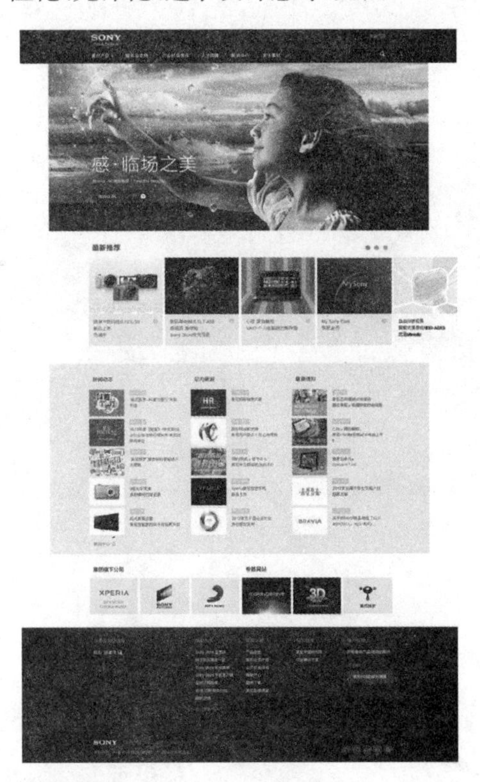

图1－20 其他行业类网站

其他行业类网站种类较多、形式不一，设计时要根据行业特色进行设计，当然也不能拘泥于行业设计风格、那样就不会有发展与进步。在使客户满意的前提下尝试新的设计风格、新的色彩搭配，这样才能实现由遵循行业设计到引导行业设计的转变，这是一个漫长而艰苦的过程。新事物往往很难被人接受，网站设计应该多尝试，潜移默化地去改变。

【课后专业测评】

任务背景：

张华同学想为某公司设计网站，他需要了解电子商务网页和网站的制作流程。

任务要求：

熟悉电子商务网页和网站的制作流程。

解决问题：

1. 网页的基本构成元素有哪些？
2. 说明电子商务网页设计的特点。
3. 上网浏览商务网站，了解其页面构成并分析其页面布局方式。
4. 结合不同类型网站，分析其制作流程。

应用领域：

个人网站；企业网站。

项目 2　电子商务网站系统分析与总体规划

【课程专业能力】

1. 了解电子商务网站系统分析的有关基础知识。
2. 掌握电子商务网站总体规划的构成要素。
3. 了解企业电子商务网站建设项目规划书的编写。

【课前项目直击】

企业电子商务系统的建设是一项复杂的系统工程，电子商务系统网络基础设施建成以后的主要任务是开发以其为平台的电子商务应用系统，该项工作主要是以网站建设为中心而展开的。电子商务网站是企业开展电子商务的基础设施和信息平台，开展电子商务活动必须从网站建设抓起，把企业的商务需求、营销方法和网络技术很好地集成在一起。

建立一个成功的电子商务网站，不但可以增加公司的营业收入、提升公司形象，而且能有效连接上、下游合作厂商及客户，形成更稳固的伙伴关系及提高客户重复购买率，还能通过网站开展营销信息与服务信息的收集、提供，掌握客户的最新动态，降低售后服务的成本。建立一个适应市场需求、满足客户需要并且安全、可靠的电子商务网站，在网站设计时，有很多步骤和问题是需要设计者注意的。因此，电子商务网站的规划与设计是成功实施电子商务最重要也是最关键的步骤。

案例：风尚志美腿加油站网站

此处仅对设计草案进行简要分析。

网站类型：电子商务型网站。

主题：美腿产品销售。

内容及栏目规划：传播美腿知识，增加搜索引擎收录，吸引流量；销售美腿产品，展示产品效果；常见问题回答，消除目标顾客疑惑；介绍企业，展示企业形象，建立顾客信心。

可用性分析：这里引进一个最重要的网站设计可用性原则——别让访客思考。

网站访客进入一个页面，并不会仔细阅读，而是进行快速扫描，只有能引起访客兴趣的内容，才能刺激其短暂停留。访客不会仔细筛选信息、认真思考并做出最佳选择，而是用最少的精力做出相对合理的选择。因此，网站设计必须针对访客的这种“扫描”习惯，做出不让访客思考的设计。

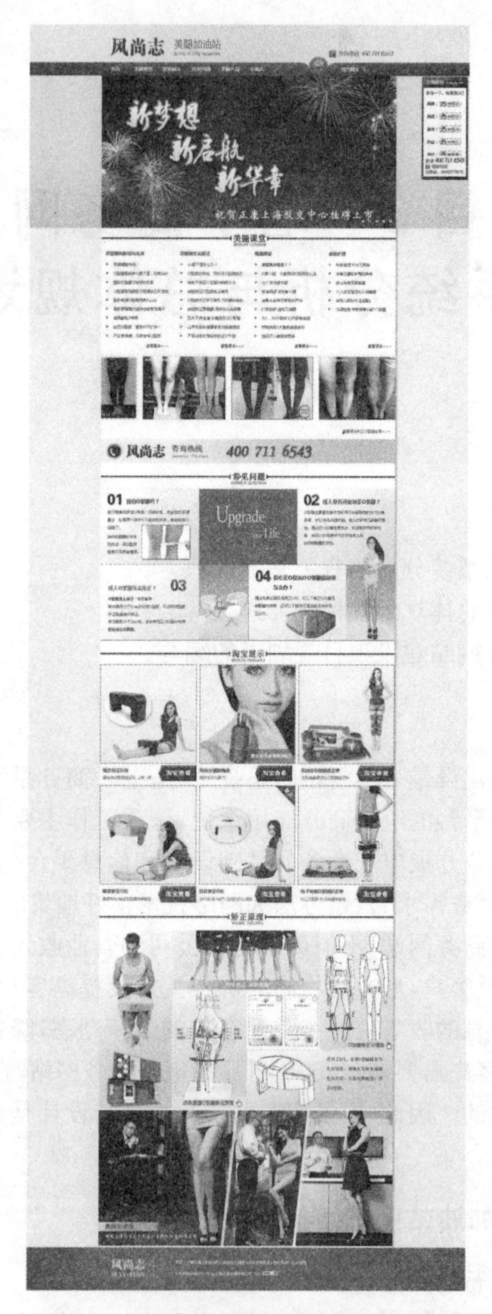

图 2—1 风尚志美腿加油站网站效果图

针对网站首页，需要在以下几个方面提高访客可用性：

(1)展示清晰的站点层次，帮助访客搜寻想要的信息。风尚志美腿加油站主要是通过主导航栏及其下面的内容导读来完成这个任务。

(2)功能区域划分清晰。从风尚志美腿加油站的首页可以看出不同栏目内容导读区域的清晰分割，这样能降低访客的扫描难度。

(3)视觉层次符合逻辑层次。风尚志美腿加油站是一个准电子商务网站，是通过文章吸引目标访客进入，用产品效果、常见问题回答来引导访客对产品页面链接进行点击。可以看出，首页设计的视觉层次符合这个逻辑层次，这样也能提高访客快速扫描页面并做出点击行为的可能性。

任务1 电子商务网站系统分析

在电子商务系统建设中，最基础的工作是电子商务网站(以下简称网站)建设，它是一个随企业发展而发展的持续不断的过程。网站是从事电子商务活动的基本平台。

一、建站目的与目标

建设电子商务网站，必须首先确定网站建设的目的，即为什么要建立电子商务网站。对企业来说，企业是以盈利为目标的经济组织，企业网站首先要考虑的是企业长期的生存、发展和盈利问题。因此，电子商务网站的建设要从企业的利益出发，要根据企业的情况准确地定位网站。当企业准备构建电子商务网站时，应当策划短期和长期项目，既要寻求电子商务的经济支撑点，又要考虑电子商务长期的发展规划，还应当撰写电子商务在线定位策划书，分析网络中企业现有的竞争对手，分析取胜的机会，制定相应策略和正确的操作步骤。

电子商务网站建设的目的一般可以分为：开展B2B、B2C交易；开展网上购物业务；用于企业形象建设，拓展企业联系渠道，接收用户反馈信息；作为服务性网站以及其他应用目的；等等。

由于不同的应用目的有不同的设计思路，因此，对于网站设计人员来说，通过与企业业务人员沟通来确定网站建设目的，是一项非常重要的工作。但是这项工作又易于被忽略或轻视，尤其是当专业的网站设计人员帮助企业建立网站而又没有该企业的行业经验时，与企业业务人员的沟通就显得尤为重要。建站目的明确十分重要，它关系着整个站点建设的主导思想和页面设计时所突出的内容及版面风格。

建站的基本目标是：网站建成后，人们能够通过Internet浏览器访问该网站或通过该网站访问其他不同的网站，进行一定的信息交互，查询产品信息、下订单、资金确认、物流运输等，进而完成一次商务活动的全过程。

此外，一般企业建站还有其他目标，例如，发布企业产品、服务信息，介绍企业历史、辉煌成就，收集客户反馈意见，进行网络市场调查，开展网络营销，提供网络客户服务，逐渐实施电子商务，等等。

电子商务网站系统的开发设计过程大致可分为三个阶段：计划阶段、设计阶段、测试与完善阶段。其中，在计划阶段，由领导小组和专家小组完成可行性研究报告、需求规格说明书、总体设计说明书和详细设计说明书等；而技术开发小组则完成设计阶段的网页制作文档、程序设计报告以及程序修改文档等；在测试与完善阶段，完成测试计划、分析报告和系统维护手册等。各阶段所产生的软件工程规范文档是进行电子商务网站系统设计与实现的基本依据。

二、需求分析

在明确建站目的和目标后，接下来就要进行需求分析。需求分析(Requirement Analysis)又称为要求分析，在企业电子商务网站建设工程中，需求分析作为建站的第一阶段，它的总任务是回答“企业电子商务网站必须做什么”，并不需要回答“企业电子商务网站将如何工作”。需求分析的任务是确定企业电子商务网站系统的综合要求。

在规划与设计一个电子商务网站时，首先遇到的问题是网站主题的定位，即将要建设的网站是什么类型或题材的网站，企业电子商务网站必须提供什么功能才能满足企业需求。

如何才能保证企业网站的内容符合客户的需求呢？在进行电子商务网站建设之前，应当进行企业网站的客户需求分析，即在充分了解本企业客户的业务流程、所处环境、企业规模、行业状况的基础上，分析客户表面的、内在的各种需求。

有了客户的需求分析，企业就可以了解客户及潜在客户在需求信息量、信息源、信息内容、信息表示方式、信息反馈方式等方面的要求，就可以据此为客户提供最新、最有价值的信息。全面的客户需求分析的目的是使企业网站不仅只停留在浅层次的信息浏览上，而且成为真正的应用型电子商务网站。

(一)项目立项

开发方与用户成立一个专门的项目小组，小组成员包括项目经理、网页设计、程序员、测试员、文档编辑等必需人员。项目实行项目经理制。双方进行业务咨询，经双方不断接洽、了解，通过基本的可行性讨论，初步达成制作协议并立项。

(二)形成需求说明书

1. 要求

编写需求说明书的基本要求是正确性(每个功能必须清楚描写交付的功能)、可行性(确保在当前的开发能力和系统环境下可以实现每个需求)、必要性(功能是否必须交付、是否可推迟实现、是否可在削减开支时“砍”掉)、简明性(不要使用专业的网络术语)、检测性(如果开发完毕，客户可以根据需求检测)等。

2. 内容

需求说明书的主要内容包括：

(1)市场分析。例如，分析相关行业的市场情况、市场特点以及本行业网上业务情况等；分析市场主要竞争者及其网站的情况、规划和功能作用；分析公司自身条件、公司概况、市场优势，以及可以利用网站提升哪些竞争力和建设网站的能力(费用、技术、人力、时间表等)。

(2)建设网站的目的及功能定位。建立网站的目的：宣传产品，进行电子商务，建立行业性网站，企业的需要或市场开拓；整合公司资源，确定网站功能。根据公司的需要和计划，确定网站的功能，如产品宣传型、网上营销型、客户服务型、电子商务型等；根据网站功能，确定网站应达到的目的和作用；企业内部网建设情况和网站的可扩展性。

三、可行性分析

可行性是指在当前所处的内部和外部条件下，系统地研制工作是否已经具备必要的资源及其他必要条件。如果说需求分析是要决定“做什么、不做什么”，那么可行性分析就是要决定“能不能做”。

进行可行性分析不能以偏概全，也不宜对任何鸡毛蒜皮的细节问题都加以权衡。可行性分析必须为决策提供有价值的证据。一般来说，软件领域的可行性分析主要应考虑四个要素：经济、技术、社会环境和人。在进行可行性分析时，不仅要考虑市场和行业背景，还需要分析自身的优势与竞争对手的优势与劣势。

(一)经济可行性分析

经济可行性分析主要是对开发项目的成本与效益做出评估，即分析新系统所带来的经济效益是否超过开发和维护网站所需要的费用，从经济角度判断系统开发是否划算。

经济可行性分析的对象主要包括网站费用和网站收益，即网站带来的现实和潜在的益处、投入的费用、网站收益以及风险性评估。

1. 网站带来的现实和潜在的益处

网站带来的现实和潜在的益处体现在成本—收益分析上，如果成本高于收益，则表明亏损，商家不会做亏本的生意。如果是为客户做软件项目，那么收益就写在合同中；如果是开发自己的软件产品，那么收益就是销售额。

2. 投入的费用

投入的费用包括以下几项内容：

(1)设备费用。包括计算机、打印机、网络等硬件设备费用，电话、传真等通信设备费用。此外，还有一些机房设施、设备的安装及调试费用，购买系统软件的费用，如购买操作系统、数据库、软件开发工具等的费用。

(2)开发费用。系统开发所需要的劳务费及其他有关开支。例如，做市场调查、可行性分析、需求分析的交际费用，软件开发人员与行政人员的工资和办公消耗(如水电费、打印复印费等)。

(3)运行及维护费用。包括运行所需要的各种材料费用，如电、纸张等费用，其他与运行有关的费用也包含在其中。设备的维护费用经常被忽略。设备难免出现一些故障，在故障期间需要有一个备份系统代替，或请专业人士排除故障等。

(4)培训费用。包括管理人员、操作人员及维护人员培训等的费用。

3. 网站收益

网站收益的估计不像网站费用估计那样具体，因为网站收益可以从直接收益和间接收益、短期收益和长远收益等不同的途径进行考虑。

(1)直接收益和间接收益。直接收益是指网站交付使用后，在某一时期能产生的比较明显的、看得见的经济效益。一般来说，网站系统投入使用后，只有通过一定时间的运行和宣传后，才可能逐步产生效益。目前，电子商务网站的直接收益主要是通过在线销售信息或服务来获取的。其实现手段有直接收费、上网卡收费、会员方式收费和通过金融系统缴费等。间接收益主要包括：工作效率提高，从而提高了企业管理水平；节省人力，减轻了企业人员工作负担；及时给企业决策层提供决策信息；等等。目前，在电子商务网站的收益中，间接收益的比重较大，如企业的宣传推介、网上采购、推销、业务推广、业务组织、经营管理等都属于间接受益。另外，网站还有其品牌收益。网站的品牌收益是指电子商务兴起初期的一个热点，不少电子商务网站把知名度、点击率作为网站经营的目标。与其他收益相比，品牌是一种更间接的收益方式。

(2)短期收益和长远收益。短期收益和长远收益兼得是人们梦寐以求的事。短期收益容易把握，风险较低。长远收益难以把握，风险较大，有时可能为了长远收益而不得不短期亏损。目前，国内就有不少电子商务企业为了成就将来、做大做强，甘愿现在拼财力、比耐性，只投入不产出。

(二)技术可行性分析

技术可行性分析即进行技术风险评价。从开发者的技术实力、以往的工作基础、问题的复杂性等出发，判断系统开发在时间、费用等限制条件下成功的可能性，分析所提出的需求分析能否实现。信息系统技术可行性分析应该在普遍使用的成熟技术的基础上，不能以刚刚出现的甚至是正在研究中的技术为依据。技术可行性分析包括从硬件、软件、管理等几个方面考虑的分析，至少要考虑以下几方面的因素：

1. 在给定的时间内能否实现需求说明中的功能

如果在项目开发过程中遇到难以克服的技术问题，就会对项目产生影响。轻则拖延进度，重则使项目搁浅。

2. 软件的质量

有些应用对实时性要求很高，如果软件运行很慢，即便功能齐全也毫无实用价值。有些高风险的应用对软件的正确性与精确性要求极高，如果因软件出了差错而造成客户利益损失，那么软件开发方必须赔偿。

3. 软件的生产率

如果生产率低下，赚到的钱就少，并且会逐渐丧失竞争力。在统计软件总的开发时间时，不能漏掉用于维护的时间。软件维护非常费时费力，它能把前期赚到的利润慢慢消耗掉。如果软件质量不好，维护的代价就会很高。企图通过偷工减料来提高生产率的做法，结果将得不偿失。

（三）社会环境可行性分析

社会环境因素一般涉及科学技术、经济体制、法律法规、市场竞争、现代管理体制等。目前，社会环境可行性分析的对象主要包括两种因素：市场与政策。

市场又分为未成熟的市场、成熟的市场和将要消失的市场。涉足未成熟的市场要冒很大的风险，要尽可能准确地估计潜在的市场有多大、能占多少份额、多长时间能实现盈利。

政策对软件公司的生存与发展影响非常大。例如，20 世纪 90 年代，中国电信的收费相当高，成为造成当时国内互联网企业运营十分艰难的重要原因之一。某些软件行业的利润很高，但可能存在地方保护政策，使得竞争不公平。中国加入 WTO 后，社会环境可行性分析不仅需要考虑国内因素，而且还要考虑整个国际因素，如美国经常提起的知识产权问题就是国内企业需要经常考虑和应对的因素。

（四）人才

企业开展电子商务业务的成功与否，人才是一个很关键的因素，企业要想在电子商务的大潮中获得收益，就必须培养一大批相关的电子商务人才。电子商务人才的素质主要体现在以下三个方面：具有技术和商务两方面的知识；熟知电子商务环境下商务运作的方式和模式；具有完整的电子商务观，理解电子商务环境下的商务组织、管理和业务方式及其特点。

四、可行性研究报告主要内容

在上述可行性分析的基础上，由专家小组形成可行性研究报告，主要内容包括：

（一）引言

说明编写本文档的目的；项目名称、背景；本文档用到的专门术语和参考资料。

（二）可行性研究的前提

说明待开发项目的功能、性能和基本要求；要达到的目标；各种限制条件；可行性研究的方法和决定可行性的主要因素。

（三）对当前系统的分析

说明当前系统的处理流程和数据流程；工作负荷；各项费用的支出；所需的各类专业技术人员的类型和数量；所需的各种设备；当前系统存在什么问题。

（四）所建议系统的技术可行性分析

所建议系统的简要说明；处理流程和数据流程；与当前系统相比的优越性；采用所建议系

统对用户的影响;对各种设备、现有软件、开发环境、运行环境的影响;对经费支出的影响;对技术可行性的最终评价。

(五)所建议系统的经济可行性分析

说明所建议系统开发的各种可能支出与可能效益;计算收益投资比和投资回收周期。

(六)社会因素可行性分析

说明法律因素;对合同责任、侵犯专利权、侵犯版权等问题的分析;说明用户使用可行性,是否满足用户行政管理、工作制度、人员素质的要求。

(七)其他可供选择的方案

逐一说明其他可供选择的方案,并说明不予推荐的理由。

(八)结论意见

说明项目是否可以开发;还需要什么条件才能开发;对项目目标有何变动,等等。然后将可行性研究报告提交给领导小组审查,确定报告内容是否可靠,最后上报给企业决策层审阅,决定项目是否能够立项。

任务2 电子商务网站总体规划

一、网站总体规划目的

网站总体规划是指根据企业经营业务及建立网站的目的、用途进行分析和策划,对网站的形象、功能、目标客户予以定位,对网站的信息结构,导航体系进行设计,进行栏目设置、网页总量统计等,制定出一套能充分体现出企业形象和网站风格的网站建设策划方案。它是在网站建设初期进行的宏观性工作。当企业打算建立本企业站点时,网站策划将贯穿于网站建设的全过程。网站总体规划是网站建设最重要的环节,但同时也是最容易被企业忽视的环节。

二、网站总体规划的依据

(一)策略性

策略性是指网站定位策略。例如,网站是要做全球市场,还是要做地区市场;客户群是锁定在企业级客户,还是一般用户;等等。由于产业与商业特性不同,采用的交易形式及面对的客户群就有所不同,在策略规划上就应该有不同的思考。

(二)容错性

网站的规划应容许错误发生,但要将网站设计成即使有错用户也可以包容这个错误。例如,有一个B2C交易网站可以进行小量试卖,视用户反馈再决定是否大量促销。网站开通后,用户的所有情况立即会通过网络反应反馈到企业。要通过仔细规划网站的功能区分,充分利用容错性对网站功能做修正,而不是让这种特性阻碍网站经营。

(三)阶段性

网站的建设有其自身规律,即发展过程的阶段性。网站的规划不可能一蹴而就,网站也不可能是始终维持一个状态一直经营下去,这与网络的效率极大化有关系。网站规划需要以阶段的方式去思考。

(四)技术性

即规划网站时需考虑的软、硬件技术,如网络结构、主要的软件和硬件设备、数据库系统以及开发工具等选项。

(五)兼容性

即要求先前开发的系统仍然可以在其后先进的平台上继续运行。Internet 技术总是在不停变化的,虽然各种新的网络软件和旧软件补丁层出不穷,但并不是每个上网者都随时跟着技术进步的步伐升级自己的电脑。怎么让这些上网者也能清晰、完整地浏览网站?出于稳定性和统计学的考虑,可以有意无意地放弃某些很好的 Internet 技术而选择继续停留在某种稍微陈旧的技术上。例如,在制作网页里的 Flash 动画时,将制作的动画的发布版本适当减低,让那些浏览器 Flash 插件略低版本的用户无须更新插件也能看动画,以便使用户能流畅地浏览网站。

(六)扩展性

使用稍微陈旧点的技术也是出于对扩展性的考虑。技术总是在竞争中不断完善。没有人能保证哪种竞争技术最终能成为标准。经常有某些技术,看似是实现某件事情的最佳途径可却最终被驱逐到不受欢迎的一列。已经有很多人和很多公司为了试图和最新技术并驾齐驱而饱受痛苦。从另一方面来说,稍微陈旧也是某种程度的成熟,其技术支持和扩展性都有比较全面的保证。此外,陈旧技术与前沿技术相比,其花费一般也便宜得多。

(七)安全性

安全性包括技术和信任两个方面。安全性的解决不只在技术方面,更重要的是信任。因此,必须站在客户的角度去思考,提供值得信任的交易方式,这才是解决安全性的最佳方法。

三、网站总体规划的主要内容

(一)网站客户的定位

首先要确定网站的服务对象即客户是谁,才能有的放矢、投其所好,在内容选取、美工设计、划分栏目各方面尽力做到合理,从而吸引更多的眼球。如何针对客户进行定位,可考虑以下三个方面:

1. 客户的"商人"特质

商务网站的访问者主要是商人和公司潜在的客户。如果是制作个人网站或艺术网站,设计上标新立异、特立独行自然是很有个性,但是商务网站太有个性却未必是好事。一方面,并非所有上网者都具有高深的艺术鉴赏能力;另一方面,如今时间就是金钱,一般商业客户主要关心网站是否安全、简单、实用、高效等。商务网站需要迎合的是大多数的普通上网者。

2. 客户的地域特征

确定网站的服务对象还要考虑客户的地域特征,即客户的国家、种族、信仰、文化差异、语种等属性。明确区域性上网人群的习惯特征,如生活习惯和消费习惯也很有必要,以便确定有针对性的营销策略,设计适应这些策略的网页,才能最大限度地吸引访客的眼球。关于语种,就是要针对不同语种设计不同语言的页面。充分理解客户的地域特征,就可以利用网络的全球化优势进行广泛的电子商务活动。

然而,如何了解上网人群的特征呢?除了对区域文化有所了解之外,还有一个重要的方法就是直接进行问询调查。但问询调查在绝大多数时候具有一定的困难。最大的问题就是出于各种各样的原因,人们并不总是会做出真实的响应。

对客户进行问询调查的方法有两个:一是采用问询调查,但先绕过敏感问题而询问其他问题,逐步得到真实的响应;二是直接进行网上调查,由于问答双方并非面对面,往往可以得到真实的响应。因此，应该在网站上长期保留一些调查页面，用以跟踪浏览者的喜好，以便调整网站的内容。在制作这样的调查页面时，切忌表单过长，因为人们并没有无限的耐心来回答大量的问题。

3. 其他

此外，还要考虑客户的年龄阶层、阅读习惯等因素。

（二）网站主题和名称的确定

1. 主题

设计一个网站，首先遇到的问题就是网站主题。所谓主题，就是网站的题材，主题应紧紧围绕中心内容来确定。电子商务网站要做到主题鲜明突出、要点明确。主题定位要小，内容要精。如果要制作一个包罗万象的站点，把所有精彩的东西都放上去，往往会事与愿违，给人的感觉是没有主题、没有特色，样样有却样样都很肤浅，因为制作者不可能有那么多的精力去维护它。网络的最大特点就是"新"和"快"，目前最热门的个人主页都是天天更新甚至几个小时更新一次。最新的调查结果也显示，网络上的"主题站"比"万全站"更受人们喜爱，就好比专卖店和百货商店，如果需要买某方面的东西，肯定会选择专卖店。注重创新，尽量不要做那些与别人完全雷同的主题，可以参考别人的主题，然后加入自己的创新。

2. 网站名称

有了好的网站主题后，还要给网站起一个合适的名字，网站的名称应该与主题相关联，最好能在一定程度上体现企业文化，为以后的站点推广和网站形象推广提供便利。一般情况下，网站名称的选择要遵循以下的原则：易记，即名称尽量短小、容易记忆，不宜太长；合法健康，即不能使用反动、色情、迷信及违反国家法律法规的词汇作为网站的名称；要有特色，即名称平实就可以接受，但如果能体现一定的内涵，给浏览者更多的视觉冲击和空间想象力则更好。

（三）网站整体风格的确定

知道客户的定位以及要做什么样的内容，就可以确定需要什么样的风格。如果设计者有美工基础，只需再加上少许创意，即可做出非同一般的效果。风格是非常抽象的概念，往往要结合整个站点来看，而且不同的人的审美观不同，风格喜好各异。再者，如果站点内容范围不太广，属于相同主题，可以考虑整个站点设计为同一种风格；但如果各栏目的差异很大，就要考虑不同的主题，比如，站点里以比较枯燥的商务栏目为主，辅之以轻松活泼的栏目，将这两者设计成各有特色的风格会更使人感觉舒适。无论如何，风格是为主题服务的，要让它做好衬托气氛的任务，而不是单纯地照搬照抄别人的特色。

（四）网站内容的设计

影响网站成功的因素主要有网站结构的合理性、直观性、多媒体信息的实效性和开销等。成功网站的最大秘诀在于让用户感到网站对其非常有用。因此，网站内容设计对于网站建设至关重要。网站内容设计主要包括：

（1）HTML 文档的效果由其自身的质量和浏览器解释 HTML 的方法决定。由于不同浏览器的解释方法不尽相同，在网页设计时要充分考虑尽可能使主流的浏览器都能够正常浏览。

（2）网站信息的组织结构要层次分明。应该尽量避免形成复杂的网状结构。网状结构不仅不利于用户查找感兴趣的内容，而且在信息不断增多后还会使维护工作更加困难。

（3）图像、声音和视频能够比普通文本提供更丰富和更直接的信息，产生更大的吸引力，但文本字符可提供较快的浏览速度。因此，图像和多媒体信息的使用要适中，减少文件数量和大小是很有必要的。

(4)对于任何网站,每一个网页或主页都是非常重要的,因为它们能够给浏览者带去第一印象,好的第一印象能够吸引浏览者再次光顾该网站。

(5)网站内容应该是动态的,随时进行修改和更新,紧跟市场潮流。在主页上注明更新日期及 URL 对经常访问的用户非常有用。

(6)网页中应该提供一些联机帮助功能。比如输入关键字查询,甚至列出常用的关键字。

(7)网页的文本内容应简明、通俗易懂。所有内容都要针对设计目标来写,不要节外生枝。文字要正确,不能有语法错误和错别字。

(五)资源和进度规划

1. 人力资源调配

一个完整的电子商务网站建设所需的人力资源如下:

(1)系统策划师:确定系统的目标、策略及总体规划,形成网站建设目标书、策划书。

(2)网站设计师:按照策划书形成的文档,对网站进行总体设计,如网站功能、结构、风格等,最后形成网站总体设计书。

(3)程序员:网站建设要涉及许多软件开发、程序编写,程序员要按照网站总体设计书的要求完成相关程序的编写。

(4)美工师:按照网站设计书的要求做出漂亮、实用的网页。

(5)录入员:一个完整的电子商务网站需要大量的资料,这些资料要由录入人员按要求输入。

(6)项目经理:是电子商务网站建设的负责人,主要负责项目的管理,包括人员分配、组织和资源的规划、进度的控制以及质量的审核等。

2. 网站建设进度规划

电子商务网站的建设流程一般可分为如下几个阶段(每个阶段都有不同的目标和要求):

(1)策划阶段:主要进行战略策划,确定网站建立的目标、实施策略、准备资源等。

(2)技术实现阶段:这一阶段的主要任务是注册域名、选择服务器、建立电子商务网站的软件和硬件平台、确定网站的信息和结构以及网站的页面设计、程序编写,使网站实现相应的功能。

(3)完善阶段:这一阶段的主要任务是丰富和完善网站的功能,把网站与其他 Web 站点进行链接,如搜索引擎、相关类型的网站等,以便于网站的宣传和推广。

(4)运营阶段:将网站正式向目标市场推出使用,以实现预期的功能要求。

(5)更新阶段:经过一段时间的使用以及调查分析,对网站的各方面进行评估并做出相应的改进。

根据进度规划,可以进一步制定出更为详细的时间安排表,包括网站建设各项工作内容及其时间安排、各成员的工作内容及其时间安排、定期开会讨论研究的时间安排等。在时间表制定完成后,就可按照预定的计划开始网站的建设。当然,在计划实际执行过程中,可能会出现偏差,这时就要主动进行调整以使计划顺利执行。

(六)其他

1. 浏览器版本

不同的浏览器会对网页做出不同的显示,在 IE 浏览器中显示非常漂亮的页面,用其他浏览器显示出来可能是一团糟。因此,如果出现这种情况,要考虑少数的其他用户,也许他们正是公司的潜在访客。

2. 分辨率

1 024×768、800×600、1 280×1 024是使用最多的三种分辨率，网页在这三种分辨率下应该都能达到最好的显示效果。

3. 使用模板

收集大量的素材并完成所有构思后，首先要做一个模板网页，在这个网页中包含所有网页的公共元素，如 Logo、导航栏、更新时间、推荐栏目、外接的 CSS 样式表的链接、加入收藏夹、返回首页、站点地图、E-mail 地址、滚动的状态栏、广告条、版权信息等，之后只要复制多份填入不同内容即可。这样可避免由于经验不足或其他原因而造成的大量修改网页的问题。

4. 使用框架

框架(frame)也叫帧页，是现在制作网页时常用的一种技术。该技术可以把浏览器窗口划分为几个小窗口，每个窗口都显示一个网页的内容，并分别设置大小、有无滚动条等信息。这样就方便了设计网站的结构，可以在网站上方的框架里放置网站的 Logo，在左面的框架里显示导航栏，在下方的框架里安置版权信息。当然，可以根据实际需要和创意来安排。浏览时，还可以指定链接的网页在哪个框架里显示，从而避免了网页上相同内容的重复下载。

5. 色彩搭配

在整个站点的色彩选择上，应尽量使用同一色系，色彩种类不超过 4 种。另外，适当的对比色可以增加文字的可阅读性，但如果对比太强，就不适于长文本的阅读，并且会对浏览者的视力造成伤害。

6. 风格统一

CI(Corporate Identity)原是广告学里的一个专用名词，但用在网站设计上也很恰当，它的意思是通过视觉来统一整体的形象，包括 Logo、色彩、广告语等可以作为标志性的东西。风格统一要注意背景颜色、字体颜色及大小、导航栏、版权信息、标题、注脚、版面布局，甚至文字说明使用的语气方面都要协调一致。

7. 尊重版权

互联网的精神是共享，但这并不意味着制作网页时可以随便抄袭。在转载别人作品时要先征得对方同意，并在网站上注明作者和其他相关信息。

8. 留下联系方式

留下 E-mail 或其他联系方式，给访客一个沟通反馈的渠道。

【应用范例】

在进行电子商务系统或网站项目建设的过程中，企业必须首先进行项目需求分析，并在此基础上形成项目总体规划方案。实际上，公司或企业往往也以“×××项目规划书”或“×××项目计划书”的形式完成上述工作。

某电子商务网站建设项目规划书

一、项目概述

互联网终将超越传统的产业(如房地产、石油、制造业等)，而成为 21 世纪经济最高的增长点。互联网在飞速发展的同时也面临着信息基础设施不健全、信息服务不完善等问题。据中国互联网络中心调查，中文用户普遍感到不满意的地方有：高质量的中文信息少、信息搜索不主动、查询界面不人性化、信息使用不便、缺乏好的生活服务等。现有的中文站点如搜狐、网易等并没有很好地解决这些问题,这为《电子商务网站建设项目》(以下简称《项目》)的出现提供了巨大的服务和市场空间。

《项目》是公司正在创建中的Internet中文门户,它是一个集搜索引擎、信息服务和网络应用服务于一体的中文站点,与目前现有的中文站点所不同的是,《项目》集信息搜索、信息服务和网络应用于一体,是第一个提供实景搜索的网络平台,它改变了传统的网络界面。

《项目》近期的主要目标是建立网站和数据库,提供Internet上的信息、生活服务、网上营销,树立网络"114"品牌市场,吸引用户访问,通过广告及多样化边际服务获得利润、积累资本,同时发展注册客户和吸引上网客户,争取一年内在香港"创业板"或美国"NASDAQ"上市融资。同时,公司将采取投入资金和置换媒体的方式,全方位建立"114"品牌价值,全力培养建立网络服务的战略优势地位。

《项目》的长期目标是在中国乃至世界范围内,成为最有影响力、访问率最高的多元化网络服务站点,并以此为依托,建立起一个涉足众多行业的国际化信息产业集团。

《项目》是一个具有很高回报率的投资机会,制胜的关键在于迅速进入市场,并将超前的思维理念、多维市场、高新技术、人性管理、品牌战略等诸方面的因素完美结合在一起,通过特色服务尽快提高站点的访问率,占领制高点,取得竞争优势。

在拥有创业股东和原始上市股东双阶段资金的支持下,《项目》可望一年内在香港"创业板"或美国"NASDAQ"二板市场上市,根据网络股的市场概念,上市市盈率可望达到现值的20～30倍,同时本项目两年的盈利可达5 900万元人民币。

为了确保迅速进入市场并取得市场领先地位,公司需要初期的融资以进入市场,可望在一年内盈利。

二、市场背景

无论21世纪是否是第三次科技革命浪潮的兴盛时代,IT(信息技术)至少在目前以及在思维、数据采集、日常工作与社会生活等方面改造着人们传统的生活方式。在这场变革中,不管地域远近、企业大小,Internet无疑扮演着核心的角色。如果说工业革命是人类手臂的延伸,那么电脑与Internet则充当着人类大脑的加速器。

网络的出现使人们摆脱了资源不能共享的桎梏,社会的发展、信息大潮的冲击使人们对更大地区范围内的信息共享需求更为迫切。网络必将得到更加快速的发展,并成为信息高速公路中信息传输极为重要的部分。以下是从国际、国内市场分析《项目》诞生的市场背景。

(一)国际市场

Internet经历了数十年来社会环境变迁和技术发展的考验,在技术和社会效益方面都显示出它强大的生命力。20世纪90年代后,Internet的商业化趋势逐渐明显,许多企业部门纷纷入网,网络上的各类商品信息和广告逐渐增多。一方面,用户数量和联结的网络数量激增,业务量与服务业收入增长迅速;另一方面,各类商品信息和广告逐渐增多。在将来,这个全球最大的、无形的、牵动人最多的计算机网络,必以巨大的力量,包括丰富多彩的商业化行为,影响着信息时代人们的生产和生活。加入Internet就意味着掌握了巨大的市场。

(二)国内市场

互联网络在国际上蓬勃发展的同时,中国的互联网络也有很大的进展。从网上信息浏览到IP电话,Internet正在从社会发展的各个方面影响和改变着中国人民的生活方式,由此而来的新思维、新文化冲击着每个人,但同时也为政府和企业界带来了一个挑战性的课题。中国的 Internet 属于"舶来品",它的发展有其特殊性:由于 Internet 在中国没有孕育、发生、发育乃至成熟的完整过程,很多 Internet 的固有特征在中国找不出本土化痕迹。同时,缺乏有效、统一的管理,条块分割、自成一体、缺少合体精神,这些都成为中国 Internet 商业化道路上的障碍。因此,从中国国情出发,现阶段值得培养和开拓的市场主要分布于教育、广告、出版、贸易、旅游业和家庭应用。在我国,Internet 市场的潜力将是巨大的,中国网络市场对特殊的人群和地区、特殊的应用和有目的的培育市场是极有战略意义的。在中国的 Internet 上,从国情出发,有目的性地培育信息产业化市场必将启动一个全新的市场盈利空间,从而为产业界创造新的巨大的商机。

(三)国内市场与国际市场的结晶,《项目》应运而生

Internet 在发展过程中正逐渐形成一套成熟的标准,解决一些影响普及的基本技术问题,如电子商务的标准、网上交易的安全性问题、利用有线电视网上网的技术等。这使中国的 Internet 领域有可能一步跨越几个阶段,直接进入高起点的运行。与此同时,中国的网络硬件设施和网络资源建设也正在加紧进行,对 Internet 的宣传力度不断加大,随着各单位信息资源建设初具规模,网上的中文信息量将空前迅速地增长。

Internet 信息服务是一项综合性非常强的服务,面对其技术的飞速发展,公司将联合先进技术,利用已有的市场超前理念。同时,公司拥有管理和资本经营的人才,一旦有大量的资金支持,实现优势互补,《项目》必将大有作为。

三、项目介绍

《项目》由公司在国际域名注册机构注册,并拥有其知识产权、所有权和使用权。《项目》是中国本土化的 Internet 门户和第一个提供实景搜索的智能化网络平台,集多种搜索方式、信息服务和网络应用于一体。它提出了许多全新的理念,如《项目》推出了文字搜索、编码搜索、地图搜索、商标搜索、AAA 站点搜索及电子商务搜索六种全新的检索方式;《项目》将采用科学的分类法;"虚拟社区"突破以往搜索引擎的杂乱无章,同时界面采用实景化及图标与广告点击一体化等,这些理念为突破未来国际网络新的平台和新的功用提供了新的思路。

(一)项目切入点

决定选择网络服务作为切入点,原因在于:现有的中文站点内容较为单一、缺乏服务的观念、信息搜索不主动、中文信息不够丰富、查询界面不人性化、信息使用不方便等,这为《项目》进入市场提供了服务的空间。因此,以实景化、个性化、模拟化和充分的互动性为《项目》的切入点。

同时,Internet 将带来消费方式和生活方式的一场革命,Internet 不仅提供信息,它更是为广大网络用户服务并融工作、娱乐、消费于一身的"虚拟社会"。Internet 的交互功能是其他任何形式所不能替代的,它必然成为 21 世纪最有生气的朝阳产业。

(二)经营人员和指导思想

1. 经营人员

A 先生:(背景介绍)。

B 先生:(背景介绍)。

C 女士:(背景介绍)。

2. 创业人员介绍

集团拥有一支经长期磨合的人才队伍，大家众志成城、齐心协力，共创《项目》美好未来。

3. 指导思想

人是社会生产力中最活跃的因素：成功＝人（有创新思维、市场理念、资本运营理念）＋高新技术＋有远见的投资。因此，公司将不遗余力地广纳贤才，创新资源，最优化地利用投资，开创互联网的伟大事业。

（三）目标和目标简述

1. 目标

短期目标是在1～2年内成为中国最好的搜索引擎和网络信息、生活服务、网络商务的提供商。这些领域在中国均处于初期发展状态，有很大的发展空间。

长期目标是在中国乃至世界范围内，成为最有影响力、访问率最高的中文多元化、智能化网络服务平台，并以此为依托，建立起一个涉足众多行业的国际化信息产业集团。

2. 目标简述

第1年度，建立网站和数据库，塑造"114"品牌形象；吸引二期投资，同时在香港或美国NASDAQ市场上市。

第2年度，创造品牌价值，站点访问率达到2 000万人次，发展网络商务，使会员制广告、多元化网络服务等利润达到5 900多万元人民币并同时成为中国最好的网络概念股票。

第3年度，与世界著名的公司合作，力争成为中国市场占有率最高的中文智能化网络平台，利润翻番；同时在世界华人区建立同名的网络服务站点，访问率可望达到5 000万人次。

（四）项目优势

1. 品牌优势

"114"是中国知名的电话查询系统，有着几十年的历史，在13亿中国人中具有很高的知名度。《项目》这一借势品牌，是"China"＋"net"＋"114"在概念上的完美组合，即"中国网络的114"。人们看到"114"，定势思维里就会闪现出查询的概念；看到《项目》便知是"中国网络"的"114"，即"中国网络"的查询搜索、信息服务系统。这使用户对《项目》的认可度和易记性提供了得天独厚的品牌优势。

2. 技术优势的体现

（1）对技术的敏感性。在Internet飞速发展的过程中，今天流行的明天就可能被淘汰，因此必须及时把握技术趋势，采用最能提高服务质量的技术。

（2）二次开发能力。由于Internet的飞速发展，目前基本上不可能有完全成熟的技术，一般都要进行定制。即吸纳优秀的技术人才，利用自身优势，在通用技术的基础上开发特定的应用。

（3）二次信息加工。由于《项目》特有的高级智能查询系统，具有探索站点专业化、检索机制人性化的特点，针对每一个用户的独特信息需求进行独特的针对性服务，进行高效率的集成信息过滤，它将改变现有的搜索引擎搜索到无用的"信息垃圾"的状况。

（4）视/音频点播系统。公司将与战略联盟联合建立中国首家"114视/音频点播系统"，以吸纳一些优秀的技术人员和先进的技术。

（5）电子商务。我们将跟踪国际上最先进的电子商务技术的发展，一旦时机成熟，用我们的品牌优势和网络市场占有率立足于电子商务的发展。

（五）竞争对手

虽然目前雅虎、搜狐、网易等走在信息服务前列，但网络服务是最新的东西，没有标准也没有领导者,网络时代是属于高智商的概念时代,带来的是第一批创业者给后一批的经验和教训。因此,在如此大的市场空间内,网络服务方面还没有真正意义上的竞争对手。

(六)竞争优势

信息服务是一个全新的创业领域,中国目前的信息服务商还没有充分开发网络服务的超前理念,《项目》以独有的搜索方式和科学的分类查询为切入点,具有巨大的优势,并且有超前的理念、丰富的市场运作和资本运营经验。当国内的ICP完全照搬国外时,公司所切入的并不是技术领域,而是超思维概念市场和资本市场的运作。公司有一支发现市场机会、切入市场理念的优秀人才队伍。注重Internet发展的现状及未来,并随时调整服务的质量和发展方向。熟悉香港和美国NASDAQ二板市场上市操作手段,并有证券专业人士协助运作的背景。

四、项目发展计划

(一)用户分析

市场需求永远是第一位的。当《项目》作为一种新的理念横空出世时,摆在我们面前的就不仅仅是一种想法、一种创意,未来的市场前景给了公司巨大的空间和商机,好的理念、好的创意如果不付诸实践,不能真正得到利益回报,那么再好的理念、再好的创意也只能是零,没有任何价值。只有当它通过共同努力和科学的运作,让它最终受益于己、受益于民,并产生巨大的商业回报时,它才真正是有价值的。因此,对于《项目》而言,如何去运作、如何能实施和发展便成为今后是否能成功的关键。

当前,中国Internet用户普遍具有文化程度高、收入高以及肯投入时间和精力上网的特点。从行业角度分析,主要是以计算机行业、学生教育、企业及其他行业用户为主。从获取信息方面分析,用户对信息的获取在各方面都比较均衡。就网络本身来讲,速度慢、收费高、中文信息量不足是缺陷,网上仍以信息为主,服务市场尚处于空白,而网站对用户的吸引力取决于信息的更新、有特色、对学习工作有帮助以及极具吸引力的服务,因此,今后随着入网价格的不断下调和上网速度的不断提高,服务质量必将成为关键。此外,目前用户对网络广告的感觉不明显。

(二)市场开发战略

市场调研表明,目前上网的用户主要是一些学历较高和收入较高者,上网的主要目的是查询信息、收发电子邮件、下载软件、网上聊天、游戏娱乐、网上购物、使用IP电话和网上寻呼等;进一步的抽样调查表明,大多数用户对新的网络服务项目表现出非常高的兴趣和强烈的使用欲望。以下是《项目》服务所涉及的范围,共分为搜索查询、虚拟社区(信息服务)和多元化广告信息服务三大部分,以下对其进行具体描述:

1. 搜索查询

项目说明:

(1)文字搜索。《项目》独特的文字搜索功能和高效、智能化的集成信息过滤,使信息搜索更人性化、个性化、实用化。

(2)编码搜索。采用国标码、企业代码及区位码等方式进行由文字检索向数码检索的转换,此方式可大大提高检索的速度和准确度。同时,编码检索将与商标图像搜索结合在一起。

(3)地图搜索。采用GIS系统模拟定位,配以360°全景“虚拟现实”,并提供相应的搜索信息。

(4)商标图像搜索。在搜索中将按不同区域、不同行业划分,如国家、省、市、县设立标徽和各种企业标识等。

(5)AAA 站点搜索。根据所有站点的质量、访问数量等以年、月或周为周期进行分级,结合政府的参与,依据不同的级别进行链接,创造中国网络站点的等级浏览方式。

(6)电子商务搜索。按照商务的不同性质、不同种类进行查询,如在线证券交易、购物、订餐、订票、拍卖、易货交易等。

2. 虚拟社区

项目说明:

(1)生活区。①网上求职。包括求职、招聘、人才评估、性格测试。②婚姻链接。通过链接站点的方式,建立网络婚姻介绍所 114 交友中心,一对一进行充分的互动。③个性 E-mail 的展示阵地。中国网络 114 链接全国有域名、电子邮件和无域名的各行各业单位的电话号码和信息资料,用户可以根据各行业分类或区域地图进行查询。④视/音频点播。与战略联盟联合建立首家 114 视/音频点播系统,包括互动电视、互动电影、远程教育等。

(2)商务区。①无纸化办公。在企业内部建立联网,员工的考评、工资、医疗……以及文件的传送等都通过网络进行。②在线证券交易。用户 24 小时之内都可以在网上进行股票的买卖和相关信息的查询与分析,或进行其他商业交易。③网络拍卖。分海外和中国区域各种物品的在线拍卖。拟与国外相关机构合作建立中国首家在线拍卖交易系统。④易货交易。用户可以在网上与其他用户进行物品的交换。拟与国外相关机构合作建立中国首家易货交易系统平台。⑤网上购物。各类商品购买的指南,包括商品种类、样品展示、购买地点和商品价格等信息。以此带动货比百家的消费意识,为发展注册客户和未来的网上购物打下良好的市场网络信用基础。

(3)教育区。①远程教育。包括儿童教育、成人教育、MBA 课程、职业指导、教学培训等,以此改变中国传统的教育模式。②翻译中心。(以此模式可延伸许多项目)即由中心召集北京的翻译专家,通过《项目》以电子邮件的方式满足用户的翻译要求。③移民、留学、就业咨询。完全的个性 E-mail 交流媒体区。④第四新闻媒体。创办 8 个黄金品牌的网络报纸和杂志。⑤定制新闻回放。用户可以根据所需在《项目》上按时间和类型进行新闻的定制,以电子邮件的方式进行文件的传输。

(4)科技区。①IT 世界。汇集所有 IT 行业各方面的信息。②114 器官库。国内首家网上器官库,用于世界范围内的医疗工作。③114 在线图书馆。从中可以查阅包括天文、物理、化学、航空航天、农业、自然、能源、生命等各方面的信息。

(5)政治区。如焦点新闻、外交与国策、军事、政治人物、政府、法律法规、使领馆、论坛和信访等栏目。

(6)体育区。如焦点赛事、个人主页、焦点论坛参考资料、即时新闻、专卖店、体育教学、网上直播等栏目。

(7)其他。如软件下载、网站链接、收藏、旅游、休闲娱乐、备注等。

以上是《项目》专有的和极具特点的栏目和内容,也包括一般搜索引擎所拥有的内容,并会做进一步的延伸。

3. 多元化广告信息服务

方式说明:

(1)搜寻间隙广告闪现。在搜寻间隙自动弹出广告,搜寻完毕广告自动消失。广告以三维动画、实景声音的形式出现。

(2)嵌入式广告。参与《项目》的模拟无纸化办公,获得嵌入广告的电脑笔记本广告置换。

(3)广告置换。在限定的最短时间内,点击广告进行客户注册并发回电子邮件,即可置换一定的上网时间。

(4)查询点击广告一体化。查询与广告循环闪现,点击后即可进入查询具体内容,广告也同时获得了点击率。

此外,网站广告还将设立中、英文两个版本。

(三)市场开发计划

1. 基础建设阶段(3 个月)

该阶段是《项目》的启动阶段,主要工作包括:完成基本信息搜集,建立信息源,初步建立起各种数据库,正式开通网站,开始提供免费信息搜寻和咨询服务,进行重点市场的培养,同时开展企业形象和产品品牌的市场宣传。本阶段的关键在于网站能够顺利开通。本阶段的主要需求及投资分析如下:

(1)技术需求、人员配备及工资计划。(略)

(2)资金需求。固定资产投资主要包括服务器和 PC 机等,其中,服务器用于大型数据库的存储,PC 机用于构建工作站。费用总计 258.5 万元。此外,还要投入行政费用,包括法律顾问费、广告宣传、人员工资、见习人员工资、午餐费等。基础建设阶段投资需求总额为 314.73 万元。

2. 中期发展阶段(9 个月)

该阶段的主要工作如下:完善各种搜索功能,丰富信息并扩大信息源,建立起初具规模的各种数据库,增加各种信息服务项目和网络消费项目,依次推出人才、企业、教育咨询系统、无纸化办公系统,提供远程教育及计算机、网络知识咨询、在线媒体、在线导购服务、针对某些行业的信息服务,并逐步扩展到人性化、智能化、系统化、个性化的信息服务和网络生活服务。在国内货币电子化和电子商务开始普及时,全力建设互联网虚拟市场,推出电子商务,并继续开展企业形象和产品品牌的市场宣传,使《项目》成为媒体与业界的热点,同时大力发展原始股东,吸引二期投资,在美国或香港的二板市场成功上市。本阶段的关键在于扩大并完善网站建设,增加各种信息服务项目和网络消费项目,树立企业、产品形象,吸引二期投资,最终在美国或香港的二板市场成功上市。

发展阶段投资需求合计 401.04 万元。

3. 稳固发展阶段(1 年)

稳固发展阶段投资需求合计1 316.33万元。

五、项目效益分析

由于在整个市场发展过程中,不同阶段将采用不同的策略和手段,以达到不同的目的,同时不同阶段的投入、产出比又是不一样的。因此,效益分析也将按照不同的阶段对投入、产出进行估算。

以基础建设阶段为例,因为此阶段是项目的启动阶段,主要目的是保证网站能顺利开通,所以这一阶段主要以基础建设为主,而业务方面尚未展开。

投入与产出分别为:行政费用 56.23 万元、税费(不含所得税)14.40 万元、净收益 109.37 万元、净资产 354.95 万元。

六、项目投资分析

任何企业投资活动的目标都是寻求未来的发展，投资机会决定投资环境未来的变化。如果企业投资到一个已经成熟的市场，或者说群雄争霸的市场，可以说，企业投资的风险相对小一些，但发展起来会有不少困难，尤其是想在市场上占有一席之地，会有不小的竞争。反过来说，企业如果投资到一个充满发展机会却又暂时没有头绪的市场，发展和盈利的机会相对较大，但风险也随之增大，即所谓风险是伴随着机会永远存在的。因此，企业所寻求的应该是寻找机会且又规避风险的投资。

对于《项目》而言，正是基于该投资主体的特殊性，才使得投资者拥有了一个前所未有的投资环境。如今，网络的发展已经明显由多体向单体的方式转化，这种趋势说明网络必然会更进一步地走向商业化。由此而引发的竞争将会使网络产生划时代的变革。设想未来的网络，必将是充分的互动和虚拟化，而正是这种特性决定了竞争的空前激烈和单体的不断涌现。因此，今后网络上的竞争已不仅只是体现在技术上，更需要注重市场，随着单体的存在，最终落实于智慧。

对于投资者而言，投资者所关心的是如何才能规避投资所带来的风险。《项目》是一个极具严密性的完整体系，它所体现的先进理念是互联网时代绝无仅有的，从而也使投资风险降到了最低。因此，当我们按不同的阶段、不同的策略逐渐推出战略重点时，很容易看出：当年投资，当年即可盈利，当年便可回收资金。这是目前国内所有 ICP 和 ISP 所不可能达到的。

七、结论

《项目》的商务计划书在酝酿、构思和写作过程中已做了大量的市场调查，并咨询过众多 IT 业内人士和证券、资本运营专业人士，无论是从市场前景、项目特色、市场运作，还是从资本运营、投资回报等方面分析，《项目》无疑是一个成长性良好、资本增值快、投资回报率高的项目。

(1)在市场前景上，互联网经济是今后产业经济增长最快的热点，这已是毋庸置疑的事实。

(2)在项目特色上，《项目》是第一个提供实景搜索的网络平台，它有许多全新的服务功能和超前的网络发展理念，这是现有同类 ICP 所不具有的。

(3)在市场运作上，以“独特的市场策略”作为切入点，使市场诉求对象、用户基础都有了实际的依托，变传统的“找用户”为“用户找《项目》”。

(4)在资本运营上，一旦上市成功，市值可达 2 亿～3 亿元人民币。

(5)在投资回报上，根据财务分析，本项目可在一年后盈利。

(6)在项目的实际运作上，《项目》给创业股东和上市投资原始股东的投资风险转移和利润回报以很好的契机：创业股东可通过原始股东投资的进入变现，而原始股东投资可通过《项目》上市后变现。在投资回报上，《项目》的收益第一年为2 210万元，第二年为3 692万元；上市后股份增值数倍以上。

综上所述，《项目》不但在市场理念、资本运营手段上具有超前性，而且具有很高的投资回报率。

某彩印公司网站总体规划

一、网站定位

网站建设必须首先对企业进行网站定位，即明确建站目的和目标访问群体。发展电子商务，目的必须明确，搞清楚希望谁来浏览、网站能给浏览者带来什么价值、需要提供怎样的服务、具体做到什么标准以及达到什么效果。目前，中国的印刷和包装业刚刚起步，前景是一个潜在的广大市场，网上订单也将成为一个大趋势，因此，企业网站建设必不可缺。

开展电子商务要遵循以下原则：

1. 顾客是上帝原则

企业建立网站的目的是为了宣传企业，提高企业的知名度，进而促进销售，而用户访问网站的目的是发现自己感兴趣的信息。要提高网站的访问率，增加企业的效益，必须站在消费者的立场去考虑，使信息内容吸引顾客，留住目标客户群体。信息内容符合顾客要求，必须做到"新、精、专"，更要有特色，否则很乏味。

2. 内容组织原则

确定企业需要表达的信息，仔细斟酌，使得内容简洁、组织结构清晰，把所有内容合理地组织起来，放在合适的页面板式上，追求一种美的效果。

3. 信息更新原则

网页的内容必须是动态变化的，随时更新修改，用以吸引客户眼球。特别是针对机器设备、产品工艺、订单报价等方面与客户切身利益有关的最新消息的展示，让用户第一时间看到，这样才能使更多的浏览者变成潜在客户。

4. 快速点击原则

当浏览者进入企业网站时，页面下载速度是留住访问者的关键，如果一个页面在3秒内打不开，很难想象客户会继续停留页面等待。

二、网站内容规划

网站规划需注意以下几个方面：

（一）发布动态与新闻

企业向外发布的基本信息是外界了解企业的一个平台，公司发布企业的最新动态，便于外界对企业的当前发展状况有更清楚的认识。某彩印网站有产品展示、生产设备、工艺流程、新闻中心、客户服务、企业招聘、联系我们等模块。通过新闻中心及时提供企业的最新消息，如新产品开发、纸张、PS版、油墨等耗材价格的最新变动以及机器设备、企业文化、公司技术人员资料等方面的最新变化情况。

（二）企业文化管理

企业文化是指企业共同的价值观和企业精神，在共同的经营理念指引下，在经营目标上达成共识，凝聚成一股力，最终达到经营目标，实现价值最大化。良好的企业文化可以塑造出优秀的品牌观念，产生广阔的辐射力和感召力，从而吸引更大范围内资源的聚合和滚动式发展，实现良性循环，获得最大效益。

（三）个性化服务

个性化服务是给予浏览者一种家的感觉，可以随时发表言论和建议，使有用的信息能够得到及时回复，让他们继续登陆公司的网站，继而成为正式客户。对客户信息反馈建议的处理如下：

(1)分析客户印刷要求，完成相关资料登记。

(2)对网站点击进行跟踪服务。

(3)完善网络订单系统。

(4)在线答疑:提供FAQ,或利用语音、QQ与客户进行在线交流,解除客户疑惑,让每位顾客都能实现印刷要求,拥有一个舒心的印刷产品。

(5)投诉中心:高度重视处理投诉信息,力求达到使顾客谅解,同时可以给予顾客适当的经济补偿。

三、网站建设要求

(一)网站导航概况

网站导航的基本作用是让用户在浏览网站的过程中不迷失方向,并且可以方便地回到网站首页以及其他相关内容的页面。网站导航的专业与否会影响到用户对网站的感受,也是网站信息能否有效传递给用户的重要因素。

某彩印网站的目的在于宣传企业,推广产品,目的有别于综合网站、专业网站、娱乐网站等,所以在网站的栏目设置上也要有别于其他类型的网站。网站栏目中不仅要有企业简介、产品展示、生产设备、工艺流程、联系方式等,更要研究如何展示生产设备和完善订单报价,做到重点突出、简明快捷。印刷品的色彩和清晰度是竞争的关键,归根结底是企业硬件设备的竞争,好的设备自然决定了高品质的产品。因此,网站要突出展示象征公司实力的硬件设备,同样,公司更要有灵活的报价系统和订单系统,告诉客户印刷产品的计费方式、数量、规格、工艺,清晰指引客户完成网上订单。

(二)网站艺术风格规划

网站的页面设计风格在设计过程中尤为重要,主要应把握以下几点:

1. 标识特色,主题鲜明

主题要点鲜明突出,用简明的语言和画面告诉浏览者网站的主题及服务内容,公司的标志也要充分得到体现,以吸引浏览者的视线,使他们对公司的标识留下较深的印象。

2. 版式布局合理

版式设计方面要通过文字图形的空间组合表达出和谐与美。用视觉要素的理性分析,努力做到布局合理化、有序化、整体化,使页面内容丰富多彩又简洁明了。

3. 色彩和谐,突出重点

色彩是艺术表现的要素,在网页中合理地使用过渡色能够使页面的色彩搭配更加合理。在页面设计中要根据“和谐、均衡、重点突出”的原则,将不同的色彩进行组合、搭配,勾勒出美丽的画面。

4. 形式内容要体现和谐统一

形式服务于内容,内容又为目的服务,形式与内容必须做到统一。网站的整体风格要有特色和创意设计,网页必须生动活泼,这样才能吸引浏览者停留,给浏览者留下深刻的印象。例如,在保证浏览速度的前提下,在网站的某些适当位置摆放一些动态的小图案;在网站各栏目之间加入适量的动态链接,可以提高网站的动态效果。

【知识拓展】

几个典型的电子商务网站

一、生产型企业电子商务网站:海尔商务网站

海尔是中国家电制造企业的一颗明星,图2—2为海尔网站首页。读者可以从该页面上的

菜单栏看到一些典型电子商务网站所必备的内容，如企业信息、产品信息、客户服务及网上商城等。一般对制造企业来说，网络应用服务的需求主要集中在以下几个方面：网上发布企业信息；从行业性专业网站获得行业信息、行业动态；与用户进行网上信息的交流；与协作生产企业进行网上信息交流和商务活动；开展网上商务活动。

图 2—2　海尔商务网站首页

海尔电子商务从两个重要的方面促进了新经济模式运作的变化：一是从 B2B 电子商务角度看，可促使外部供应链取代自己的部分制造业务；二是从 B2C 电子商务角度看，可促进企业与消费者的继续深化交流，提升企业的品牌价值。

二、商贸类企业电子商务网站：阿里巴巴商务网站

阿里巴巴是全球 B2B 电子商务的著名品牌，是目前全球最大的商务交流社区和网上交易市场。

图 2—3 为阿里巴巴商务网站首页。阿里巴巴商务网站通过网络实现供求商户之间的信息对接，极大地克服了中小企业信息不畅的矛盾，增加了交易机会，降低了交易成本。这样一种 B2B 的电子商务模式将线上的沟通与线下的现实交易相结合是切实可行的，阿里巴巴通过信息化与传统商务的结合，已经建立起一个永不落幕的网上交易会。

三、服务类企业电子商务网站：中华英才网商务网站

中华英才网是我国人力资源行业内知名品牌网站。图 2—4 为该网站首页。从图中可看出，该网站首页版块和内容布局有序合理，功能更为实用、易用。

四、物流类企业电子商务网站：联邦快递商务网站

联邦快递是一家国际性快递集团，该集团为遍及全球的顾客和企业提供涵盖运输、电子商务和商业运作等一系列全面的服务。作为一个久负盛名的企业品牌，联邦快递集团通过相互竞争和协调管理的运营模式，提供了一套综合的商务应用解决方案，使其年收入高达 320 亿美元，2012 年财富世界 500 强排行榜第 263 位。图 2—5 为联邦快递商务网站首页。该网站与流通有关的信息占据了版面的大部分。

图 2—3 阿里巴巴商务网站首页

图 2—4 中华英才网商务网站首页

图 2—5　联邦快递商务网站首页

【课后专业测评】

任务背景：

王明同学想为某公司设计网站，却不知从哪里着手，请帮他进行网站总体规划。

任务要求：

了解电子商务网站系统分析与总体规划知识。

解决问题：

1. 简要说明应从哪些方面进行电子商务网站总体规划。
2. 为某公司网站进行项目规划。

应用领域：

个人网站；企业网站。

第二部分

电子商务网站开发技术篇

HTML和XHTML都应用于网页制作。HTML表示超文本标记语言,它是构成和表示Web页面的符号标记语言。其通过浏览器来识别由HTML按照某种规则写成的HTML文件,并将HTML文件翻译成可识别的信息,即所见到的网页。这种语言无须编译,可以直接被浏览器执行。XHTML是HTML的扩展,即可扩展的超文本标记语言。它作为一种XML应用被重载定义的HTML,目的是取代HTML。

JavaScript是一种基于对象和事件驱动并具有安全性的客户端脚本语言。脚本语言是一种能够完成某些特殊功能的小程序。这种程序和一般的程序不同,它是一种解释性语言,不必事先编译,在程序运行过程中被逐行地解释并执行。

如今的网页排版格式越来越复杂,很多效果都需要通过CSS来实现,即网页制作离不开CSS技术。采用CSS技术可以有效地对页面布局和对各种效果实现更加精确的控制。使用CSS不仅可以做出美观工整、令浏览者赏心悦目的网页,还能给网页增加许多神奇的效果。

本部分内容主要包括网页设计语言HTML与XHTML、脚本语言JavaScript、CSS样式基础、CSS布局页面元素和CSS定位与DIV布局。其中,项目3"网页设计语言HTML与XHTML"主要是让读者掌握HTML基本结构,能熟练应用HTML的基本标签,了解HTML转换为XHTML的方法。项目4"脚本语言JavaScript"主要是让读者了解JavaScript的概念和发展,熟悉JavaScript的特点,掌握JavaScript程序语句与JavaScript特效的应用。项目5"CSS样式基础"主要是让读者掌握CSS基本语法规则,掌握CSS内联样式表、嵌入样式表、链接样式表、导入样式表的使用方法,掌握CSS标记选择器、类选择器、ID选择器的定义与引用。项目6"CSS布局页面元素"主要是让读者掌握CSS设置网页背景、文本、图片、列表、表格和表单等样式的方法,掌握CSS滤镜设置的方法。项目7"CSS定位与DIV布局"主要是让读者掌握元素定位方式,掌握CSS+DIV布局的实际应用方法。

项目 3　网页设计语言 HTML 与 XHTML

【课程专业能力】

1. 掌握 HTML 语言的基本规范。
2. 熟悉 HTML 常用的标记。
3. 能够利用 HTML 编写简单的网页。

【课前项目直击】

打开记事本，在记事本上输入如图 3－1 所示内容。

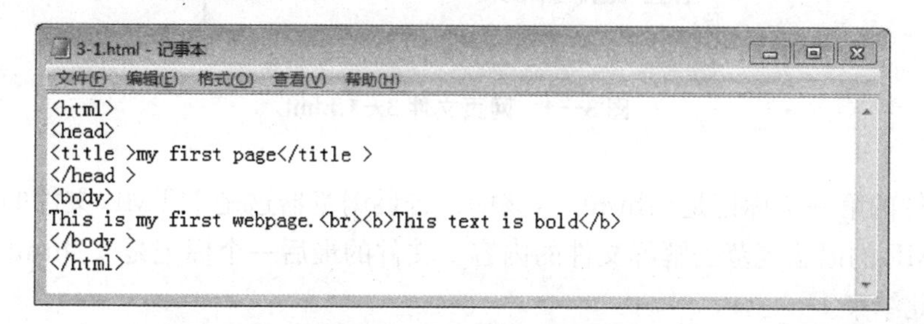

图 3－1　3－1.html 源代码

单击文件，再单击另存为，见图 3－2。

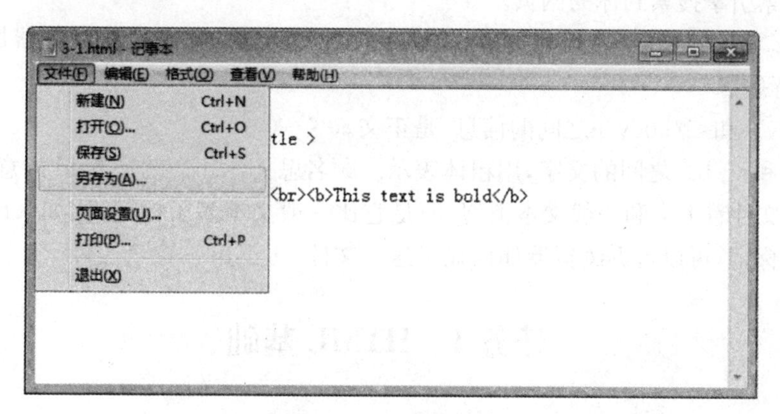

图 3－2　另存为菜单

在打开的窗口中输入文件名 3－1.html，文件类型选择为“所有文件”。

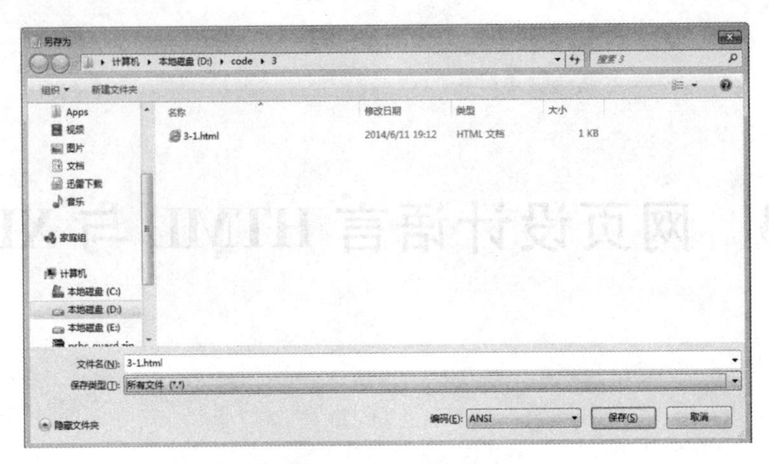

图 3－3　另存为窗口

在保存的位置打开 3－1.html，就可以在浏览器中看到自己设计的网页，如图 3－4 所示。

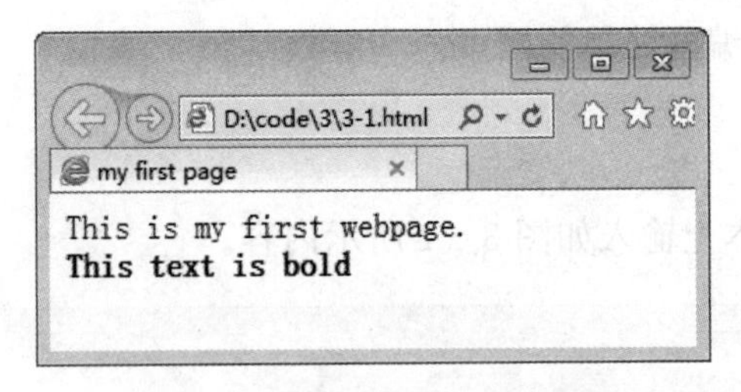

图 3－4　网页文件 3－1.html

这个文件的第一个标记是<html>，该标记告诉浏览器这是 HTML 文件的起始部分，以下要用 HTML 的语法规范去解释文件的内容。文件的最后一个标记是</html>，表示 HTML 文件到此结束。

在<head>和</head>之间的内容，是 head 信息。head 信息是不显示出来的，在浏览器中不能看到，但这并不表示这些信息没有用。比如，你可以在 Head 信息里加上一些关键词，有助于搜索引擎搜索到你的网页。

在<title>和</title>之间的内容，是这个文件的标题。你可以在浏览器最顶端的标题栏看到这个标题。

在<body>和</body>之间的信息，是正文。

在<b>和</b>之间的文字，用粗体表示。顾名思义，<b>就是 bold 的意思。

HTML 文件看上去和一般文本类似，但是它比一般文本多了标记，比如<html>、<b>等，通过这些标记，可以告诉浏览器如何显示这个文件。

任务 1　HTML 基础

一、HTML 概述

HTML 是英文 HyperText Markup Language 的缩写，中文意思为“超文本标记语言”，用它编写的文件(文档)的扩展名是.html 或.htm,它们是可供浏览器解释浏览的文件格式。可以使用记事本、写字板或 FrontPage Editor 等编辑工具来编写 HTML 文件。HTML 语言使用标记对的方法编写文件,既简单又方便,它通常用<标记名></标记名>来表示标记的开始和结束(如<html></html>标记对)。因此,在 HTML 文档中,这样的标记对都必须是成对使用的。

当我们畅游 Internet 时,我们透过浏览器所看到的网站是由 HTML 语言所构成的。超文本标记语言是一种建立网页文件的语言,透过标记式的指令(Tag),将影像、声音、图片、文字等链接显示出来。

HTML 标记是由“<”和“>”所括住的指令,主要分为单标记指令和双标记指令(由<标记>和</标记>构成)。HTML 网页文件可由任何文本编辑器或网页专用编辑器编辑,完成后(以.htm 或.html 为文件后缀保存)将 HTML 网页文件由浏览器打开显示,若测试没有问题则可以放到服务器(Server)上,对外发布信息。

二、HTML 基本结构

一个典型的 HTML 文档的结构如下:

<html>文件开始

<head>标头区开始

<title>…</title>标题区

</head>标头区结束

<body>页面体开始

本文区内容

</body>页面体结束

</html>文件结束

每部分的含义为:<html>表示网页文件格式;<head>标头区记录文件基本资料,如作者、编写时间;<title>网页标题须使用在标头区内,显示在浏览器的标题栏;<body>本文区就是在浏览器上看到的网站内容。

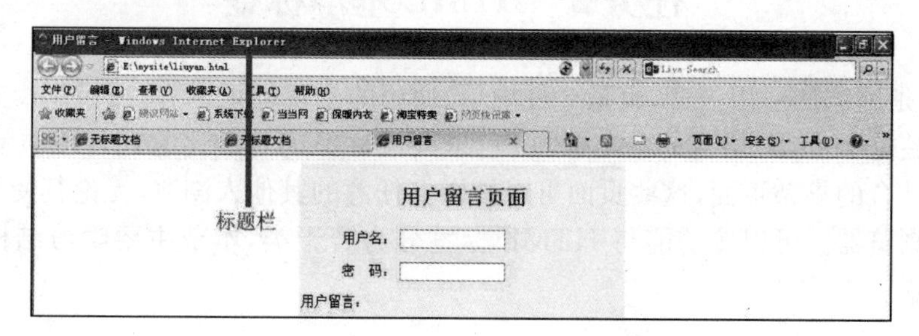

图 3—5　标题栏

注意事项:通常,一个 HTML 网页文件包含两个部分:<head>…</head>标头区、<body>…</body>本文区,<html>和</html>则代表网页文件格式。习惯上,一个网站的首页名称通常设定为 index.htm 或 index.html,这样只要浏览网站,浏览器就会自动找出 index.html 文件。

【应用范例】

```
3-2.html - 记事本
文件(F) 编辑(E) 格式(O) 查看(V) 帮助(H)
<html>
    <head>
        <title>HTML基本结构应用范例</title>
    </head>
    <body bgcolor="greenyellow">
        <center>
            <h1>A test of html</h1>
            <hr size="20" color="fuchsia">
            <h2>This is a picture.</h2>
            <img src="pic/image1.jpg" width=140 height=140>
        </center>
    </body>
</html>
```

图 3－6　3－2.html 源代码

网页的内容在 IE 浏览器中显示为图 3－7。

图 3－7　网页文件 3－2.html

任务 2　HTML 基本标签

HTML 是网络的通用语言，也是一种简单、通用的全置标记语言。HTML 文件结构标签及其属性标签是 HTML 语言的基本标签，它是其他标签的基础。它允许网页制作人建立文本与图片相结合的复杂页面，这些页面可以被网上任意的其他人浏览，无论其使用的是何种类型的电脑或浏览器。可以按功能将 HTML 标签分为若干类，本节主要学习结构、格式、文本和图像等标签。

一、HTML 结构标签

(一)开始与结束标签

HTML 语言中的<html></html>用来标记 HTML 语言的开始与结束，当浏览器遇到<html>标签时，就开始用 HTML 的语言规范对接下来的内容进行解释，并将解释的内容显示在浏览器的特定位置，遇到</html>标签时，解释结束。

(二)头部标签

头部标签是<head>头部的内容</head>，<head>表示头部结构的开始，</head>表示头部结构的结束，这一部分在浏览器的文档窗口不显示，只是网页标题显示在浏览器标题栏中。

在头部标签中，<title>标题</title>定义网页文件的标题，标题标签应放在<head>和</head>之间。即<head><title>标题</title></head>，注意两个标签的合理嵌套。

用“<title>注意！这是文件的标题</title>”标记的标题显示在浏览器的标题栏中。

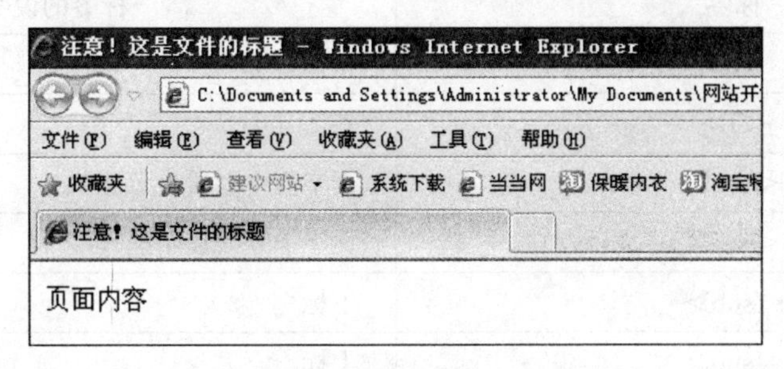

图 3－8　网页文件 3－5.html

(三)网页主体标签

网页主体是网页最主要的部分，这一部分直接显示在浏览器的文档窗口中，它以<body>标签开始，以</body>标签结束。

由结构标签组成的 HTML 文档如下：

```
<html>
  <head>
    <title>
    标题
    </title>
  </head>
  <body>
  页面内容
  </body>
</html>
```

此外，HTML 语言的基本结构标签还包括段落标签<p></p>、换行标签
、注释标签<！－－和－－>。

二、格式标签

(一)标题格式标签

这个示例告诉你如何在 HTML 文件里定义网页正文的各级标题。

HTML 用<h1>到<h6>这几个标签来定义正文标题，从大到小，每个正文标题自成一段。

```
<h1>标题一样式</h1>
<h2>标题二样式</h2>
<h3>标题三样式</h3>
<h4>标题四样式</h4>
```

＜h5＞标题五样式＜/h5＞

＜h6＞标题六样式＜/h6＞

(二)常用文本格式标签

表 3—1　　常用文本格式标签

标签	标签的说明
＜b＞	粗体 bold
＜i＞	斜体 italic
＜del＞	文字当中划线表示删除
＜ins＞	文字下划线表示插入
＜sub＞	下标
＜sup＞	上标
＜blockquote＞	缩进表示引用
＜pre＞	保留空格和换行
＜code＞	表示计算机代码，等宽字体

除了这些一般的格式标签外，文本的格式在文本标签内设置，图像格式在图像标签中设置，还有其他网页对象，都可以分别设置格式。

三、文本标签

(一)字体大小

＜font size=＃＞…＜/font＞ ＃=1,2,3,4,5,6,7 or ＋＃，－＃

＜basefont size=＃＞ ＃=1,2,3,4,5,6,7

【应用范例】

size - 记事本

文件(F) 编辑(E) 格式(O) 查看(V) 帮助(H)

```
<html>
 <head>
  <title>
  字号显示
  </title>
 </head>
 <body>
  <center>
   <font size=7>欢迎你，朋友！</font> <br>
   <font size=6>欢迎你，朋友！</font> <br>
   <font size=5>欢迎你，朋友！</font> <br>
   <font size=4>欢迎你，朋友！</font> <br>
   <font size=3>欢迎你，朋友！</font> <br>
   <font size=2>欢迎你，朋友！</font> <br>
   <font size=1>欢迎你，朋友！</font>
  </center>
 </body>
</html>
```

图 3—9　字体大小

上述文件被保存为 3－6.html，该文件在 IE 浏览器中的显示为图 3－10。

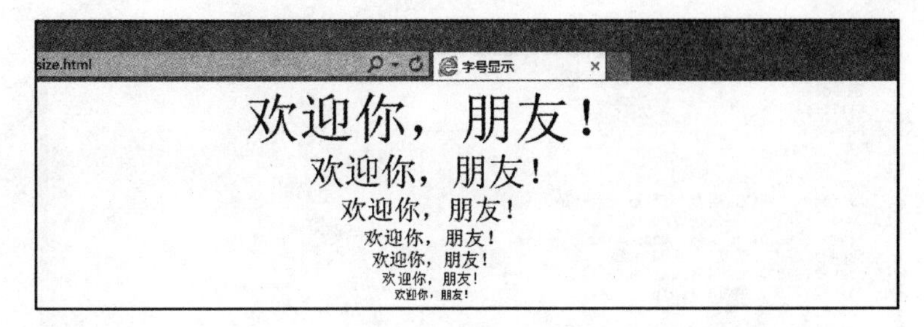

图 3－10　3－6.html

(二)物理字体(Physical Style)

【应用范例】

```
<html>
 <head>
   <title>
   字号显示
   </title>
 </head>
 <body>
  <center>
   <b>欢迎你，朋友！</b> <br>
   <i>欢迎你，朋友！</i> <br>
   <u>欢迎你，朋友！</u> <br>
   <tt>欢迎你，朋友！</tt> <br>
   <sup>欢迎你，朋友！</sup> <br>
   <sub>欢迎你，朋友！</sub> <br>
   <s>欢迎你，朋友！</s> <br>
   <strike>欢迎你，朋友！</strike> <br>
  </center>
 </body>
</html>
```

图 3－11　物理字体

上述编码在浏览器中的显示如图 3－12 所示。

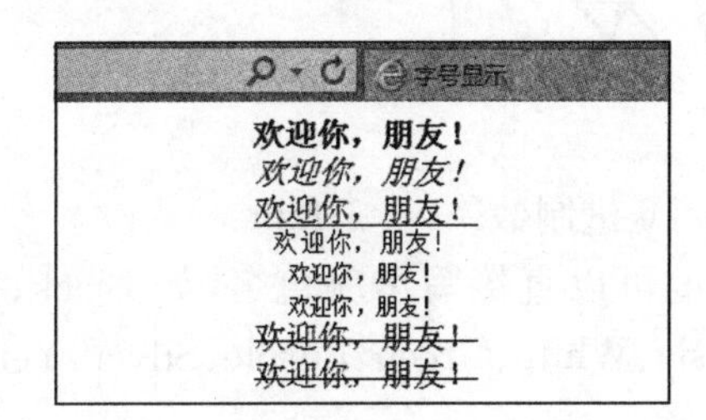

图 3－12　网页文件 3－7.html

(三)逻辑字体(Logical Style)

【应用范例】

上述编码在浏览器上的显示如图 3－14 所示。

当然，"字体大小"标记和"指定字体"标记可以组合使用，如代码：

<i><font size=5>

　　<b>欢迎</b>你<font size=6> 朋友！ </font>

</font></i>

```
      字号显示
    </title>
  </head>
  <body>
    <center>
      <em>欢迎你，朋友！</em> <br>
      <strong>欢迎你，朋友！</strong> <br>
      <code>欢迎你，朋友！</code> <br>
      <samp>欢迎你，朋友！</samp> <br>
      <kbd>欢迎你，朋友！</kbd> <br>
      <var>欢迎你，朋友！</var> <br>
      <dfn>欢迎你，朋友！</dfn> <br>
      <cite>欢迎你，朋友！</cite> <br>
      <small>欢迎你，朋友！</small> <br>
      <big>欢迎你，朋友！</big> <br>
    </center>
  </body>
</html>
```

图 3—13　逻辑字体

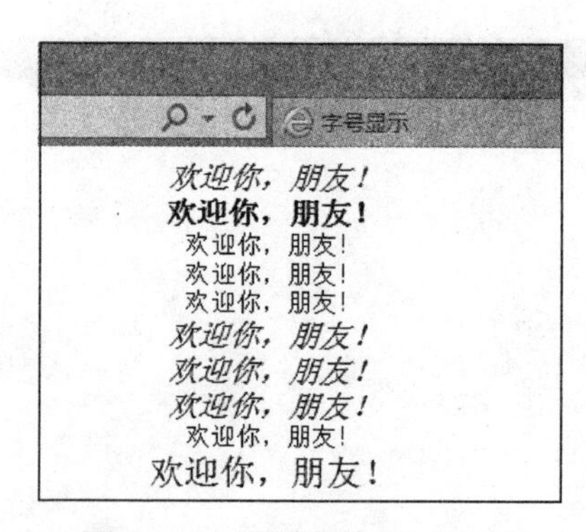

图 3—14　网页文件 3—8.html

在 IE 浏览器中显示为：

欢迎你　朋友！

(四)字体颜色

指定颜色<font color=＃16 进制数>…</font>

＃＝rrggbb 16 进制数，也可以直接写出颜色名，如 Black、Olive、Teal、Red、Blue、Maroon、Navy、Gray、Lime、Fuchsia、White、Green、Purple、Silver、Yellow、Aqua。

【应用范例】

代码：<font color=＃000000>Black</font>&<font color=black>Black</font>

在 IE 浏览器中显示为：

Black & Black

四、超链接标签

超链接是一种网页对象，它以特殊编码为文本或图形定义链接的属性，如果单击该链接，则相当于指示浏览器移至同一网页内的某个位置,或打开一个新的网页,或打开另一网站中的网页。当然,还可以利用超级链接打开某一应用程序。

(一)超级链接标记

HTML用<a>来表示超链接,英文为anchor(锚记)。<a>可以指向任何一个文件源,如HTML网页、图片、影视文件等。

语法:<a href="url">该链接在网页上显示的文字</a>

在浏览器中点击<a></a>当中的内容,即可打开一个链接文件,href属性表示这个链接文件的网络地址。比如链接到baidu站点首页,就可以这样表示:

<a href="http://www.baidu.com">百度baidu.com首页</a>

如果用图片代替“百度baidu.com首页”几个字,则可以定义图片的超链接。

(二)target属性

使用target属性,可以在不同的IE浏览器窗口打开链接文件。

<a href="http://www.baidu.com" target=_blank>百度baidu.com首页</a>

(三)name属性

使用name属性,可以跳转到一个文件的指定位置,但在这个位置要事先用name定义一个名字,这个位置被称为锚记。也就是说,使用name属性,要设置两次。一次是设定网页特定位置的name名称,第二次是设定一个href指向这个name。例如:

<a href="#C1">参见第一章</a>

……

<a name="C1">第一章</a>

name属性通常用于创建一个大文件的章节目录。每个章节都建立一个链接,放在文件开始处,每个章节的开头都设置一个锚记。当用户点击某个章节的链接时,浏览器将显示位置定位在这个章节上面。如果浏览器不能找到Name指定的部分,则显示文章开头,不报错。

(四)链接到email地址

在网站中,你经常会看到“联系我们”的链接,点击该链接,就会触发你的邮件客户端,比如Outlook Express,然后显示一个新建mail的窗口。用<a>可以实现这样的功能。例如:

<a href="mailto:webmaster@blabla.cn">联系我们</a>

五、图像标签

图像,也就是images,在html语法中用img来表示。它的属性设置含义如下:

图像源:<img src=#>,#=图像的url,url指的是图像在网上的地址。

图像位置文字:<img alt=#>,#=浏览器尚未完全读入图像时,图像处显示的文字;也是图像显示后,当鼠标放在图片上时显示的文字。

图像在页面中的对齐/布局:<img align=#>,#=left,center,right,使用图像的align属性,它的值:left为居左,center为居中,right为居右。例如:

<img src="http://www.baidu.com/img/bdlogo.gif" align=center>欢迎您使用百度搜索!

图像和文字的对齐:<img align=#>,#=top, middle, bottom,这里的align和前面实现的效果不同,从它的值可以看出,它所显示出来的是文字在图片的上面、中间、底端。因为接近于英语语法,因此对图像和文字对齐方式的理解不会太困难。

图像的边框：<img border=＃> ＃=value，它的值为数字，如果不为0，则表示图像有一个边框，其宽度为数值指定的像素数。

【应用范例】

代码：<img src="http://www.baidu.com/img/bdlogo.gif" border=5>

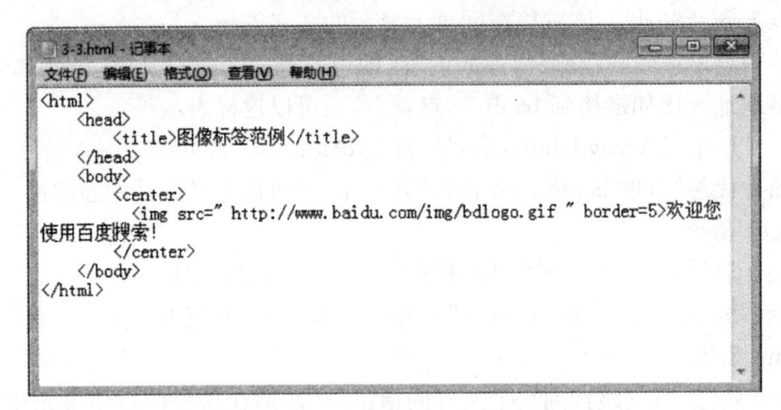

图3－15　3－3.html图像标签范例源代码

图3－16　网页3－3.html

参照上述示例进行验证，测试显示效果，理解每个标签的含义。

六、表格标签

表格，一般用于对规则数据进行排版显示，在网页制作过程中，也可以用作网页的布局。比如，文字或图形放在页面的某个特定位置，可以在网页上插入一个表格，使其宽度与页面宽度相同，通过合并或拆分单元格，将网页对象放置于特定的单元格中，就可以实现网页对象的整齐排列。除了页面布局外，表格作为网页对象，还可通过设置属性呈现出非常好看的页面效果，如按钮、变色、边线等。

（一）表格的基本语法

表格的基本语法如下：

<table>…</table>（定义表格）

<tr>…</tr>（定义表行）

<th>…</th>（定义表头）

<td>…</td>(定义表元)

【应用范例】

```
<html>
 <head>
   <title>
   字号显示
   </title>
<body>
<center>
<table border="1"><!--border是表格的边框属性，="1"，即边框的宽为1象素-->
   <tr>                  <!--定义表格的行-->
   <th>交通</th><th>城市</th><th>文化创意产业</th><!--定义表格的表头，即标题-->
   </tr>                 <!--行结束-->
   <tr>
   <td>高速公路</td><td>郑州</td><td>清园</td>  <!--定义表格的表元-->
   </tr>
</table>
</center>
</body>
</html>
```

图 3—17　表格的语法

其在浏览器上显示为：

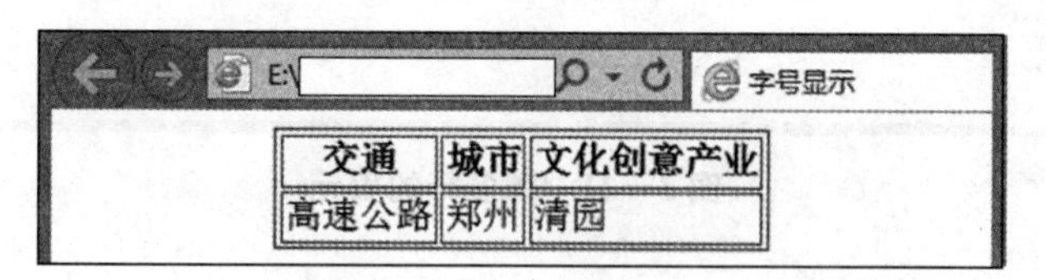

图 3—18　网页 3—9.html

在利用表格进行网页布局时，可以将 table 的 border 属性设置为“0”，使表格在浏览器中不显示，但网页内容可以正常显示。

(二)跨多行、多列的单元格(Table Span)

跨多列的单元格<th colspan=＃>。

【应用范例】

```
<html>
 <head>
   <title>
   字号显示
   </title>
 </head>
 <body>
  <center>
   <font size=7>欢迎你，朋友！</font> <br>
   <font size=6>欢迎你，朋友！</font> <br>
   <font size=5>欢迎你，朋友！</font> <br>
   <font size=4>欢迎你，朋友！</font> <br>
   <font size=3>欢迎你，朋友！</font> <br>
   <font size=2>欢迎你，朋友！</font> <br>
   <font size=1>欢迎你，朋友！</font>
  </center>
 </body>
</html>
```

图 3—19　跨多行的表格代码

代码在浏览器中的显示效果如图 3－20 所示。

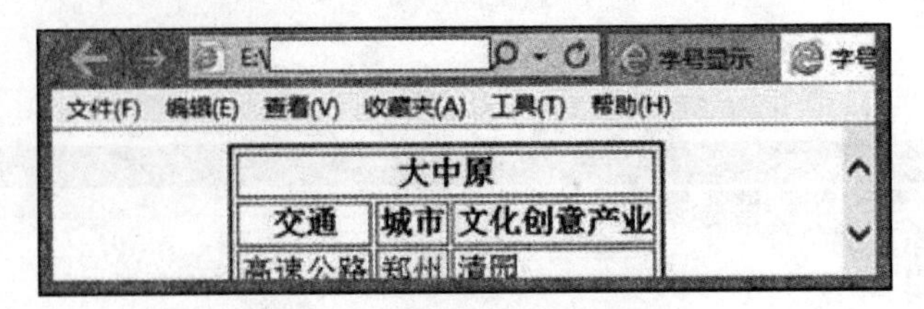

图 3－20 网页 3－10.html

跨多行的表元<th rowspan＝＃>。

```
<html>
 <head>
   <title>
   字号显示
   </title>
<body>
<center>
 <table border="2">
   <tr><th rowspan=3>大中原</th><!--rowspan=3，跨三行表元-->
       <th>交通</th> <td>高速公路</td></tr>
   <tr><th>城市</th> <td>郑州</td></tr>
   <tr><th>文化创意</th> <td>清园</td></tr>
   </table>
</center>
</body>
</html>
```

图 3－21 跨多行的表元

代码在浏览器中显示为：

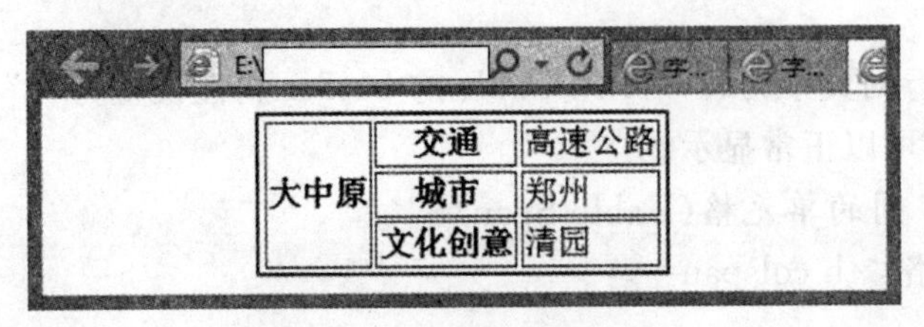

图 3－22 网页 3－11.html

以下代码设置表格的其他属性，可在 html 文档中进行修改，观察在 IE 浏览器中的显示效果。

通过<table border＝＃>进行边框尺寸设置，如：

```
<table border=10>
<tr><th>交通</th><th>城市</th><th>文化创意</th>
<tr><td>高速公路</td><td>郑州</td><td>清园</td>
</table
```

通过<table border width＝＃ height＝＃>进行表格尺寸设置，如：

```
<table border width=170 height=100>
    <tr><th>交通</th><th>城市</th><th>文化创意</th>
    <tr><td>高速公路</td><td>郑州</td><td>清园</td>
</table>
```

通过<table border cellspacing=＃>进行表元间隙设置，如：

<table border cellspacing=10>

　　<tr><th>交通</th><th>城市</th><th>文化创意</th>

　　<tr><td>高速公路</td><td>郑州</td><td>清园</td>

</table>

通过<table border cellpadding=＃>进行表元内部空白设置，如：

<table border cellpadding=10>

　　<tr><th>交通</th><th>城市</th><th>文化创意</th>

　　<tr><td>高速公路</td><td>郑州</td><td>清园</td>

</table>

效果分别为：

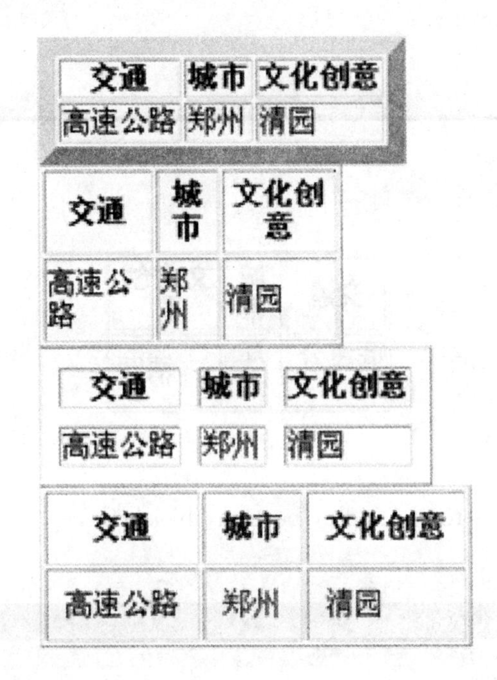

交通	城市	文化创意
高速公路	郑州	清园

交通	城市	文化创意
高速公路	郑州	清园

交通	城市	文化创意
高速公路	郑州	清园

交通	城市	文化创意
高速公路	郑州	清园

(三)表格内文字的对齐/布局

水平对齐的语法如下：

<tr align=＃>

<th align=＃>　＃=left，center，right

<td align=＃>

【应用范例】

```
table3.html - 记事本
文件(F) 编辑(E) 格式(O) 查看(V) 帮助(H)
<html>
 <head>
   <title>
   字号显示
   </title>
<body>
<center>
<table border width=160>
   <tr>
  <th>交通</th><th>城市</th><th>文化创意</th>
  <tr>
    <td align=left>高速公路</td>
    <td align=center>郑州</td>
    <td align=right>清园</td>
  </table>
</center>
</body>
</html>
```

图 3－23　网页 table3.html

显示效果为：

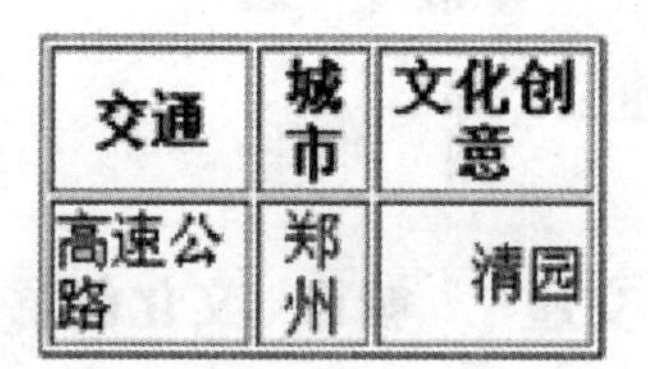

交通	城市	文化创意
高速公路	郑州	清园

垂直对齐的语法如下：

<tr valign=＃>

<th valign=＃>　＃＝top，middle，bottom，baseline

<td valign=＃>

```
table4.html - 记事本
文件(F) 编辑(E) 格式(O) 查看(V) 帮助(H)
<html>
 <head>
   <title>
   字号显示
   </title>
<body>
<center>
 <table border height=100>
   <tr>
              <th>交通</th><th>城市</th>
              <th>文化创意</th><th>旅游</th>
   <tr>
              <td valign=top>高速公路</td>
              <td valign=middle>郑州</td>
              <td valign=bottom>清园</td>
              <td valign=baseline>黄河</td>
   </table>

</center>
</body>
```

图 3－24　网页 table4.html

显示效果为：

交通	城市	文化创意	旅游
高速公路	郑州	清园	黄河

七、框架标签

框架(Frame)可以将浏览器分成若干部分，每部分显示一个网页，因为多个网页显示在一个浏览器区域，所以多个网页可以呈现出一个网页的效果。框架标签用于将浏览器分割成不同的窗口，一个框架网页可以由多个网页组成，在浏览和保存时一定要注意。

(一)框架的基本概念

图 3－25 是一个典型的框架网页，这个框架网页分别由上部 top.html 窗口、左侧 left.html 窗口和中部 main.html 窗口组成。当然，不能忘记整个框架网页还需要一个名字，可将其命名为 index.html。

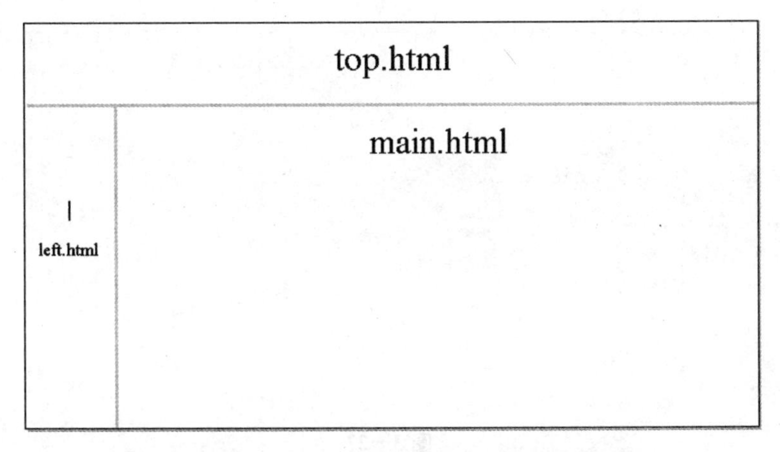

图 3－25　网页 index.html、top.html、left.html、main.html

(二)框架标签

```
<FRAMESET COLS="120, * ">
    <FRAME SRC="left.htm" NAME="left">
    <FRAME SRC="right.htm" NAME="right">
</FRAMESET>
```

在<FRAMESET>标签中，COLS 和 ROWS 两个参数表示是将浏览器划分为若干列还是行。如果是左右分，即分成若干列，就将代码写成<FRAMESET COLS="120, * ">。COLS="120, * "就是左边一栏强制定为 120 像素。右侧是相对值，随窗口大小而变。除了直接写像素数外，也可用百分比来表示，如 COLS="20%,80%"。

index.html - 记事本

文件(F)　编辑(E)　格式(O)　查看(V)　帮助(H)

```
<!DOCTYPE html PUBLIC "-//W3C//DTD XHTML 1.0 Frameset//EN" "http://www.
<html xmlns="http://www.w3.org/1999/xhtml">
<head>
<meta http-equiv="Content-Type" content="text/html; charset=utf-8" />
<title>无标题文档</title>
</head>
<frameset rows="80,*">
  <frame src="top.html" name="topFrame"/>
  <frameset rows="*" cols="89,*">
    <frame src="left.html" name="leftFrame"/>
    <frame src="main.html" name="mainFrame"/>
  </frameset>
</frameset>
<noframes><body>
</body></noframes>
</html>
```

图 3－26　网页 index.html

上述网页显示为：

图 3－27

（三）标签参数说明

例：<FRAMESET cols＝"120，＊" frameborder＝0 framespacing＝5>

1. cols＝"120，＊"

表示将浏览器垂直划分为两列，可以一次切成左、右两个画面，当然也可以切成三个或多个画面，通过调整 cols 的值就可以完成，如写成 cols＝"30，＊，50"，可将浏览器划分为左 30 像素、右 50 像素、中间为相对值的三列。依此类推，多列可以写多组数字。

2. rows＝"120，＊"

表示将浏览器水平划分为若干行，即将浏览器上下划分为几部分，参数的含义与 cols 相同。

3. framespacing＝5

表示框架与框架间的保留空白的距离，以免看起来太挤。

4. src＝"a.htm"

设定此框架中要显示的网页名称，每个框架对应一个网页，否则就会产生错误。这里需要填入对应网页的名称。（如果该网页在不同目录，记得路径要写清楚。）

5. name="1"

设定这个框架的名称，这样才能指定框架作链接，当然名称可以任意设定。

6. border=0

设定框架的边框，其值可以是任意数，表示框架分割线的粗细。

7. scrolling="no"

设定是否要显示滚动条，“yes”是要显示滚动条，“no”是无论如何都不要显示，“auto”是视情况显示。

8. noresize

设定不让使用者改变框架的大小，如果没有设定该参数，使用者可以很容易地拉动框架，改变其大小。

9. marginhight=2

表示框架高度部分边缘所保留的空间。

10.marginwidth=2

表示框架宽度部分边缘所保留的空间。

11. target=框窗名称

使用方法：<A HREF="d1-1.htm" target=3>显示内容</A>

常常有一种情况是，想在框窗 1 中按下链接，但希望其内容出现在框窗 3 中，应该如何写呢？加上“target=框窗名称”就行啦！

12. target=_top

使用方法：<A HREF="http://www.wrclub.net" target=_top>网人俱乐部</A>

有时在框窗里链接到别的站点，却发现新链接的站点竟被框窗包住，不但难看，而且可能会惹上官司。因此，可加入 target=_top 这个参数，则这个新链接到的网站就会重新占据整个屏幕。

八、表单标签

（一）基本语法

表单的基本语法如下：

```
<form action="url" method=GET/POST>
…
…
<input type=submit> <input type=reset>
</form>
```

表单中提供给用户的输入形式为<input type= * name= * * >。

其中，type 的值包括 text、password、checkbox、radio、image、hidden、submit、reset。name 是为应用程序引用而设定的名字，可以是符合规则的任意字符。

（二）文字输入和密码输入

```
<input type= text/password value=(初始值)>
```

【应用范例】

代码显示如图 3-29 所示。

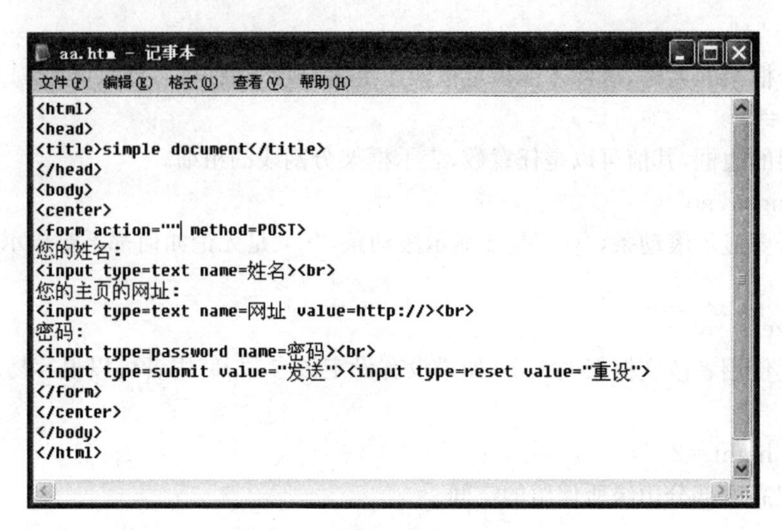

```
<html>
<head>
<title>simple document</title>
</head>
<body>
<center>
<form action="" method=POST>
您的姓名:
<input type=text name=姓名><br>
您的主页的网址:
<input type=text name=网址 value=http://><br>
密码:
<input type=password name=密码><br>
<input type=submit value="发送"><input type=reset value="重设">
</form>
</center>
</body>
</html>
```

图 3—28

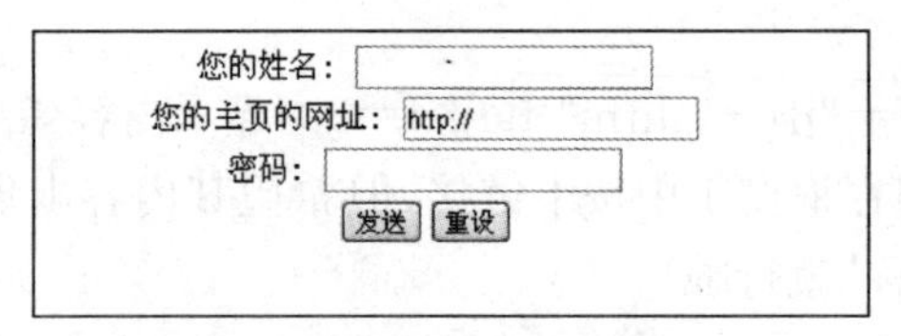

图 3—29　网页文件 3—12.html

(三)复选框(Checkbox)和单选框(RadioButton)

1. 复选框

复选框的基本语法如下:

<input type=checkbox>

<input type=checkbox checked>

<input type=checkbox value=＊＊>

【应用范例】

上述代码显示为:

2. 单选框

单选框的基本语法如下:

<input type=radio value=＊＊>

<input type=radio value=＊＊ checked>

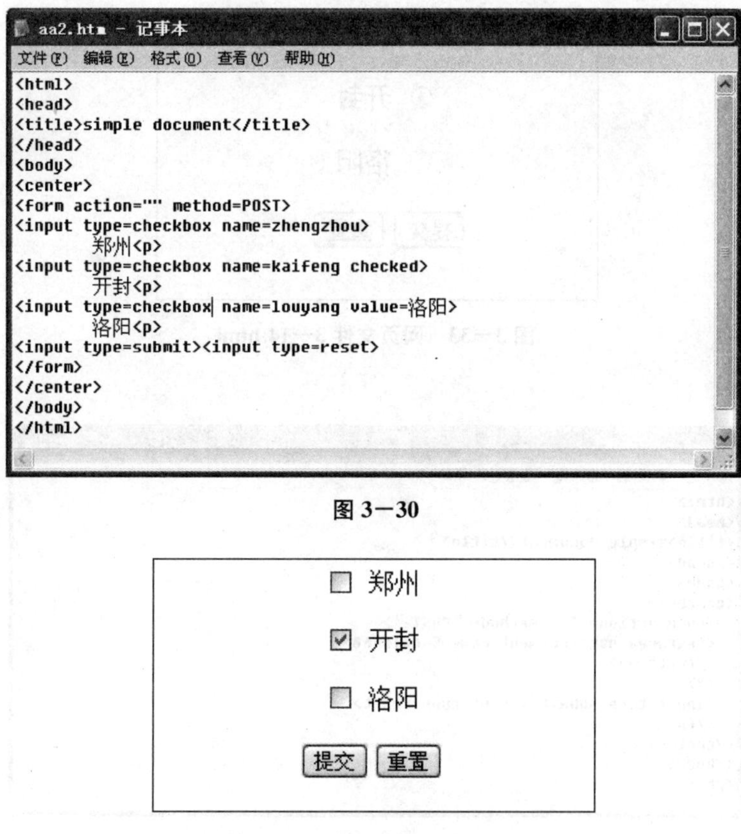

图 3—30

图 3—31　网页文件 3—13.html

【应用范例】

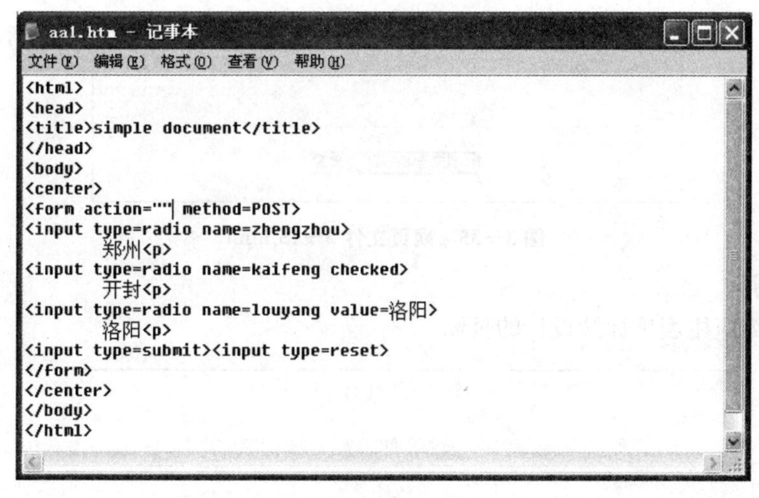

图 3—32

上述代码显示为：

(四)文本区域

文本区域的基本语法：

＜textarea name＝＊ rows＝＊＊ cols＝＊＊＞…＜textarea＞

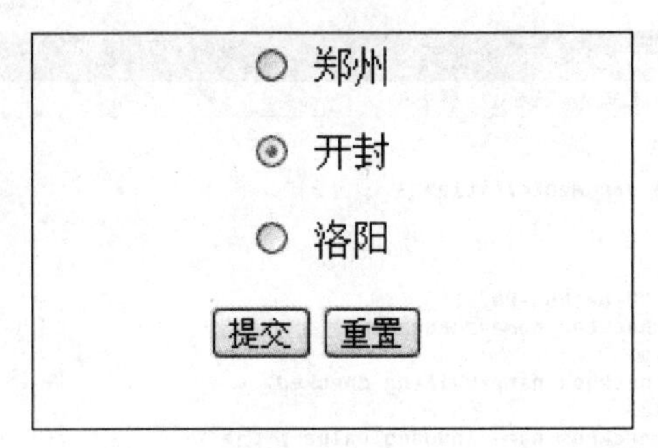

图 3－33　网页文件 3－14.html

【应用范例】

aa6 - 记事本

文件(F)　编辑(E)　格式(O)　查看(V)　帮助(H)

```
<html>
<head>
<title>simple document</title>
</head>
<body>
<center>
  <form action=" " method="POST">
  <textarea name=comment rows=5 cols=60>
  </textarea>
  <P>
  <input type=submit><input type=reset>
  </form>
</center>
</body>
</html>
```

图 3－34

上述代码显示为：

图 3－35　网页文件 3－15.html

【应用范例】

图 3－36 为应用表单标签设计的页面。

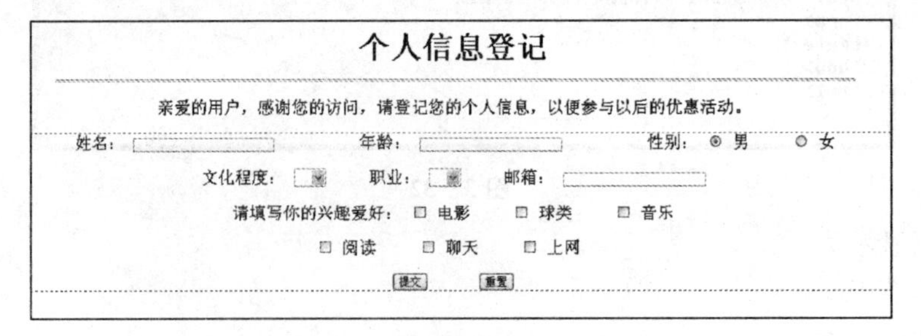

图 3－36　网页文件 3－16.html

任务3　XHTML

一、XHTML 概述

现在都讲究标准建站，标准建站使用的技术主要是 XHTML＋CSS，而前面我们使用的是 HTML 代码。它们之间该如何转换？HTML 和 XHTML 又有什么不同呢？下面我们来研究 HTML 与 XHTML 之间的不同，以及如何将 HTML 转换为 XHTML。因为 XHTML 是技术发展的方向，但 HTML 相对比较简单。

XHTML 是 EXtensible HyperText Markup Language(可扩展超文本标记语言)的英文缩写，而 HTML 则是 HyperText Markup Language(超文本标记语言)的英文缩写，这是名字的不同。其实按照标准应该是 XML。为什么要学习 XHTML 呢？因为现在的 HTML 代码繁琐、危机四伏，但是 XML 使用环境还不成熟，所以推出了一个过渡产品 XHTML，它起着承上启下的作用。也有人认为 XHTML 是 HTML 的一个升级版本，XHTML 是把 HTML 做得更加规范的一个标记语言，使 HTML 的功能变得强大，减少了代码的繁琐，尤其是表格。

与 HTML 类似，XHTML 语言在制作网页时也是以<html>标签开头，以</html>标签结束，中间包括<head></head>文件头和<body></body>文件体两部分。在使用 XHTML 制作网页时，所有的标签均应使用小写字母，并且在一般情况下，标签都是成对使用的，如<html><html>、<head></head>等标签对。当然也有少数标签可以单独使用，如果只有起始标签而无结束标签，这个标签就是空标签，空标签连同它“包住”的内容称为元素。

在使用标签时，还可以为其设置属性，其方法是在起始标签之后加入属性＝"属性值"，属性值须用引号括起来，添加属性的 XHTML 代码格式为：<起始标签　属性名＝"属性值">。

XHTML 是 HTML 与 XML 相结合的产物，XML 被用来描述数据，而 HTML 主要用来显示数据。XHTML 为了适应 XML 而对 HTML 进行重新编写，使 HTML 中包含的数据能够更为方便地被计算机进行自动处理。

如前所述，XHTML 的产生，一方面是为了与以后使用的 XML 相连接，另一方面是为了使应用 HTML 语言开发的网页在不同的浏览器上使用的兼容性。XHTML 的特点包括：标签要成对使用，标签及属性的书写要使用小写字母，空标签也要使用“/”关闭。例如，<hr>标签，在 XHTML 文档中要写为<hr/>，以保证结构的完整，属性的值必须用引号(" ")括起来，属性的缩写将不能被识别，在 XHTML 文档中要用 id 取代 name。

【应用范例】

应用 XHTML 在网页文档中插入一幅图片。程序清单如下：

```
<html>
  <head>
    <title>simple document</title>
  </head>
  <body>
```

```
    <center>
      <font size="+2" color="blue">a test of xhtml</font>
      <hr size="20" color="#aa33ff" />
      This is a picture<br />
      <img src="pic.jpg" width="300" height="260" />
    </center>
  </body>
</html>
```

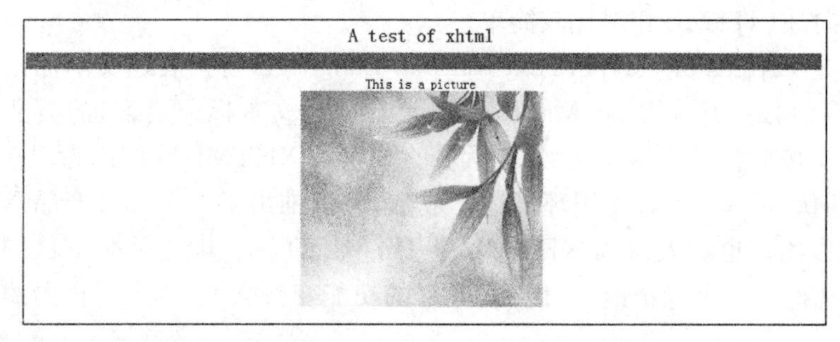

图 3－37 网页文件 3－17.html

二、HTML 转换为 XHTML

XML 是网络技术发展的趋势，许多信息化企业都采用 XML 技术设计网站，但对于一些已经使用 HTML 技术构建网站的企业来说，要完全放弃原有的网页重新构建网站并不经济，而且浪费时间，可以通过 XHTML 实现向 XML 转换的目标。

传统 HTML 向 XML 迁移，最为困难的是不容易把 HTML 文档的内容和表现形式进行分离。怎样才能对 HTML 文档进行改装呢？方案就是采用 XHTML。XHTML 结合了 HTML 和 XML 的优点，由于它和 HTML 很相似，所以可以很容易地把以前的 HTML 进行简化和改装，形成新的 XHTML 文档，实现 HTML 向 XHTML 的过渡，这比直接重新构建 XML 文档简单得多。

首先，XHTML 对大小写标记敏感。在 XHTML 中定义元素的属性必须使用小写，那些曾经在 HTML 中用来增强文档可读性的有些技巧都不能用了。例如，以前在 HTML 中定义元素属性时使用大写的字符，而具体的数值使用小写，这样可读性强一些，但是这种技巧在 XHTML 中就不能使用。

其次，XHTML 严格要求元素必须标记开始和标记结束。以前经常能在 HTML 中使用的先打开标记然后作用于其他内容的手法，现在也必须加以修改。在 XHTML 中，所有非空的元素都被要求关闭。以前经常被开发者使用的一个技巧就是在两个段落中使用<p>这个标记，而不是严格地按照在每一段的开始使用<p>而在结尾使用</p>。另外，所有的 XHTML 属性都需要使用引号来表示，如<table border = 2>这样的语句需要改写成<table border = "2">。

最后，要指出的一点是，<head>和<body>这样的元素在 XHTML 中都是必需的，而且<title>这个元素必须作为第一个元素放在<head>段中。

通过对 HTML 文档进行这些改变，原来的 HTML 文件不仅能在 HTML 的浏览器中得到正确的显示，而且还能用支持 XML 的软件来进行处理。

【应用范例】

以下是一个 XTML 文档，<p>标记在结尾处都用</p>封闭，<hr>标签也用“/”封闭。

```
<! DOCTYPE html PUBLIC "-//W3C//DTD XHTML 1.0 Transitional//EN"
"http://www.w3.org/TR/xhtml1/DTD/xhtml1-transitional.dtd">
<html>
<head><title>无标题文档</title>
<style type="text/css">
.aa {font-size: 24px;color: #903;text-align: center;font-weight: bold;}
.ss {text-align: center;}
</style>
</head>
<body>
<form id="form1" name="form1" method="post" action="">
  <table width="352" border="0" align="center">
    <tr>
      <td width="524" height="447" bgcolor="#FFFFCC"><p class="aa">
用户留言页面</p>
      <hr/>
        <p>用户名:<input name="textfield" size="15"/></p>
        <p>密 码: <input name="textfield2" size="15"/></p>
        <p>用户留言:</p>
        <p><textarea name="textarea" cols="45" rows="15"></textarea></p>
        <p class="ss"><input type="submit" name="button" value="提交"/></p>
      </td>
    </tr>
  </table>
</form>
</body>
</html>
```

有个软件 HTML Tidy，是 W3C 官方发布的一个开源软件，能够帮助我们将 HTML 转化为 XHTML，但由于通常在 HTML 语言中用户编写时出现的错误，使用软件转换可能会出现一些问题。不过，如果熟悉了 XHTML 的语法，可以对转换好的文档进行检查和修改。

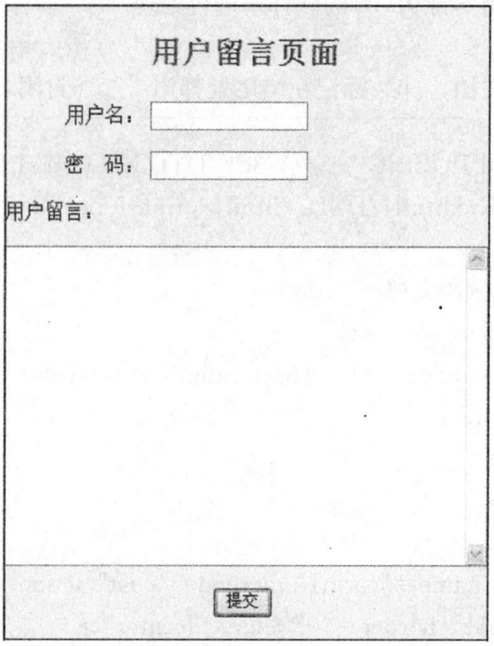

用户留言页面

用户名：

密 码：

用户留言：

提交

图 3－38 网页显示效果：网页文件 3－18.html

【知识拓展】

HTML 相对路径(Relative Path)和绝对路径(Absolute Path)

HTML 初学者经常会遇到这样一个问题：如何正确引用一个文件？比如，怎样在一个HTML 网页中引用另外一个 HTML 网页作为超链接？怎样在一个网页中插入一张图片？

如果你在引用文件时(如加入超链接或者插入图片等)使用了错误的文件路径，就会导致引用失效(无法浏览链接文件或无法显示插入的图片等)。

为了避免这些错误，正确地引用文件，需要学习 HTML 路径。

HTML 有两种路径写法：相对路径和绝对路径。

一、HTML 相对路径

(一)同一个目录的文件引用

如果源文件和引用文件在同一个目录里，直接写引用文件名即可。

现在建一个源文件 info.html，在 info.html 里要引用 index.html 文件作为超链接。

假设 info.html 路径是：c:\Inetpub\wwwroot\sites\blabla\info.html

假设 index.html 路径是：c:\Inetpub\wwwroot\sites\blabla\index.html

在 info.html 加入 index.html 超链接的代码应该写为：

<a href="index.html">index.html</a>

(二)如何表示上级目录

../表示源文件所在目录的上一级目录，../../表示源文件所在目录的上上级目录，以此类推。

假设 info.html 路径是：c:\Inetpub\wwwroot\sites\blabla\info.html

假设 index.html 路径是：c:\Inetpub\wwwroot\sites\index.html

在 info.html 加入 index.html 超链接的代码应该写为：<a href = "../index.html">index.html</a>

假设 info.html 路径是:c:\Inetpub\wwwroot\sites\blabla\info.html

假设 index.html 路径是:c:\Inetpub\wwwroot\index.html

在 info.html 加入 index.html 超链接的代码应该写为:

<a href = "../../index.html">index.html</a>

假设 info.html 路径是:c:\Inetpub\wwwroot\sites\blabla\info.html

假设 index.html 路径是:c:\Inetpub\wwwroot\sites\wowstory\index.html

在 info.html 加入 index.html 超链接的代码应该这样写为:<a href = "../wowstory/index.html">index.html</a>

(三)如何表示下级目录

引用下级目录的文件,直接写下级目录文件的路径即可。

假设 info.html 路径是:c:\Inetpub\wwwroot\sites\blabla\info.html

假设 index.html 路径是:c:\Inetpub\wwwroot\sites\blabla\html\index.html

在 info.html 加入 index.html 超链接的代码应该写为:

<a href = "html/index.html">index.html</a>

假设 info.html 路径是:c:\Inetpub\wwwroot\sites\blabla\info.html

假设 index.html 路径是:c:\Inetpub\wwwroot\sites\blabla\html\tutorials\Index.html

在 info.html 加入 index.html 超链接的代码应该写为:

<a href = "html/tutorials/index.html">index.html</a>

二、HTML 绝对路径

HTML 绝对路径是指带域名的文件的完整路径。

假设你注册了域名 siboec.cn,并申请了虚拟主机,你的虚拟主机提供商会给你一个目录,比如 www,这个 www 就是你的网站的根目录。假设你在 www 根目录下放了一个 index.html 文件,这个文件的绝对路径就是:http://www.siboec.cn/index.html。

假设你在 www 根目录下建了一个目录叫 second,然后在该目录下放了一个 index.html 文件,这个文件的绝对路径就是:http://www.siboec.cn/second/index.html。

【课后专业测评】

任务背景:

在网页设计过程中,王华同学需要综合运用表格和表单布置页面的互动内容。

任务要求:

编写一个 HTML 页面,包含 HTML 的结构标签、格式标签、文本标签、超链接标签、图像标签、表格标签、框架标签、表单标签等页面元素。

技术要领:

表格标签、表单标签、行标签、单元格标签等标签的使用。

解决问题:

不同标签的嵌套规范。

应用领域:

个人网站;企业网站。

项目 4　脚本语言 JavaScript

【课程专业能力】

1. 了解 JavaScript 的概念和发展。
2. 熟悉 JavaScript 的特点。
3. 掌握 JavaScript 程序语句。
4. 掌握 JavaScript 特效的制作。

【课前项目直击】

在网页制作中,JavaScript 是常见的脚本语言,它可以嵌入到 HTML 中,在客户端执行,是动态特效网页设计的最佳选择,同时也是浏览器普遍支持的网页脚本语言。

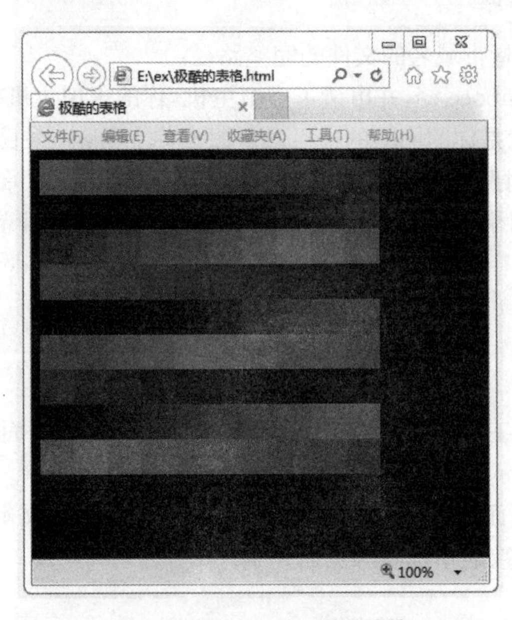

图 4－1　JavaScript 网页特效

极酷的表格 4－1.html 源代码:

```
<html>
<head><title>极酷的表格</title></head>
<body>
```

```
<script>
l=Array(0,1,2,3,4,5,6,7,8,9,'a','b','b','c','d','e','f');
function f(y)
{for(i=5;i<117;i++)
{c=(i+y)%30;
  if(c>15)
  c=30-c;
  eval("document.all[i].bgColor='00"+l[c]+l[c]+"00'");
  }
  y++;
  setTimeout('f('+y+')','1');}
  function p(x)
  {document.write("<td> </td>");
    x++;
    if((x%10==1)&&(x%100! =1))
    document.write("</tr><tr>");
    if(x<101)
    p(x);
    else
    {document.write("</tr>");
    f(1);
    }
}
document.write("<body bgcolor=0><table width=300 height=300 border=0 cell-
padding=0 cellspacing=0><tr>");
p(1);
</script>
</body>
</html>
```

任务 1 JavaScript 概述

JavaScript 是世界上使用人数最多的程序语言之一，大部分用户的计算机都存在 JavaScript 程序的影子。JavaScript 可以控制常用的浏览器，是世界上最重要的网络编程语言之一，学习 Web 技术必须学会 JavaScript。

JavaScript 是一种基于对象(Object)和事件驱动(Event Driven)并具有安全性的客户端脚本语言。使用它的目的是与 HTML 超文本标记语言、Java 脚本语言一起实现在一个 Web 页中链接多个对象并与 Web 客户交互的作用，从而可以开发客户端的应用程序等。它是通过嵌入或调入在标准的 HTML 语言中实现的。其出现弥补了 HTML 语言的缺陷，它是 Java 与 HTML 折中的选择，具有简单性、安全性、动态性、跨平台性等特点。JavaScript 语言可以做到回应使用者的需求事件(如 Form 的输入),而无须任何网络来回传输资料,所以当使用者输入一项资料时,它无须经过传给服务器端处理再传回来的过程,而是直接可以被客户端的应用程式处理。

一、JavaScript 发展

之前介绍了 HTML 语言的使用方法,但是使用 HTML 只能制作静态的网页,无法独立地完成与客户端动态交互的网页任务,虽然也有其他的语言(如 CGI、ASP、Java 等)能制作出交互的网页,但因其编程方法较为复杂,所以 Netscape 公司开发了 JavaScript 语言。它引入了 Java 语言的概念,是内嵌于 HTML 中的脚本语言。

JavaScript 是由美国 Netscape 公司 1995 年为 Navigator 2.0 浏览器的应用而发明的。为满足客户端越来越多的需求,JavaScript 一直在不断发展,其经历了以下几个版本:

(1)JavaScript 1.0 版本是 JavaScript 的最初版本,即 LiveScript。

(2)JavaScript 1.1 版本修改了 JavaScript 1.0 的部分错误并加入了数组对象。

(3)JavaScript 1.2 版本修正了 JavaScript 1.1 中与 ECMA v1 中不兼容的部分,但并未做到完全兼容,在此基础上该版本还加入了 Switch 选择语句和正则表达式。

(4)JavaScript 1.3 版本改进了前一版本与 ECMA－262 有冲突的部分。

(5)JavaScript 1.4 版本主要是在 Netscape 服务器产品中使用,增加了服务器端的脚本功能。

(6)JavaScript 1.5 版本在 JavaScript 1.3 的基础上添加了异常处理程序,并修正了 JavaScript 1.3 中与 ECMA v3 不兼容的部分。

(7)JavaScript 1.6 版本在 JavaScript 1.5 的基础上添加了若干新特性,如支持 E4X(ECMAScript for XML)、新的数组方法、数组和字符串的泛型等。

(8)JavaScript 1.7 版本添加了生成器、声明器、强大的数组初始化功能、分配符变化等新特性。

(9)JavaScript 1.8 版本计划成为 Gecko 1.9 的一部分,Gecko 1.9 由 Firefox 1.3 浏览器实现,该版本仅在 JavaScript 1.7 上进行了少量更改,其中一些更改是为了靠近 JavaScript 2 和 ECMAScript 4。该版本包含 JavaScript 1.6 和 JavaScript 1.7 的所有新特性。

二、编写 JavaScript 脚本代码

编写 JavaScript 脚本无须专用的软件,一个 Windows 文本编辑器和一个 Web 浏览器就可以构成一个完整的开发环境。既然 JavaScript 是一种编程语言,那么它就有自己的语法规则、数据结构、运算符、表达式以及程序的基本框架结构。

JavaScript 严格区分大小写,如 ab 和 Ab 是两个不同的符号;并不是所有的浏览器都遵守这个规定,但是为了代码的通用性,在编写 JavaScript 程序时要养成良好的习惯,注意大小写的问题。

每条 JavaScript 执行语句的结尾必须以英文的分号(;)作为结束符,在编排方式上不必严格遵守"一行一句"的规则,只要有空格和分号等分隔符隔开即可。一个单独的分号(;)表示一条空语句。一条语句可表达在多行上,也可在同一行上书写多条语句。JavaScript 的注释语句包括多行注释(/＊…＊/)和单行注释(//)两种情况。

(一)基本数据类型

在 JavaScript 中有四种基本数据类型:数值(整数和实数)、字符串型(用""号或' '括起来的

的字符或数值)、布尔型(True 或 False 表示)和空值。在 JavaScript 基本类型中的数据可以是常量,也可以变量。由于 JavaScript 采用弱类型的形式,因而一个数据的变量或常量不必先声明,可以在使用或赋值时确定其数据的类型,当然也可以先声明该数据的类型。

(二)常量

1. 整型常量

JavaScript 的常量又称字面常量,它是不能改变的数据。其整型常量可以使用十六进制、八进制和十进制表示其值。

2. 实型常量

实型常量是由整数部分加小数部分表示,如 52.32、293.98;也可以用科学计数法或标准方法表示,如 2E7、5e4 等。

3. 布尔型常量

布尔常量只有两个值:True 或 False。它主要用来说明或代表一种状态或标志,以说明操作流程。JavaScript 只能用 True 或 False 表示其状态,或用 1 或 0 表示 True 或 False。

4. 字符型常量

使用单引号(')或双引号(")括起来的一个或几个字符。如"This is a book of JavaScript"、"123456789"、"abcdefg1234567"等。

5. 空值

JavaScript 中有一个空值 null,表示什么也没有。如果试图引用未定义的变量,则返回一个 Null 值。

6. 特殊字符

同 C 语言一样,JavaScript 中同样有以反斜杠(\)开头的不可显示的特殊字符,通常称为控制字符(这些字符前的\称为转义字符)。例如:\b:表示退格;\r:表示回车;\f:表示换页;\n:表示换行;\':表示单引号本身;\":表示双引号本身;\t:表示 Tab 符号。

(三)变量

变量的主要作用是存取数据、提供存放信息的容器。对于变量,必须明确其命名、类型、声明及其作用域。

1. 变量的命名

JavaScript 变量的命名要注意以下规则:

(1)必须以字母、下划线“_”或美元符“$”开头。

(2)后续字符可以是字母、数字、下划线或美元符,如 test1、te2xt 等。除下划线作为连字符外,变量名称不能有空格、“+”、“-”、“,”或其他特殊符号。

(3)不能使用 JavaScript 中的关键字作为变量。在 JavaScript 中定义了 40 多个关键字,这是在 JavaScript 内部使用的,如 var、double、if、false 等,不能作为变量的名称。

在对变量命名时,最好把变量的意义与其代表的意思对应起来,以便于识记。

2. 变量的声明

JavaScript 变量可以在使用前先声明,并进行赋值。通过使用 var 关键字对变量进行声明。对变量声明的最大好处就是能及时发现代码中的错误。因为 JavaScript 是采用动态编译的,不易发现代码中的错误。

变量的声明和赋值语句 var 的语法如下:

var 变量名称 1[=初始值 1],变量名称 2[=初始值 2]…;

例如：var mytest；//定义了一个 mytest 变量，但没有给它赋值。var mytest＝"This is a book"；//定义了一个 mytest 变量，同时给它赋了值。

3. 变量的作用域

在 JavaScript 中同样有全局变量和局部变量。全局变量是作用在全程序范围内的变量，它声明在函数体外，其作用范围是整个函数；局部变量是定义在函数体之内，仅在该函数内起作用，对其他函数不可见。

（四）表达式和运算符

1. 表达式

在定义完变量后，就可以对其进行赋值、计算等一系列操作，这一过程通常又通过表达式来完成，而表达式中的大部分都是在进行运算符的相关处理。表达式可以包含变量、常量及运算符等，其计算结果经常会通过赋值语句赋值给一个变量，或直接作为函数的参数。表达式可以分为算术表述式、字串表达式、赋值表达式以及布尔表达式等。

2. 运算符

运算符是完成操作的一系列符号，使用 JavaScript 运算符可以进行算数、逻辑、比较、字符串等各种运算。因此，按功能分类，运算符可分为算术运算符、逻辑运算符、比较运算符、操作后赋值运算符及特殊运算符等。运算符作用的对象称为操作数。例如，在表达式 3＋4 中，＋是运算符，3 和 4 为操作数。

（1）算术运算符

JavaScript 中的算术运算符有单目运算符和双目运算符。双目运算符由两个操作数和一个运算符组成。如 50＋40、"This"＋"that"等。单目运算符只需一个操作数，其运算符可在前或在后。单目运算符包括：－（取反）、～（取补）、＋＋（递加 1）、－－（递减 1）。双目运算符包括：＋（加）、－（减）、*（乘）、/（除）、%（取模）、|（按位或）、&（按位与）、＜＜（左移）、＞＞（右移）、＞＞＞（右移，零填充）。

（2）比较运算符

比较运算符的基本操作过程是：首先对它的操作数进行比较，然后返回一个 true 或 false 值。常用的比较运算符有＜（小于）、＞（大于）、＜＝（小于等于）、＞＝（大于等于）、＝＝（等于）、！＝（不等于）。

（3）布尔运算符

在 JavaScript 中增加了几个布尔逻辑运算符：！（取反）、&＝（与之后赋值）、&（逻辑与）、|＝（或之后赋值）、|（逻辑或）、^＝（异或之后赋值）、^（逻辑异或）、?：（三目操作符）、||（或）、＝＝（等于）、|＝（不等于）。

在程序表达式中，操作符是有一定优先顺序的，称为运算符的优先级。表 4－1 由上至下列出了运算符从低到高的优先级。

表 4－1　　运算符的优先级

赋值操作符	＝，＋＝，*＝，/＝，%＝，＜＜＝，＞＞＝，&＝，|＝
条件表达式	?：
逻辑或	||
逻辑与	&&
按位或		

续表

按位异或	^
按位与	&
比较操作符	==,!=
关系操作符	<,<=,>,>=
算术操作符	+,-
算术操作符	*,/,%
增量操作符	!,~,++,--

【应用范例】

(一)JavaScript 示例

下面我们通过一个例子,编写第一个 JavaScript 程序。

4-2.html 文档源代码:

```
<html>
<head>
  <title>第一个 Javascript 程序</title>
    <Script Language ="JavaScript">
      alert("这是第一个 JavaScript 例子!");
      alert("欢迎你进入 JavaScript 世界!");
      alert("今后我们将共同学习 JavaScript 知识!");
    </Script>
  </head>
<body>
</body>
</html>
```

图 4-2　程序运行结果

说明：4－1.html 文档标识格式为标准的 HTML 格式；与 HTML 标识语言一样，JavaScript 程序代码是一些可用字处理软件浏览的文本，它在描述页面的 HTML 相关区域出现。

JavaScript 代码由<Script Language="JavaScript">…</Script>说明。在该标识中可加入 JavaScript 脚本。alert( )是 JavaScript 的窗口对象方法，其功能是弹出一个具有 OK 对话框并显示( )中的字符串。

(二)变量运算示例

编辑一段 JavaScript 脚本代码，其中定义 a、b、c 三个变量，并分别给它们赋值。在脚本中，分别对这三个变量进行算术运算、比较运算和逻辑运算。演示几种算法的用法并将其结果显示在网页中。

4－3.html 文档源代码：

```
<Script>
document.title="JavaScript 脚本示例";
var a=6;
var b=4;
var c='3';
with(document)
{
write("操作数:a=6,b=4,c='3'<br>");
write("算术运算:<br>");
write("a+b=",a+b,"<br>");
write("a/b=",a/b,"<br>");
write("a%b=",a%b,"<br>");
write("比较运算:<br>");
write("a>b 吗?",a>b,"<br>");
write("a<=b 吗?",a<=b,"<br>");
write("a! =c 吗?",a! =c,"<br>");
write("a==c 吗?",a==c,"<br>");
write("逻辑运算:<br>");
write(true&&false,"<br>");
write(false&&false,"<br>");
write(true||false,"<br>");
write(! false);
}
</Script>
```

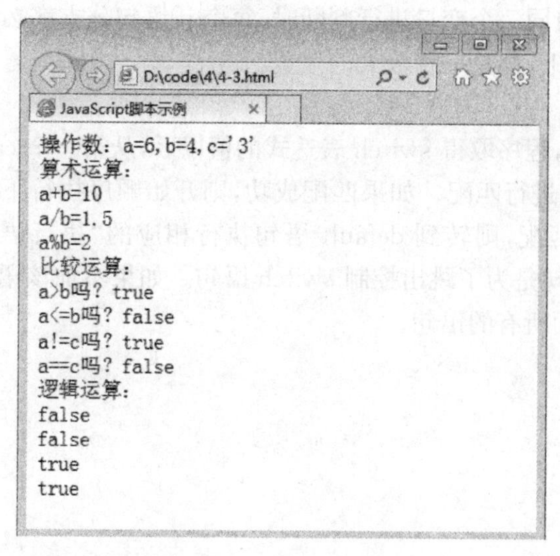

图4—3　程序运行结果

三、JavaScript 程序结构

在任何一种语言中，程序流程控制是必需的，它能使整个程序减少混乱，使之顺利地按一定方式执行。在 JavaScript 程序中，根据流程控制可以将其结构分为三种类型：顺序结构、选择结构和循环结构。

（一）顺序结构

顺序结构是最基本的一种结构，这种结构控制程序中的语句逐条执行。一般在没有特别规定其他控制方式时，程序中的代码都是按顺序执行的。

（二）选择结构

选择结构通过各种条件的判断控制程序转向指定语句的执行。这种结构由以下几个条件选择语句控制：

1. if 条件语句

if...else 语句是 JavaScript 中最基本的控制语句，通过它可以改变语句的执行顺序。表达式中必须使用关系语句来实现判断，它是作为一个布尔值来估算的。它将零和非零的数分别转化成 false 和 true。当表达式的值为 true 时，执行语句段1；否则执行语句段2。若 if 后的语句有多行，则必须使用大括号（{}）将其括起来。

```
if(条件)
{
语句段1;
}
[else
{
语句段2;
}]
```

虽然在 if 语句中可以为程序提供多个执行分支，但这并不是一个最好、最有效的执行方式，尤其是所有分支都对同一个变量进行判断时，每个 if 语句分支都必须检测一次，而这无论是在时间上还是在资源上，都是一种极大的浪费。

2. switch 语句

用于多值选择控制，程序取得 switch 表达式的值以后，从第一个 case 语句开始，依次与下面 case 语句后面的取值进行匹配。如果匹配成功，则开始顺序执行下面所有的语句，直至跳出控制语句；如果都不匹配，则转到 default 语句执行相应的“执行语句集 n＋1”。注意，在 case 后面加上 break 语句是为了跳出控制 switch 语句。如果不加该语句，则当有一个匹配成功后，它将顺序执行下面所有的语句。

```
switch(表达式)
{
case 取值 1：
     执行语句集 1
     break；
……
case 取值 n：
     执行语句集 n
     break；
default：
     执行语句集 n+1
     break；
}
```

在上面的控制语句中，当第一个 case 语句匹配成功后，将执行“执行语句集 1”；如果第一个 case 语句中没有 break 语句，则不仅执行“执行语句集 1”，还将继续执行下面的语句，直至遇到 break 语句或控制语句才结束。若多个条件执行相同的语句，可以写成如下形式：

```
switch(表达式)
{
case 取值 1：
case 取值 2：
case 取值 3：
     执行语句集 1
     break；
……
case 取值 n：
     执行语句集 n
     break；
Default：
     执行语句集 n+1
     break；
}
```

【应用范例】

if 语句示例：

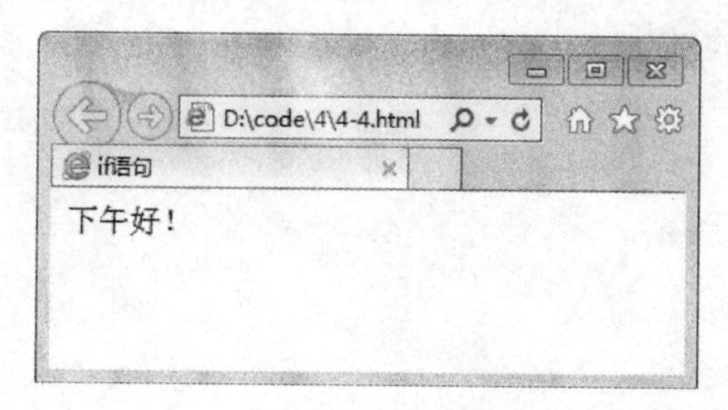

图 4－4　if 语句

4－4.html 文档源代码：

```
<html>
  <head>
    <title>if 语句</title>
  </head>
  <body>
    <script>
      var iHour=13;
      if (iHour<12)
      {
      document.write("早上好!");
      }
      else
      {
      document.write("下午好!");
      }
    </script>
  </body>
</html>
```

switch 语句示例：

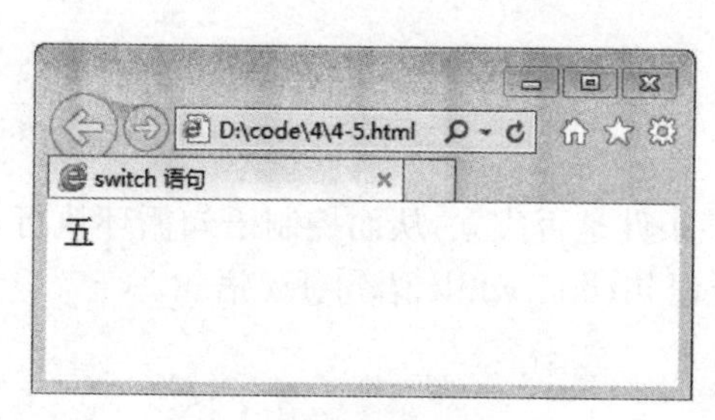

图 4－5　switch 语句

4－5.html 文档源代码：

```
<html>
  <head>
    <title>switch 语句</title>
  </head>
  <body>
    <script>
      var val="";
      var i=5;
      switch(i)
      {
      case 1:
        val = "一";
        break;
      case 2:
        val = "二";
        break;
      case 3:
        val="三";
        break;
      case 4:
        val="四";
        break;
      case 5:
        val="五";
        break;
      default:
        val="不知道";
      }
      document.write(val);
    </script>
  </body>
</html>
```

(三)循环结构

循环结构是循环判断某条件是否成立,从而控制语句循环执行,直至条件不成立,跳出循环过程。循环语句有 while 语句、do...while 语句、for 语句。

1. while 语句

```
while(条件表达式)
{
    循环语句
}
```

在 while 语句中，首先判断条件表达式的值，如果为 true，则执行花括号中的语句。执行完花括号中的语句以后，重新判断条件表达式的值，如果为 true，再执行花括号中的语句，如此往复。一般在循环语句中都有改变条件表达式值的语句，否则，条件表达式值一直为 true，进入无终止的死循环。

2. do...while 语句

```
do
{
    循环语句
}while(条件表达式);
```

do...while 语句是 while 语句的变形，它与 while 语句的不同之处是语句开始时先执行一次循环语句，再判断条件表达式。书写上要注意，在语句结尾要加英文的分号(;)。

3. for 语句

```
for([初始化语句];[条件表达式];[增量])
{
    循环语句
}
```

for 语句后面括号内的内容被分成三部分，这三部分是可选项，但其间必须使用分号分隔，以保证 for 语句的完整性。for 语句实现条件循环，当条件成立时，执行语句集，否则跳出循环体。初始化语句告诉循环的开始位置，必须赋予变量的初值。条件表达式是用于判别循环停止时的条件。若条件满足，则执行循环体，否则跳出循环体。增量主要定义循环控制变量在每次循环时按什么方式变化。

【应用范例】

while 语句示例：

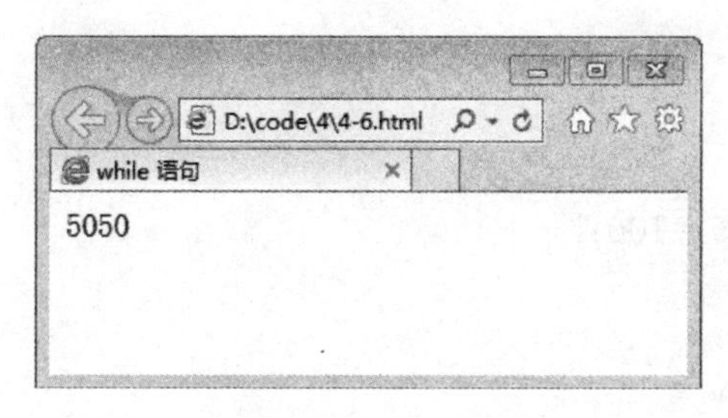

图 4—6　while 语句

4—6.html 文档源代码：

```
<html>
  <head>
    <title>while 语句</title>
  </head>
  <body>
    <script >
      var iSum=0;
```

```
            var i=0;
            while(i<=100)
            {
            iSum+=i;
            i++;
            }
            document.write(iSum);
        </script>
    </body>
</html>
```

for 语句示例：

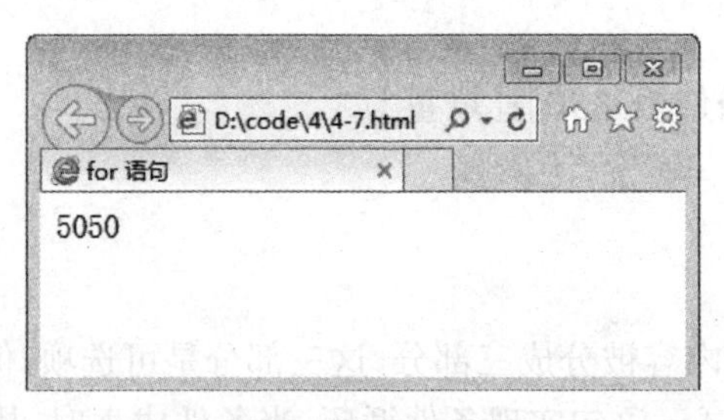

图 4—7 for 语句

4—7.html 文档源代码：

```
<html>
    <head>
        <title>for 语句</title>
    </head>
    <body>
        <script>
            var iSum=0;
            for(var i=0;i<=100;i++)
            {
            iSum+=i;
            }
            document.write(iSum);
        </script>
    </body>
</html>
```

注意 break 和 continue 语句，一般情况下，在所有的循环语句中，除非循环条件不再成立，否则循环将无休止地进行下去。如果想在某处提前中断或跳过循环，只要在此处使用 break 或 continue 语句就可以实现。其中，使用 break 语句使循环从循环语句中跳出；使用 continue 语句可跳过循环内剩余的语句进入下一次循环。

四、JavaScript 代码嵌入 HTML 文档

JavaScript 代码要嵌入 HTML 中使用，从而实现 Web 网页的交互能力。在 HTML 文档中嵌入 JavaScript 代码主要有以下 3 种方式：

一是将 Javascript 代码写在<script ></script>标签中间。在一个 HTML 文档中可以有多对<script></script>标签用于嵌入 JavaScript 代码，每段 JavaScript 代码中可以包含一条或多条 JavaScript 语句。

二是将 Javascript 代码放入一个单独文件(.js 为扩展名的文件)，然后在 HTML 文档中引用该文件。

三是将 Javascript 代码作为 HTML 文档的某个元素的时间属性值或链接的 href 属性值。

【应用范例】

JavaScript 代码嵌入方式示例：

4－8.html 文档源代码：

```
<html>
  <head>
    <title>JavaScript 代码嵌入方式示例</title>
    <script src="4.7.js">
    </script>
    <meta http-equiv="Content-Type"
content="text/html;charset=gb2312"><style type="text/css">
    <!--
    body{
    margin-left:200px;
    margin-top:50px;
    }
    -->
    </style>
  </head>
  <body style="background:url(pic/waper_bg1.jpg) top left">
    <p>这是将 JavaScript 代码作为按钮的点击事件：<br>
    <input type="button" value="测试按钮" onClick="alert('JavaScript 代码使用方式演示 2')">
    <br>
    </p>
    <p>这是将 JavaScript 代码作为超链接的 href 属性值：<br>
    <A href="javascript:alert('JavaScript 代码使用方式演示 3')">测试超链接</A>
    <br>
    </p>
    <p>这是将 JavaScript 代码嵌入 script 标签对之间：
```

```
    <br>
    </p>
    <script language="JavaScript">
    document.write("JavaScript 代码使用方式演示 4<br>");
    </script>
  </body>
</html>
```

4－8.js 文档源代码：

```
document.write("这是将 JavaScript 代码作为外部文件：<br>");
document.write("JavaScript 代码使用方式演示 1<br>");
```

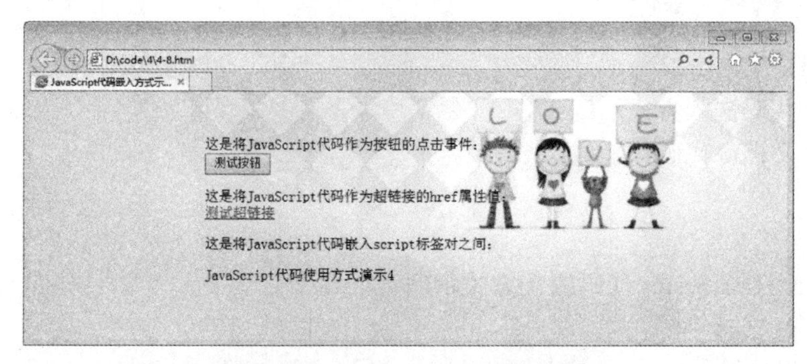

图 4－8　JavaScript 代码嵌入方式

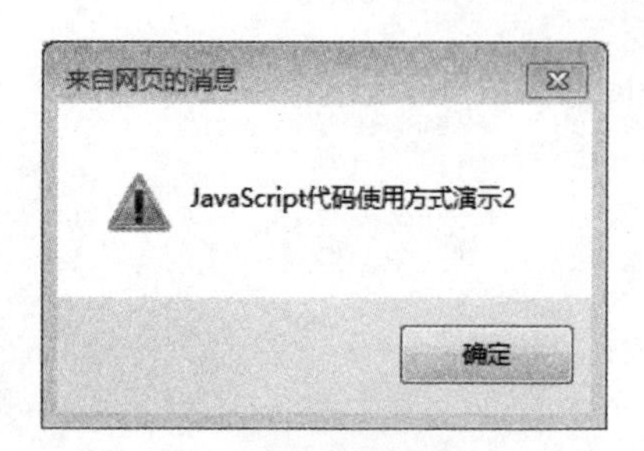

图 4－9　提示对话框(一)

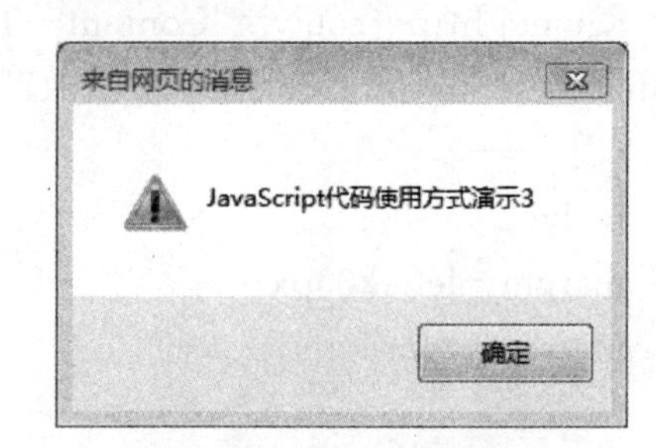

图 4－10　提示对话框(二)

任务 2　JavaScript 效果的实现

JavaScript 的出现使信息和用户之间不只是一种显示和浏览的关系，而且实现了一种实时的、动态的可交换式的表达能力。JavaScript 脚本语言的编写很简单，但功能非常强大。它可以实现网页的两种动态效果：一种是客户端的动态效果，即 Web 页面可以处理各种事件，如鼠标单击按钮出现特效；另一种是客户端与服务器端的交互产生的动态效果。

一、事件处理器

通常鼠标或热键的动作被称为事件，而对事件进行处理的程序或函数被称为事件处理器。事件处理是实现动态网页的基础，是对用户操作引起的相应事件做出的响应。用 JavaScript 代码编写程序作为事件处理器的方法：一种方式是将事件处理器作为一种属性嵌入 HTML

标签中，将 JavaScript 语句直接作为属性值赋给事件处理器；另一种方式是将事件处理器作为对象的属性。

【应用范例】

下面的范例定义了按钮的单击事件和鼠标经过与鼠标离开事件。

4－9.html 文档源代码：

```
<html>
  <head>
  <title>事件处理器示例</title>
    <script type="text/javascript">
    <!--
    function MM_swapImgRestore()
    {var i,x,a=document.MM_sr;
    for(i=0;a&&i<a.length&&(x=a[i])&&x.oSrc;i++) x.src=x.oSrc;}
    function MM_preloadImages()
    {var d=document;
      if(d.images)
      {if(! d.MM_p) d.MM_p=new Array();
      var i,j=d.MM_p.length,a=MM_preloadImages.arguments;
      for(i=0;i<a.length; i++)
      if(a[i].indexOf("#")! =0)
      {d.MM_p[j]=new Image; d.MM_p[j++].src=a[i];}
      }
    }
    function MM_findObj(n, d)
    {var p,i,x;
    if(! d) d=document;
    if((p=n.indexOf("?"))>0&&parent.frames.length)
    {d=parent.frames[n.substring(p+1)].document;
    n=n.substring(0,p);}
    if(! (x=d[n])&&d.all) x=d.all[n];
    for(i=0;! x&&i<d.forms.length;i++)x=d.forms[i][n];
    for(i=0;! x&&d.layers&&i<d.layers.length;i++)
      x=MM_findObj(n,d.layers[i].document);
      if(! x && d.getElementById)x=d.getElementById(n);return x;}
    function MM_swapImage()
    {var i,j=0,x,a=MM_swapImage.arguments;
    document.MM_sr=new Array;
    for(i=0;i<(a.length-2);i+=3)
    if((x=MM_findObj(a[i]))! =null)
```

```
        {document.MM_sr[j++]=x;if(! x.oSrc) x.oSrc=x.src; x.src=a[i+2];}
        }
        //-->
      </script>
    </head>
    <body onLoad="MM_preloadImages('1.jpg')">
        <h1>事件处理器示例</h1>
        请点击按钮:<input type=button value="测试按钮" onClick="alert('按钮点击事件处理器示例')">
        <p>将鼠标在图片上移动切换图片:</p>
        <p><a href="#" onMouseOut="MM_swapImgRestore()"
        onMouseOver="MM_swapImage('Image2','','1.jpg',1)">
        <img src="2.jpg" alt="hello" name="Image2" width="440" height="622"
        border="0"></a></p>
      </body>
    </html>
```

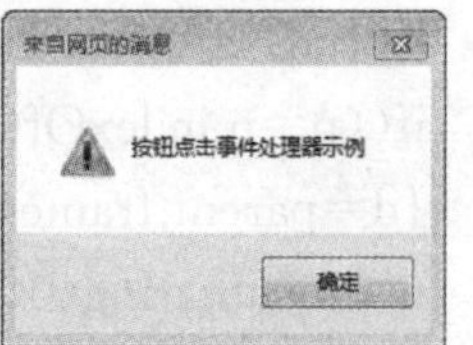

图 4－11　事件处理器示例

二、表单验证

表单的使用是 JavaScript 脚本语言的另一个交互途径。在 HTML 中，表单作为一个交互工具，用于接收用户输入的数据，然后提交给 Web 服务器进行处理。JavaScript 则是将表单以及所有表单元素作为对象，通过对发生在各个对象上的事件进行处理，以实现用户与表单的交互。Form 对象主要有两个事件：onSubmit 事件和 onReset 事件。以前使用 Web 页面提交表单，只需简单地增加一个 Submit 类型的按钮即可。但在这种方式下，系统只是单纯地提交表单。而 JavaScript 提供的 onSubmit 事件处理器给用户一个最后确认的机会对表单进行验证。

onSubmit 事件发生在表单提交之前，该事件处理器可以用其返回值控制表单的提交。如果返回 false，说明表单在该事件中检查未通过，不能提交；返回 true，则顺利提交。

【应用范例】

在表单验证示例中，设置了 3 个文本框，分别用于输入姓名、密码和邮箱地址。表单提交前，通过 JavaScript 程序对表单进行验证。如果有一项为空或输入内容不符合要求，则进行提示，阻止表单的提交。

4－10.html 文档源代码：

```
1. <html>
2.   <head>
3.     <title>表单验证示例</title>
4.     <script type="text/javascript">
5.       function myfun()
6.       {
7.       var cha1;
8.       cha1=document.myform.myname.value;
9.       if(cha1=="")
10.      {
11.      alert("姓名不可为空!");
12.      return false;
13.      }
14.      else if(cha1! ='tom')
15.      {
16.      alert("姓名不正确!");
17.      return false;
18.      }
19.      var cha2;
20.      cha2=document.myform.mykey.value;
21.      if (cha2=="")
22.      {
23.      alert("密码不可为空!");
24.      return false;
25.      }
26.      else if(cha2! ='abc')
27.      {
28.      alert("密码不正确!");
29.      return false;
30.      }
31.    }
32.    </script>
```

```
33.    </head>
34.    <body style="background:url(pic/waper_bg0.jpg) top center">
35.    <center>
36.    <br>
37.    <h1>表单验证示例</h1>
38.    <hr>
39.    <br>
40.    <br>
41.    <br>
42.    <form name="myform" method="post" onSubmit="return myfun()">
43.    <p>姓名:<input type="text" name="myname" size="30" maxlength="60">
44.    <p>密码:<input type="password" name="mykey" size="30" maxlength=
"60"></p>
45.    <input type="submit" value="提交"/>
46.    </p>
47.    </form>
48.    </center>
49.  </body>
50. </html>
```

第 7 行到第 18 行的语句是对“姓名”文本框的输入内容进行验证。若为空,则进行提示“姓名不可为空!”。如果输入内容不是“tom”,则提示“姓名不正确!”。第 19 行到第 30 行的语句是对“密码”进行验证,如果为空,则进行提示“密码不可为空!”。如果输入内容不是“abc”,则提示“密码不正确!”。只有验证各项都合格后,才提交表单。

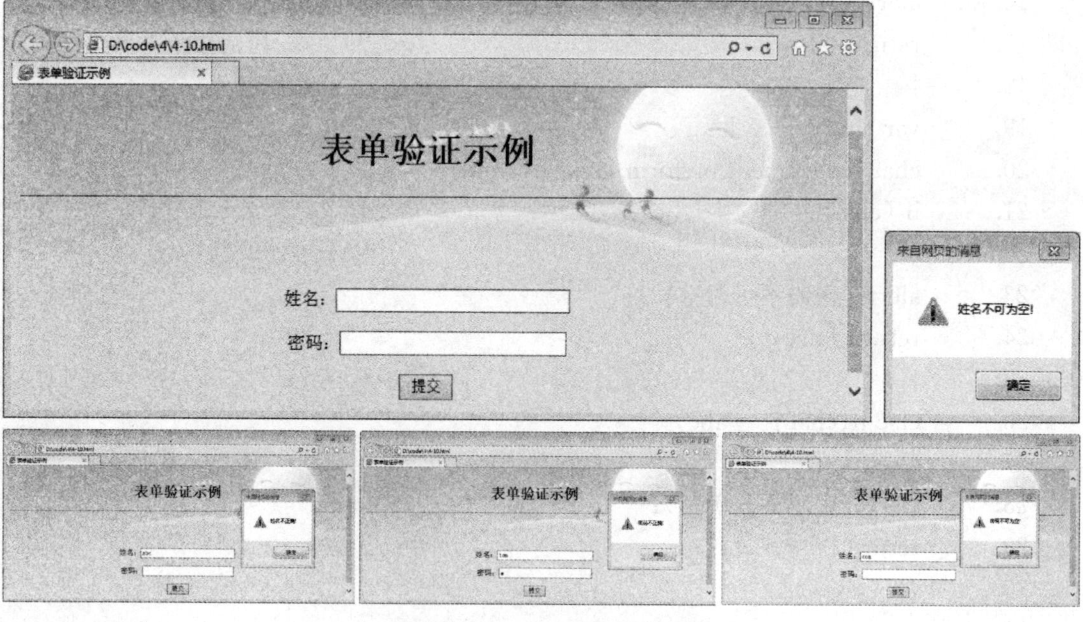

图 4—12 表单验证示例

【知识拓展】

页面特效：背景快速闪烁

4－11.html 脚本说明：

第一步：把如下代码加入<body>区域中：

```
<SCRIPT LANGUAGE="JavaScript">
  var Color=new Array(9);
  Color[1]="ff";
  Color[2]="ee";
  Color[3]="dd";
  Color[4]="cc";
  Color[5]="bb";
  Color[6]="aa";
  Color[7]="99";
  Color[8]="88";
  Color[9]="77";
  Color[10]="66";
  Color[11]="55";
  Color[12]="44";
  Color[13]="33";
  Color[14]="22";
  Color[15]="11";
  Color[16]="00";
  function fadeIn(where){
  if(where>=1){
  document.bgColor="#"+Color[where]+"0000";
  where-=1;
  setTimeout("fadeIn("+where+")",15);
  }else{
  setTimeout('fadeOut(1)',15);
  }
  }
  function fadeOut(where){
  if(where<=16){
  document.bgColor="#"+Color[where]+"0000";
  where+=1;
  setTimeout("fadeOut("+where+")",15)
  }else{
  setTimeout("fadeIn(16)",15);
  }
```

```
}
</SCRIPT>
```

第二步：把如下代码加入<body>区域中：

```
<body bgcolor="#ffffff" onLoad="fadeIn(16)">
```

【课后专业测评】

任务背景：

王华同学正在为自己设计个人网站，他想编写 Javascript 代码，实现特殊效果。

任务要求：

1. 编写一个含有 Javascript 代码的 HTML 页面，在页面中增加弹出消息框及加入收藏等功能。

2. 为页面增加一些特殊效果（如鼠标特效、图像特效、文字特效等）。

技术要领：

1. JavaScript 的基本语法；

2. JavaScript 流程控制语句。

解决问题：

编写 Javascript 代码的方法及其嵌入位置。

应用领域：

个人网站；企业网站。

项目 5　CSS 样式基础

【课程专业能力】

1. 掌握 CSS 基本语法规则。
2. 掌握 CSS 内联样式表、嵌入样式表、链接样式表、导入样式表。
3. 掌握 CSS 标记选择器、类选择器、ID 选择器的定义与引用。

【课前项目直击】

引入 CSS 的核心目的是实现网页结构内容和表现形式的分离，将原来由 HTML 语言所承担的一些与结构无关的功能剥离出来，改由 CSS 来完成。

使用 CSS 样式表可以灵活控制网页内容的外观，精确布局定位，对于保持网站的整体风格和修改样式，以及网站更新都带来极大的便捷。更新 CSS 样式，使用该样式表的所有文档的格式都会自动更新为新样式。

任务 1　CSS 页面设置

HTML 语言是所有网页制作的基础，但是如果希望网页能够美观、大方，并且升级方便、维护轻松，仅用 HTML 语言是不够的，CSS 在其间扮演着极其重要的角色。CSS，即 Cascading Style Sheet，中文译为层叠样式表，是用于控制网页样式并允许将样式信息与网页内容分离的一种标记性语言。CSS 是 1996 年由 W3C(全球万维网联盟)审核通过并推荐使用的。简言之，CSS 的引入就是为了使 HTML 能更好地适应页面的美术设计。它以 HTML 为基础，提供了丰富的格式化功能，如字体、颜色、背景、整体排版等，并且网页设计者可以针对各种可视化浏览器设置不同的样式风格，包括显示器、打印机、打字机、投影仪、PDA 等。浏览器读取样式表时要依照文本格式来读。

一、CSS 的基本语法

在介绍 CSS 之前，先举出一个生活中的例子。

哆啦 A 梦

{　出生地：日本东京

　生日：2112 年 9 月 3 日

　身高：129.3cm

图 5-1　Adobe 网站首页效果

体重：129.3kg

胸围：129.3cm

坐高：100.0cm

遇见老鼠时的弹跳高度：129.3cm

遇见老鼠时的逃跑速度：129.3km/h

}

上述描述由 3 个要素组成，即姓名、属性和属性值。

CSS 的作用就是设置网页的各个组成部分的表现形式。因此，如果把上面的内容换成描述网页上的一个标题的属性表，可以设想大致如下：

2 级标题{

字体：宋体；

大小：15 像素；

颜色：红色；

装饰：下划线

}

再进一步，把上面的内容对应的英语写出来：

h2{

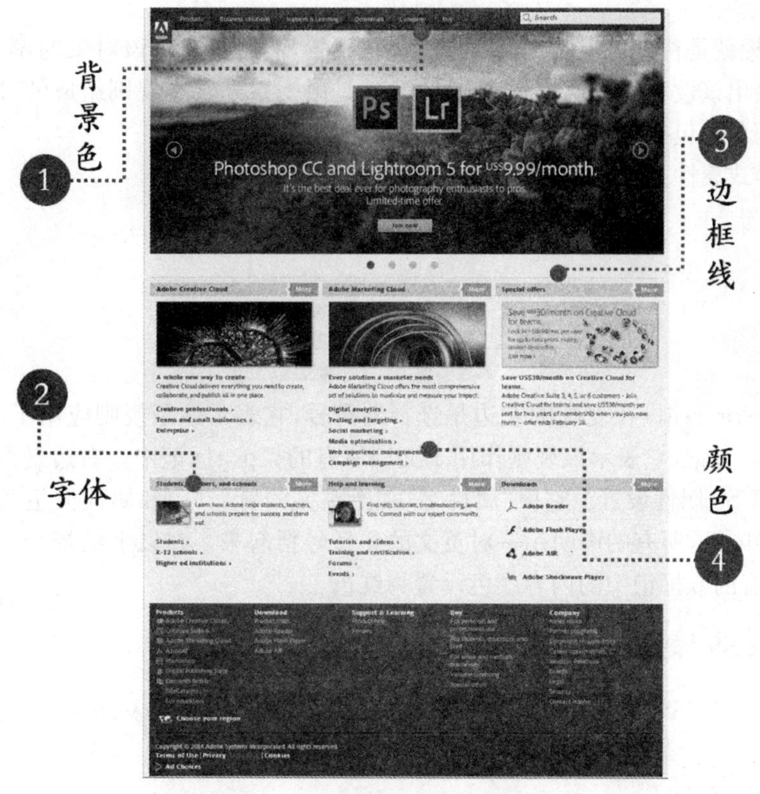

图 5—2　CSS 样式控制网页外观(一)

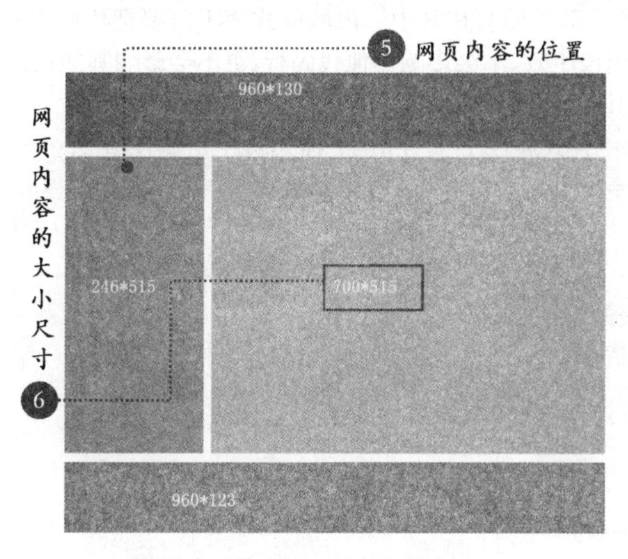

图 5—3　CSS 样式控制网页外观(二)

```
font-family:宋体;
font-size:15px;
color:red;
text-decoration:underline;
```

}

CSS 的思想就是首先指定对什么“对象”进行设置，然后指定对该对象的哪方面“属性”进行设置，最后给出该设置的“值”。简言之，CSS 就是由一系列基本规则组成的，即选择器和声明，其中声明部分又包括属性和值两部分。其基本语法如下：

选择器{样式属性:值;样式属性:值;样式属性:值;…}

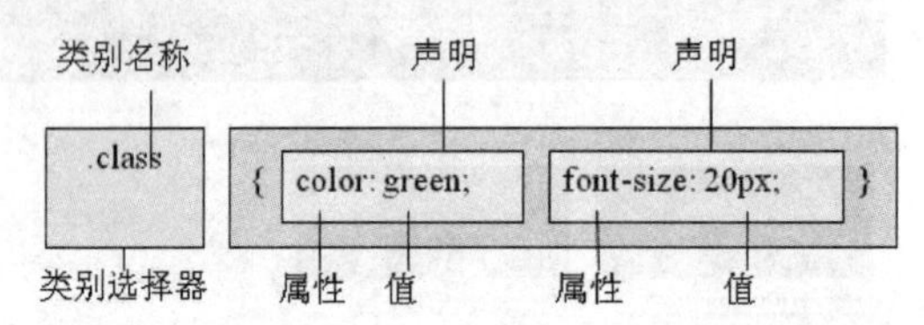

例如：p{color:red;}在规则的左边是选择器符号，它表示该条规则应用于文档的哪些位置。选择器是 P 标记，它表示该规则作用于文档所有的<p>标记中。右边是声明部分，一条声明就是一个 CSS 属性设置。它由“属性名”加上英文的冒号(:)和属性值组成，声明之间用英文的分号(;)隔开，所有的声明用一对英文的花括号括起来。在以上的规则中，声明部分表示将文档中所有的 p 标记中的内容颜色设置为红色。

二、应用 CSS 样式表的方式

在网页中应用 CSS 样式表有 4 种方式：内联样式表、嵌入样式表、链接样式表、导入样式表。

(一)内联样式表(Inline styles)

内联样式又称行内样式，是所有样式方法中最直接的一种。它直接对 HTML 的标记使用 style 属性，然后将 CSS 代码写在其中。内联样式表不需要把代码放在外部文件或网页头部，它只针对当前代码段生效，不会影响其他代码行，更不会影响其他页面。

设置内联样式的语法代码为：

```
<标签名 style="样式属性 1:属性值 1; 样式属性 2:属性值 2;……">
```

例如：

```
<p style="color:#FF0000;font-size:16">…</p>
```

【应用范例】

应用内联样式表的效果如图 5－4 所示。

5－1.html 源代码为：

```
<html>
<head><title>内联样式</title></head>
<body>
  <h1>内联样式</h1>
  <h1 style="background:#00f;color:#fff;">内联样式</h1>
  <h1>内联样式</h1>
</body>
</html>
```

最终效果如图 5－4 所示：只有第二行<h1>标签加入了 CSS 代码，所以只有该行显示相应样式，其他行没有相应样式呈现。

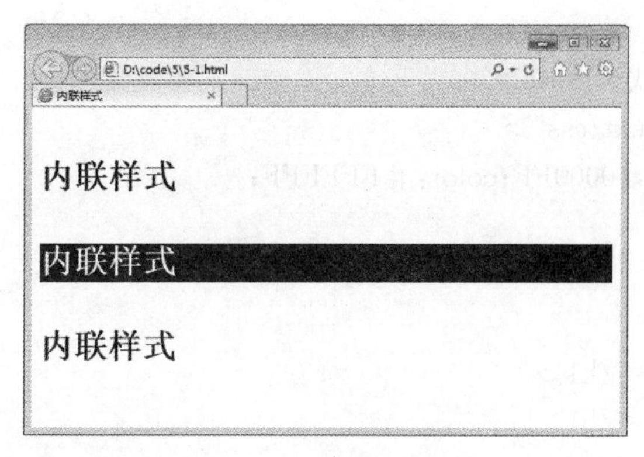

图 5—4　内联样式范例

在标签内设置样式，会影响该标签内的文字，但其影响范围很小。如果一个 HTML 文档里有多个相同样式的标签，使用内联样式就要对每一个标签都设置一次，不能体现出 CSS 的强大功能。

（二）嵌入样式表（Embedded styles）

嵌入样式也称内嵌式，将页面中各种元素的设置集中写在<head></head>之间，并且用<style>和</style>标记进行声明。CSS 控制的对象仅局限于当前的 HTML 页面，不影响其他页面。

设置嵌入样式的语法代码为：

```
<style type="text/css">
选择符 1{样式属性:属性值;样式属性:属性值;……}
选择符 2{样式属性:属性值;样式属性:属性值;……}
选择符 3{样式属性:属性值;样式属性:属性值;……}
……
</style>
```

【应用范例】

应用嵌入样式表，效果如图 5—5 所示。

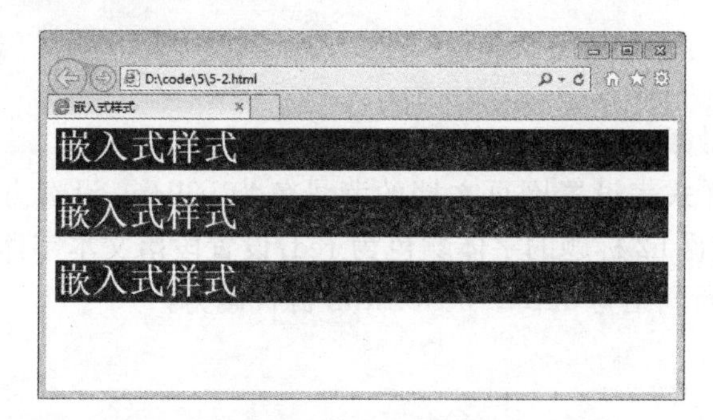

图 5—5　嵌入样式范例

5—2.html 源代码为：

```
<html>
```

```
<head>
  <title>嵌入样式</title>
  <style type="text/css">
  h1{background:#0000FF;color:#FFFFFF;}
  </style>
</head>
<body>
  <h1>嵌入样式</h1>
  <h1>嵌入样式</h1>
  <h1>嵌入样式</h1>
</body>
</html>
```

最终效果如图 5—5 所示：所有<h1>标签都拥有相同的样式属性，因为使用了嵌入样式表，并写入标签选择器，所以本页面中所有的<h1>都拥有相同的样式。

（三）链接样式表(Linked styles)

链接样式表，是指将样式表以单独的文件存放，把外部的样式表文件链接到网页上，从而在网页中使用样式表。此时，网站的所有网页均可引用该样式，这样可降低维护的人力成本，并可让网站拥有一致性的风格。这种设置方式是把样式表单独保存为一个文件，然后在页面中用<link>标记链接，而这个<link>标记必须放到页面的<head>区域内。

链接样式表通过<link>标签实现，将<link>标签加入到<head>标签之间，其具体格式为：

```
<head>
  <link rel="stylesheet" href="样式表源文件地址" type="text/css">
  …
</head>
```

其中，rel="stylesheet"是指 link 标签和 href 之间的关联样式为样式表文件。type="text/css"是指使用 link 标签载入的文件类型是样式表文本。Link 标签只能在<head></head>标签之间使用，无须放在<style></style>之间。

【应用范例】

应用链接样式表，效果如图 5—6 所示。

链接 CSS 的外部样式表设置网页文档的背景色为 yellow，设置 h1 标题的字体颜色为 blue，背景色为 pink；设置 h2 标题的字体颜色为 red；设置段落文本字体的大小为 20px，颜色为 red，字间距为 1cm，行间距为 50px。5—3.html 源代码为：

```
<html>
  <head>
    <title>链接样式表的应用</title>
    <link rel="stylesheet" type="text/css" href="style1.css">
  </head>
  <body>
```

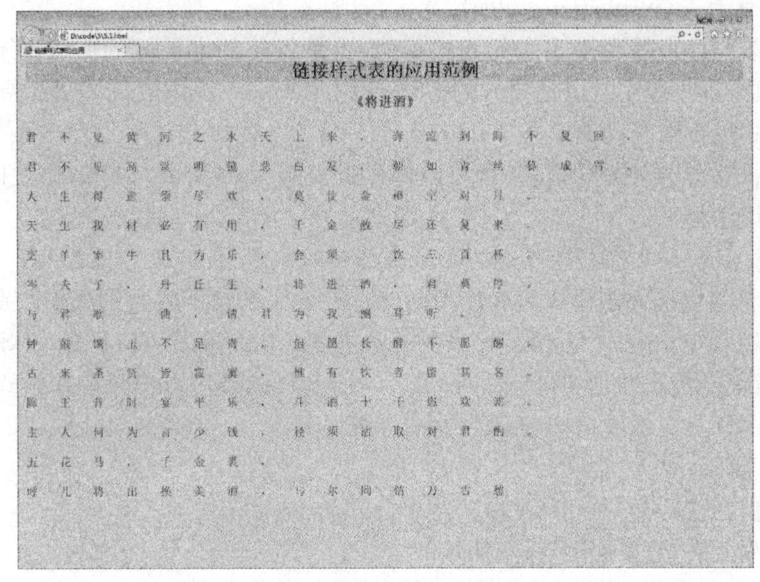

图 5－6　链接样式表范例

```
    <h1>链接样式表的应用范例</h1>
    <h2>《将进酒》</h2>
    <p>君不见黄河之水天上来，奔流到海不复回。<br>
    君不见高堂明镜悲白发，朝如青丝暮成雪。<br>
    人生得意须尽欢，莫使金樽空对月。<br>
    天生我材必有用，千金散尽还复来。<br>
    烹羊宰牛且为乐，会须一饮三百杯。<br>
    岑夫子，丹丘生，将进酒，君莫停。<br>
    与君歌一曲，请君为我侧耳听。<br>
    钟鼓馔玉不足贵，但愿长醉不愿醒。<br>
    古来圣贤皆寂寞，惟有饮者留其名。<br>
    陈王昔时宴平乐，斗酒十千恣欢谑。<br>
    主人何为言少钱，径须沽取对君酌。<br>
    五花马，千金裘，<br>
    呼儿将出换美酒，与尔同销万古愁。<br>
    </p>
  </body>
</html>
```

style1.css 源代码为：

```
body{background-color:yellow;}
h1{text-align:center;color:blue;background-color:pink;}
h2{text-align:center;color:red;}
p{font-size:20px;color:red;letter-spacing:1cm;line-height:50px;}
```

(四)输入样式表(imported styles)

输入样式表与导入外联样式表的方式相似,也是将外部定义好的 CSS 文件引入到网页中,从而在网页中进行应用。但是导入的 CSS 使用@import 在内嵌样式表中导入,导入方式可以与其他方式进行结合。

使用@import 导入外部样式表,是在内部样式表的<style></style>之间导入一个外部样式表。其语法如下:

@import url("css 文件路径");或@import"css 文件路径";

使用 link 标签链接外部样式表和使用@import 导入外部样式表的根本区别在于,link 属于 HTML 标签,而@import 是 CSS 提供的一种方式。link 除了可以调用 CSS 外,还有其他作用,如声明页面链接属性、声明目录、rss 等。@import 的调用方法只能在样式文件中使用,即只能在调用的样式文件或 style 元素中才能正常使用。

【应用范例】

应用输入样式表,效果如图 5-7 所示。

图 5-7 输入样式表范例

5-4.html 源代码为:

```
<html>
  <head>
    <title>输入样式表的范例</title>
    <style type="text/css">
    <! --
    @import url(style2.css);
    -->
    </style>
  </head>
  <body>
    <h1>输入样式表的应用</h1>
    <h2>《将进酒》</h2>
    <p>君不见黄河之水天上来,奔流到海不复回。<br>
```

```
    君不见高堂明镜悲白发，朝如青丝暮成雪。<br>
    人生得意须尽欢，莫使金樽空对月。<br>
    天生我材必有用，千金散尽还复来。<br>
    烹羊宰牛且为乐，会须一饮三百杯。<br>
    岑夫子，丹丘生，将进酒，君莫停。<br>
    与君歌一曲，请君为我侧耳听。<br>
    钟鼓馔玉不足贵，但愿长醉不愿醒。<br>
    古来圣贤皆寂寞，惟有饮者留其名。<br>
    陈王昔时宴平乐，斗酒十千恣欢谑。<br>
    主人何为言少钱，径须沽取对君酌。<br>
    五花马，千金裘，<br>
    呼儿将出换美酒，与尔同销万古愁。<br>
    </p>
  </body>
</html>
```

style2.css 源代码为：

```
body
{ background-color:yellow;
  background-image:url(1.jpg);
  background-position:50% 50%;
  background-repeat:no-repeat;
}
h1
{ color:#FFCC66;
  background-color:#FC9804;
  text-align:center;
}
p
{ font-size:20px;
  font-style:italic;
  color:brown;
}
```

使用链接式时，会在装载页面主体内容之前装载 css 文件，这样显示出来的网页从一开始就带有样式效果。使用导入式时，会在整个页面装载完成后装载 css 文件。在特殊情况下，如果网页文件较大，会先显示无样式的页面，闪烁一下后再出现有样式的页面。

三、四种样式表应用方式的优先级

上面分别介绍了 CSS 控制页面的 4 种不同方法，各种方法都有其自身的特点。当这 4 种方法同时运用到同一个 HTML 文件的同一个标记上时，将会出现优先级的问题。如果在各种方法中设置的属性不一样，例如，嵌入式设置字体为宋体、行内样式设置颜色为红色，那么显示结果会是二者同时生效，为宋体红色字，这并不存在冲突。但是，当不同的选择器对同一个元素设置同一个属性时，如都设置字体的颜色，情况就会比较复杂。

【应用范例】

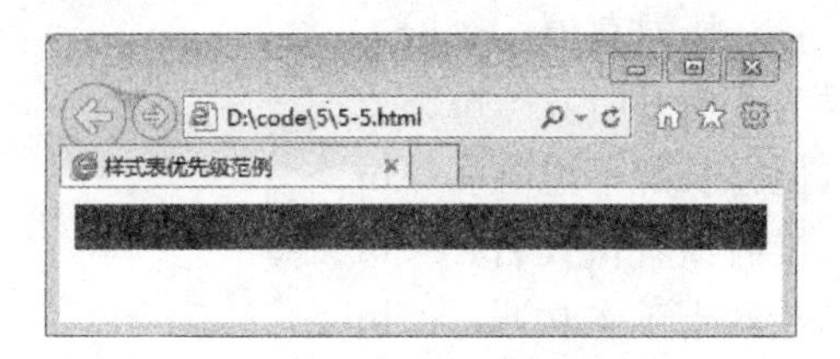

图 5—8 样式表优先级范例

样式表优先级范例 5—5.html 源代码为：

```
<html>
  <head>
    <title>样式表优先级范例</title>
    <link rel="stylesheet" type="text/css" href="learning.css">
    <style type="text/css">
        .a1{font—size:20px;background-color:red;color:blue;}
    </style>
  </head>
  <body>
    <p class="a1 a2" style="background-color:green">您好！</p>
  </body>
</html>
```

learning.css 源代码为：

```
.a2
{ font-size:10px;background-color:orange;color:yellow;
  font-family:楷体_GB2312;font-weight:bold;
}
```

任务 2 CSS 选择器

选择器是 CSS 中很重要的知识点，所有页面元素，也就是 HTML 标签都是通过不同的 CSS 选择器进行控制的。合理使用选择器可以提高网站的编辑和修改效率，减少网页的代码。CSS 选择器听起来很抽象，但其实很简单。例如，输入 p 标签选择器，那么就是控制所有的段落文本；输入 h1 选择器，控制的对象就是所有的 h1 标题。

CSS 与 HTML 代码的关系其实就是“样式”与“结构”的关系，这类似于“衣服”与“人”的关系，“人”就相当于网页中的元素，如文字、图片、表格等。“衣服”就相当于不同的 CSS 样式，用来修饰不同的人，也就是不同的 HTML 元素。不同的“人”需要穿不同的“衣服”，不同的“衣服”也可以给不同的“人”穿，充分理解这句话有利于后面对选择器的学习。为了理解选择器的概念，可以用“地图”作为类比。在地图上都可以看到一些图例，如河流用蓝色的线表示，山峰用三角形表示，省会城市用黑色圆点表示，等等，如图5－9所示。

图5－9 地图中的“图例”

本质上，这就是一种“内容”与“表现形式”的对应关系。在网页上，同样也存在着这样的对应关系，如h1标题用蓝色文字表示、h2标题用红色文字表示。因此，为了能够使CSS规则与HTML元素对应起来，就必须定义一套完整的规则，实现CSS对HTML的“选择”，这就是被称为“选择器”的原因。

选择器分为基本选择器和复合选择器。基本选择器有标签选择器、类别选择器、ID选择器。复合选择器其实就是基本选择器的组合使用，包括交集选择器、并集选择器和后代选择器。

一、标签选择器

一个HTML页面是由很多种不同的HTML标记组合而成的，标签选择器用来声明哪些标记使用哪些CSS样式，因此每一种HTML标记的名称都可以作为相应的标签选择器的名称。例如，h1选择器用行控制页面上所有一级标题的样式风格。因此，标签选择器的定义可以理解为：一次性把所有相同的HTML标记设置为相同的样式风格。

例如，设置所有的h1元素为红色，则可以书写如下：h1{color:red}。

【应用范例】

在html文件中分别为各元素的标记文字设置不同颜色，相同元素的标记文字统一用标签选择器方式设置。

5－6.html源代码为：

```
<html>
  <head>
    <title>标记选择器</title>
    <style type="text/css">
```

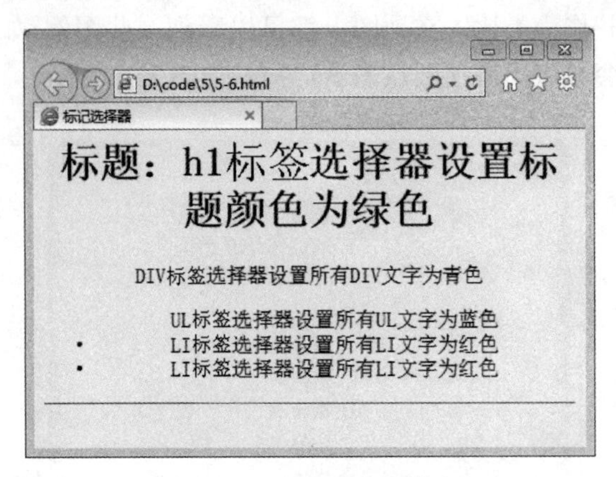

图 5－10 标签选择器范例

```
      body{background－color:＃f8ffd3;}//设置 body 元素的背景色的颜色值为
      ＃f8ffd3
      h1{color:green;}              //绿色
      div{color:cyan;}              //青色
      ul{color:blue;}               //蓝色
      li{color:red;}                //红色
    </style>
  </head>
  <body>
    <center>
      <h1>标题:h1 标签选择器设置标题颜色为绿色</h1>
      <div>DIV 标签选择器设置所有 DIV 文字为青色
        <ul>UL 标签选择器设置所有 UL 文字为蓝色
          <li>LI 标签选择器设置所有 LI 文字为红色</li>
          <li>LI 标签选择器设置所有 LI 文字为红色</li>
        </ul>
      </div>
      <hr>
    </center>
  </body>
</html>
```

二、类别选择器

通过以上标签选择器可以发现，如果设置 h4 标签选择器为蓝色背景，那么所有的 h4 标题都是蓝色背景，如果有一个 h4 标题想拥有不同的背景颜色，就需要借助类别选择器来完成。

类别选择器从字面上不太容易理解，其实可以倒过来读，类别－别类－区别与同类。类别选择器在某一个角度可以简单理解为区别与同类。类别选择器总共有 3 个功能：区别与同类；一个类别可以给多个对象使用；一个对象可以使用多个类别。

【应用范例】

(一)区别与同类

1. 新建文档 5－7.html，输入以下代码：

```
<p>类别选择器——区别与同类</p>
<p>类别选择器——区别与同类</p>
<p>类别选择器——区别与同类</p>
<p>类别选择器——区别与同类</p>
```

(以上代码在<body></body>标签中)

2. 使用嵌入样式表，创建 p 标签选择器，代码如下：

```
<style type="text/css">
    p{color:red;}
</style>
```

(以上代码必须出现在<head></head>标签中)

3. 此时会发现所有的段落文本颜色都是红色，如果想最后一个段落文本为蓝色，就需要使用类别选择器来完成。

4. 在原有的 CSS 代码片段中加入以下代码：

```
.blue{color:blue;}
```

5. 在第 4 段<p>标签中做如下设置：

```
<p class="blue">类别选择器——区别与同类</p>
```

最终效果如图 5－11 所示。

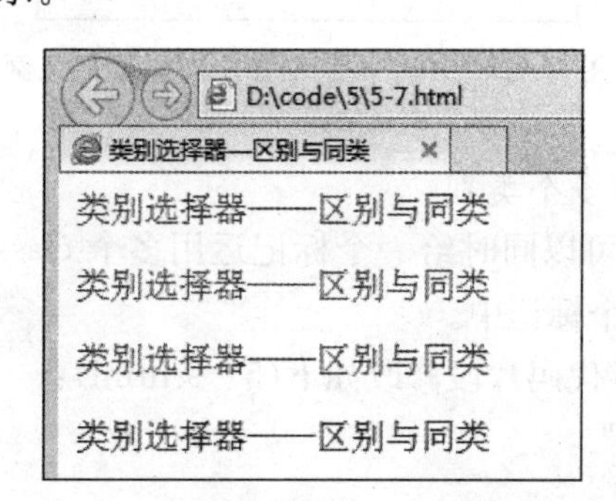

图 5－11　类别选择器——区别与同类范例

(二)一个类别可以给多个对象使用

在很多情况下，页面中很多版块拥有相同的边框样式或背景颜色，可以使用此方法实现。

在上一案例基础上做如下修改(5－8.html)：

```
<html>
<head>
    <title>一个类别给多个对象使用</title>
    <style type="text/css">
    p{color:red;}
    .blue{color:blue;}
```

```
    .bg_gray{background:#CCCCCC;} /*灰色背景*/
    </style>
</head>
<body>
    <p class="bg_gray">一个类别给多个对象使用</p>
    <p class="bg_gray">一个类别给多个对象使用</p>
    <p>一个类别给多个对象使用</p>
    <p class="blue">一个类别给多个对象使用</p>
</body>
</html>
```

最终效果如图5－12所示。第一、第二行段落拥有相同的背景颜色，都由“.bg_gray”这个类别设置。

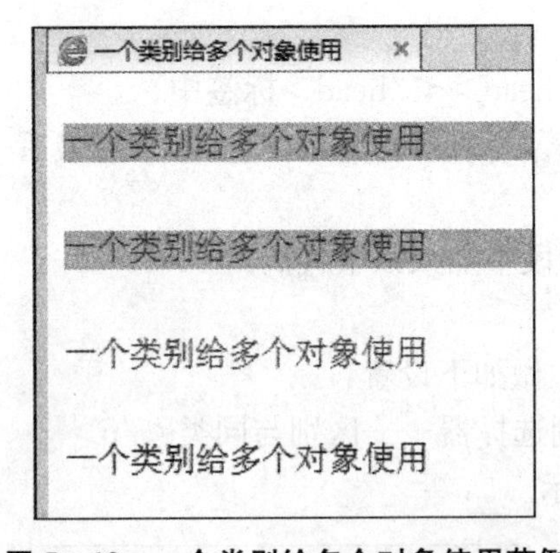

图5－12　一个类别给多个对象使用范例

（三）一个对象可以使用多个类别

在HTML的标记中，还可以同时给一个标记运用多个class类别选择器，从而将两个类别的样式风格同时运用到一个标记中。

1. 把上述案例中的CSS代码片段修改如下(5－9.html)：

```
<style type="text/css">
  p{color:red;}
  .blue{color:blue;}
  .bg_gray{background:#CCCCCC;}
  .bor_red{border:1px solid red;}
</style>
```

2. HTML代码做如下修改：

```
<p class="bg_gray bor_red">一个对象使用多个类别</p>
<p class="bg_gray bor_red">一个对象使用多个类别</p>
<p>一个对象使用多个类别</p>
<p class="blue">一个对象使用多个类别</p>
```

注意：<p class="bg_gray bor_red"> 不同的类别名称之间必须用空格分隔。

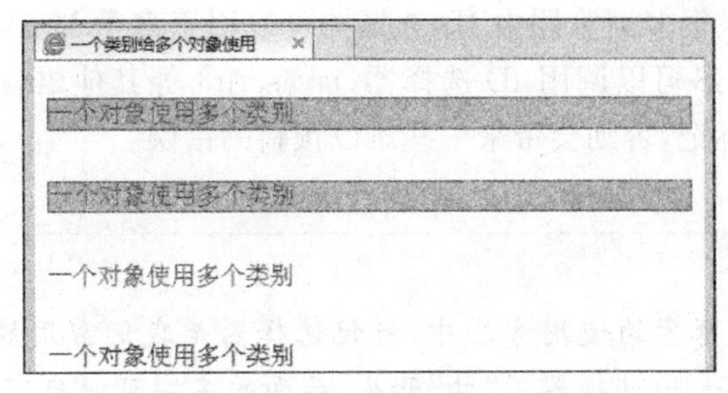

图 5－13　一个对象使用多个类别范例

三、ID 选择器

ID 选择器的基本用法和类别选择器用法基本相同，不同之处是 ID 选择器在页面中只能使用一次，是唯一的。结合上文中的类别选择器，我们可以这样理解记忆：一个类别可以给多个对象使用，一个对象可以使用多个类别；而一个 ID 只能给一个对象使用，一个对象也只能使用一个 ID。

【应用范例】

新建文档 5－10.html，输入以下代码：

```
<html>
  <head>
    <title>ID 选择器</title>
    <style type="text/css">
      #one{color:red;}
      #two{color:blue;}
  </style>
  </head>
  <body>
    <p id="one">ID 选择器</p>
    <p id="one">ID 选择器</p>
    <p id="two">ID 选择器</p>
  </body>
</html>
```

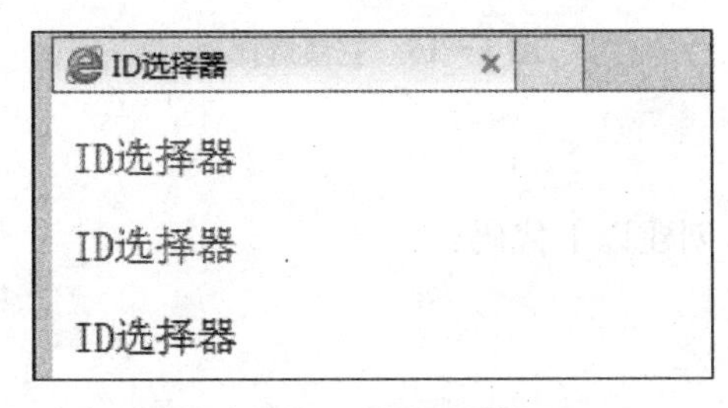

图 5－14　ID 选择器范例

如图5－14所示，在很多浏览器中ID选择器可以用于多个HTML标记，但是并不推荐这样使用。因为不仅CSS可以调用ID选择器，javascript等其他语言也可以调用，所以不要将ID选择器用于多个标记，否则会带来一些难以预料的错误。

☆**知识链接**

在以上三种基本选择器的使用方法中，标记选择器是我们常用的HTML标签，类别选择器必须用英文“.”开头，ID选择器用“＃”开头，后面的名字可以自定义，但不要用数字开头以及纯数字命名，如“.1bg”、“＃123”，都是不合法的命名。可以用“_”连接，如“.bg_blue”。当一个对象使用多个类别时不要出现属性冲突的现象，例如，<p class＝".red .blue">，其中，.red设置文字颜色为红色，.blue设置文字颜色为蓝色，最终只显示CSS代码片段中最后出现的规则为当前生效的规则。例如：

```
<style type="text/css">
.red{color:red;}
.blue{color:blue}
</style>
```

由于.blue在.red后面出现，最终文本显示为蓝色，因为代码是从上至下读取的，所以对于浏览器而言，最后执行的命令是.blue。

通过这3种基本选择器的组合，还可以产生更多种类的选择器，实现更强、更方便的功能，复合选择器主要有交集选择器、并集选择器和后代选择器。

四、交集选择器

交集选择器是由两个选择器直接连接而成，其结果是选中二者各自元素范围的交集，第一个必须是标签选择器，第二个必须是类别选择器或ID选择器。这种方式构成的选择器将选中同时满足二者定义的元素。其选择范围如图5－15所示。

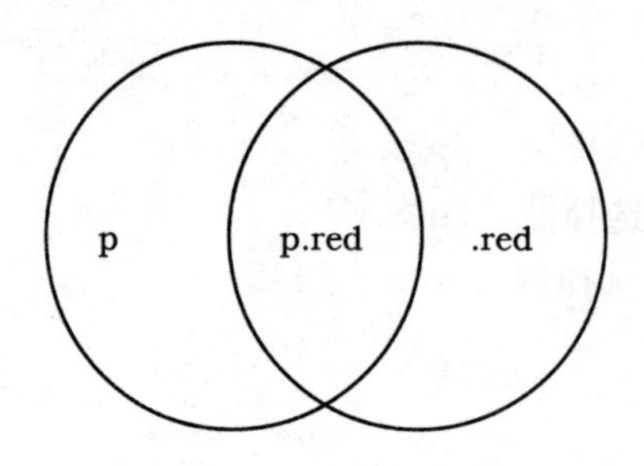

图5－15 交集选择器

【应用范例】

新建文档5－11.html，创建以下代码：

```
<html>
  <head>
    <title>交集选择器</title>
    <style type="text/css">
```

```
        p{color:blue;}
        .red{color:red;}
        p.red{color:green;}
      </style>
    </head>
    <body>
      <p>普通段落文本</p>
      <h3 class="red">普通标题文本</h3>
      <p class="red">普通段落文本</p>
      <h3>普通标题文本</h3>
    </body>
  </html>
```

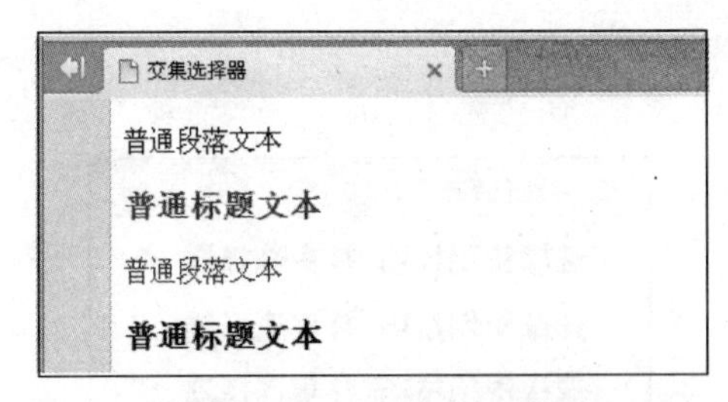

图 5－16　交集选择器范例

如图 5－16 所示，第一行段落文本为蓝色，是因为受 p{color:blue;}标签选择器所控制；第二行标题为红色，是因为使用了.red{color:red;}类别选择器控制；第三行段落文本为绿色，是因为本身是段落标签同时又使用了.red 类别，受 p.red{color:green;}这个交集选择器的控制。以本范例为代表，哪一行文本会变成绿色必须符合两个条件：第一，必须是段落标签；第二，必须同时使用.red 这个类别。

五、并集选择器

并集选择器可以同时选择多个基本选择器所选择的范围，任何选择器都可以作为并集选择器的一部分（包括标签选择器、类别选择器、ID 选择器）。

如果在页面中有多种不同的 HTML 标签需要设置为相同的样式属性，若选择类或 ID 选择器必须建立多个选择器，代码将会增多，也不利于统一的维护修改，而并集选择器可以一步到位。

并集选择器把多种不同的基本选择器用“，”连续，必须是英文符号。

【应用范例】

新建文档 5－12.html，输入以下代码：

```
<html>
  <head>
    <title>并集选择器</title>
    <style type="text/css">
```

```
      p,h1,h2,h3,h4,h5,h6,.red{color:red;font-size:14px;}
    </style>
  </head>
  <body>
    <h1>选择使用技巧—并集选择器</h1>
    <h2>选择使用技巧—并集选择器</h2>
    <h3>选择使用技巧—并集选择器</h3>
    <h4>选择使用技巧—并集选择器</h4>
    <h5>选择使用技巧—并集选择器</h5>
    <h6>选择使用技巧—并集选择器</h6>
    <p>选择使用技巧—并集选择器</p>
    <p class="red">选择使用技巧—并集选择器</p>
  </body>
</html>
```

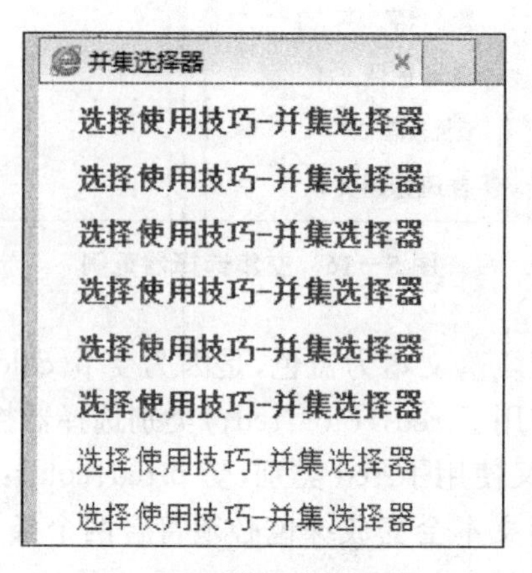

图 5—17　并集选择器范例

六、后代选择器

在 CSS 选择器中，通过嵌套的方式，对特殊位置的 HTML 元素进行声明，可以使用后代选择器进行相应的控制。后代选择器的写法是父级标签在前，子级标签在后，中间用空格连接。例如，<div>后代<span>选择</span>器</div>，<span>是<div>的子集，写法就是：div span。

【应用范例】

新建文档 5—13.html，输入以下代码：

```
<html>
  <head>
    <title>后代选择器</title>
    <style type="text/css">
      span{color:blue;}
```

```
    p span{color: red;}
  </style>
</head>
<body>
  <p>CSS选择器之<span>后代选择器</span>的使用技巧</p>
  <span>后代选择器</span>的具体用法
</body>
</html>
```

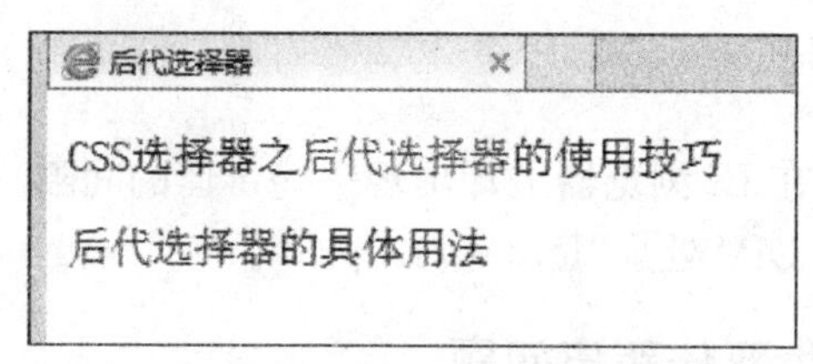

图5－18 后代选择器范例

标签选择器span设置了所有span标签中的文本为蓝色，所以第2行的“后代选择器”为蓝色，后代选择器p span设置了在p段落里面的span标签为红色，所以第1行的“后代选择器”为红色。

> ☆**知识链接**
>
> 关于并集选择器与后代选择器的记忆技巧如下：并集选择器是一次把多个不同的HTML对象设置为相同的样式属性，所以我们记住关键词“和”，当我们需要把什么和什么对象设置为相同的样式属性时，就会自然联想到用并集选择器。例如。把p和div和h3设置为蓝色背景，我们只需要把“和”转换为“,”就可以了，变成p,div,h3{…}。后代选择器控制的是一个容器（任何HTML标签都可以看成一个容器）里的特定的HTML对象，我们记住关键词“里面的”。例如，把tabel里面的p设置为红色，只需要把关键词“里面的”转换为空格即可，table p{color:red;}。
>
> 注意：选择器的优先级关系为：行内式>ID选择器>类别选择器>标签选择器。

【知识拓展】

CSS对不同浏览器的兼容性解决办法

CSS在不同浏览器中存在兼容性问题，所以在使用DIV＋CSS布局中，可能导致相同的内容在不同浏览器中呈现不同的显示效果，以下针对CSS某些属性的用法提出相应的解决方法。

一、页面居中问题

IE浏览器下可通过定义CSS样式body{text-align:center;}实现页面居中，但FireFox（以下简写为FF）浏览器下此属性失效。

解决方法：使用“margin-left:auto;margin-right:auto;”。

二、padding 属性的显示问题

给 DIV 设置 padding 属性后，在 FF 浏览器中会导致 width 和 height 增加(DIV 的实际宽度=DIV 宽+Padding)，而在 IE 浏览器中 width 和 height 不会增加，这就导致相同内容在不同浏览器中出现不同的显示效果。

解决方法：给 DIV 设定 IE、FF 两个宽度，在 IE 的宽度前加上 IE 特有标记"*"。

例如：

#divwidth{padding:5px;width:100px; *width:110px;}。

三、间隙问题

有时虽设置了高度，但在 IE 浏览器上却出现一些奇怪的间隙。

解决方法：在有空隙的 DIV 处加"font-size:0px;"。

四、浮动在 IE 下产生双倍距离问题

例如：#box{float:left;width:100px;margin:0 0 0 100px;}在 IE 中产生 200px 距离。

解决方法：在以上属性的基础上，加上 display:inline，忽略浮动。

五、ul 标签和 form 标签的 padding 与 margin

ul 标签在 FF 中默认有 padding 值，而在 IE 中只有 margin 默认有值。form 标签在 IE 中会自动留出一些边距，而在 FF 中 margin 值为 0。

解决方法：在 css 中首先使用样式 ul,form{margin:0;padding:0;}。

六、手形光标

将页面内容的光标显示为手形，通常设置 CSS 属性 cursor:hand;(注意该做法仅适用于 IE)。

解决方法：cursor:pointer;。

七、截字省略号

.hh{—o—text—overflow:ellipsis;text—overflow:ellipsis;white—space:nowrap;overflow:hidden;}

该 CSS 定义的是：当内容溢出宽度后会自行截掉超出部分的文字，并以省略号结尾(注意该做法仅适用于 IE)。

【课后专业测评】

任务背景：

小龙同学在网页设计过程中需要综合应用 4 种样式表来实现页面的样式设置。

任务要求：

编写一个 HTML 页面，分别将内联样式表、嵌入样式表、链接样式表、导入样式表应用于页面元素上，实现页面的样式设置。

技术要领：

内联样式表、嵌入样式表、链接样式表、导入样式表的使用。

解决问题：

4种样式表的语法及其引用方法。

应用领域：

个人网站；企业网站。

项目 6　CSS 布局页面元素

【课程专业能力】

1. 掌握 CSS 设置网页背景的方法。
2. 掌握 CSS 文本编辑的方法。
3. 掌握 CSS 控制图片样式的方法。
4. 掌握 CSS 控制列表样式的方法。
5. 掌握 CSS 表格和表单效果的方法。
6. 掌握 CSS 滤镜应用的方法。

【课前项目直击】

用 CSS 制作的美国国旗(整个页面源代码参看 6－1.html),页面效果如下:

图 6－1　用 CSS 制作的美国国旗

6－1.html 页面中样式表部分源代码:

```
.star{width:14px;height:13px;text-align:center;background:#004080;float:left;}
.star em{display:block;overflow:hidden;background:#fff;margin:0 auto;}
em.s1{width:1px;height:2px;}
em.s2{width:3px;height:2px;}
em.s3{width:13px;height:1px;}
em.s4{width:9px;height:1px;border-left:1px solid #a9bfd4;border-right:1px solid #
```

```
a9bfd4;}
    em.s5{width:5px;height:1px;border-left:1px solid #a9bfd4; border-right:1px solid #
a9bfd4;}
    em.s6{width:5px;height:2px;}
    em.s7{width:1px;border-left:3px solid #fff;border-right:3px solid #fff;height:1px;
background:#a9bfd4;}
    em.s8{width:3px;border-left:2px solid #fff;border-right:2px solid #fff;height:1px;
background:#004080;}
    em.s9{width:5px;border-left:2px solid #fff;border-right:2px solid #fff;height:1px;
background:#004080;}
    #flag{width:470px;height:247px;border:3px solid #ffd700;background:#fff;posi-
tion:relative;margin:0 auto;}
    .stripe{width:470px;height:19px;background:#c00;border-bottom:19px solid #fff;}
    .stripe2{width:470px;height:19px;background:#c00;}
    #union{width:188px;height:130px;background:#004080;position:absolute;left:0;
top:0;padding-top:3px;}
    .pad{width:16px;height:1px;float:left;overflow:hidden;}
    .pad1{width:12px;height:1px;float:left;overflow:hidden;}
    .pad2{width:32px;height:1px;float:left;overflow:hidden;}
    .pad3{width:26px;height:1px;overflow:hidden;clear:both;}
    .pad4{width:26px;height:1px;float:left;overflow:hidden;}
```

任务1 用CSS设置网页背景

在网页设计中，使用CSS控制网页背景是很常用的一项技术。对于一个优秀的页面，背景颜色要与网页中的内容相协调，以吸引浏览者的目光，使其得到视觉享受。在页面中除了用纯色作为背景外，还经常使用图像作为整个页面或者页面上其他元素的背景，使页面更加多姿多彩。

一、背景颜色

对于一个网站而言，必须有不同于其他网站的背景与基调才能吸引浏览者，如果与其他网站雷同，会使浏览者产生审美疲劳，失去阅读兴趣。

（一）设置页面背景色

表6—1 使用CSS控制背景颜色代码

属性	功能	参数	注释
background-color	用来设置背景颜色	color-RGB color-HEX color-name color-transparent	RGB颜色格式 HEX颜色格式 颜色的英文名称 颜色的不同透明度

页面背景颜色 background-color 可以用多种方法定义，如颜色名称、RGB 代码、三元数字或三元百分比。

以下是一些背景颜色声明的代码：

```
h1{background—color:white;}                        〈! —颜色名称—〉
h2{background—color:#FFFFFF;}                      〈! —十六进制颜色值—〉
h3{background—color:#FFF;}                         〈! —十六进制颜色值缩写方式—〉
h4{background—color:rgb(255,255,255);}             〈! —RGB 颜色值三元数字—〉
h5{background—color:rgb(100%,100%,100%);}          〈! —RGB 颜色值三元百分比—〉
```

除了颜色值，background-color 属性还可以使用其他两个值：transparent 和 inherit。

transparent 值是所有元素的默认值，意味着显示已经存在的背景。因此，如果对<body>标签设置 background-color，属性值为 red，则页面中所有没有设置 background-color 属性值的元素都是透明的。

若确实需要继承 background-color 属性，则可使用 inherit 值。在实践中，transparent 和 inherit 几乎总是具有同样的效果，尽管有少数情况需要使用 inherit 而不是 transparent。但是，inherit 与设置等于包含块的值相同，而 transparent 只是使背景透明，以便可以看透。

注意：background-color 属性类似于 HTML 中的 bgcolor 属性，CSS 版本的背景颜色更加有用，不仅是因为它可以应用于页面中的任何元素。bgcolor 属性只能对<body>、<table>、<tr>、<td>标签进行设置，通过 CSS 样式中的 background—color 属性可以设置页面中任意特定部分的背景颜色。

【应用范例】

新建文档 6—2.html，输入以下代码：

```
<html>
  <head>
    <title>页面的背景色</title>
    <style>
      body{background-color:yellow;}
    </style>
  </head>
  <body>
  </body>
</html>
```

（二）设置块背景颜色

通过 background-color 属性不仅可以为页面设置背景颜色，还可以设定 HTML 中几乎所有元素的背景颜色，因此，很多页面都通过为元素设定各种背景颜色来为页面分块。

【应用范例】

6—3.html 代码中 body 和#content 的 CSS 样式规则，分别在 body 和 content 标签中添加背景颜色代码：

```
<html>
```

图 6—2　设置块背景颜色

```
<head>
<title>设置块背景颜色</title>
<style type="text/css">
  body{padding:0px;margin:0px;background-color:#FFFF99;}
  #content{width:800px;height:200px;background-color:red;font-size:20px;}
</style>
</head>
<body>
<div id="content">CSS(Cascading Style Sheet),中文译为层叠样式表,是用于控制网页样式并允许将样式信息与网页内容分离的一种标记性语言。CSS 是 1996 年由 W3C 审核通过并且推荐使用的。简单地说,CSS 的引入就是为了使得 HTML 能够更好地适应页面的美工设计。它以 HTML 为基础,提供了丰富的格式化功能,如字体、颜色、背景、整体排版等,并且网页设计者可以针对各种可视化浏览器设置不同的样式风格,包括显示器、打印机、打字机、投影仪、PDA 等。CSS 的引入随即引发了网页设计的一个又一个新高潮,使用 CSS 设计的优秀页面层出不穷。</div>
</body>
</html>
```

二、背景图片

在设计网站页面时,除了可以使用纯色作为背景外,还可以使用图片作为页面背景,通过 CSS 可以对页面中的背景图片进行精确的控制,包括位置、重复方式、对齐方式等。

网页背景图片主要包括两个方面:整个网页的背景;具体的块级元素的背景。网站对背景图片的要求是图片质量好、体积不能大。因此,网页中的图片格式应首选 jpg 格式,其次是 gif 格式,最后是 png 格式。尽量不要使用 bmp 格式,以免因文件体积太大而使网页打开速度较慢。

表 6—2　使用 CSS 控制背景图片代码

属 性	功 能	参 数	注 释
background-image	设置背景图片	Url None inherit	图片地址 无 继承

续表

属 性	功 能	参 数	注 释
background-repeat	设置背景图片的平铺方式	repeat repeat-x repeat-y no-repeat inherit	平铺 横向平铺 纵向平铺 不重复 继承
background-attachment	设置背景图像的滚动方式	Scroll Fixed inherit	背景滚动 背景固定 继承
background-position	设置背景图片的位置	top left top center center left center center center right bottom left bottom center bottom right x-%　y-% x-单位　y-单位 inherit	垂直顶部、水平靠左对齐 垂直顶部、水平居中对齐 垂直居中、水平靠左对齐 垂直居中、水平靠右对齐 垂直居中、水平靠右对齐 垂直下方、水平靠左对齐 垂直下方、水平居中对齐 垂直下方、水平靠右对齐 图片靠左上方百分比距离 图片靠左上方绝对距离 继承

【应用范例】

1. 设置页面背景

当设置的背景图片大小小于当前页面大小时，默认会把当前背景图片复制并铺满整个页面，并且不会增加页面文件大小；也可以设置背景图片出现在页面的特定位置，不重复复制。

具体用法如下：

新建文档 6－4.html，在<head>中输入以下 CSS 代码：

```
<style type="text/css">
body{
    background-image:url(bg1.jpg);
    }
</style>
```

默认情况下会复制图片铺满整个页面，所以最终效果如图 6－3 所示。

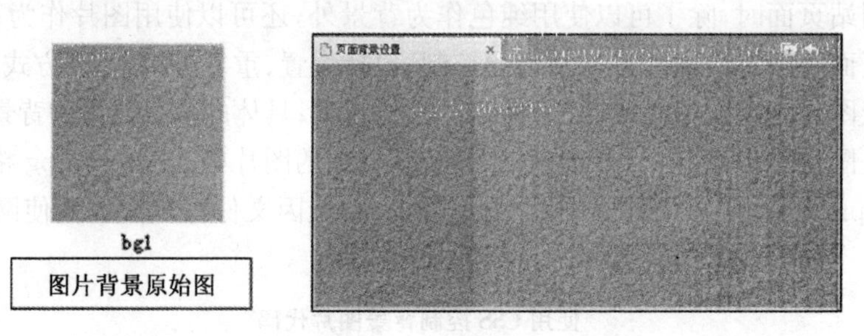

图 6－3　网页背景

2. 设置背景图像出现在特定的位置

具体用法：参照上述案例，只需在第二步中将代码修改如下：

```
body{
    background-image:url(bg2.jpg);
    background-repeat:no-repeat;
    background-position:700px 200px;
    }
```

background-repeat:no-repeat 是指背景图像不需要复制铺满页面。background-position 是指背景图像距离页面的距离,700px 是指水平方向,200px 是指垂直方向。用这种方法就可以设置一张小的背景图片出现在页面中或是块级元素中的特定位置,从而形成特殊效果。

3. 设置块级元素中的背景

块级元素背景的设置通常指的是网页中导航的背景或某个版块的背景,如图 6-4 所示。

精品推荐

图 6-4　块级元素中的背景

案例分析:本案例的宽高为 600px×29px,背景图像为渐变图像,所以在切图时只要切高 29px、宽 1px 即可,因为背景可以重复复制,最后加上边框样式。由于是给单一块级元素添加背景,所以不宜使用标签选择器,可以选择类别选择器或 ID 选择器。在本例中使用类别选择器,将当前的块 div 命名为 nav(英文导航的简写)。

具体用法:在 fireworks 中切图,具体如图 6-5 所示。

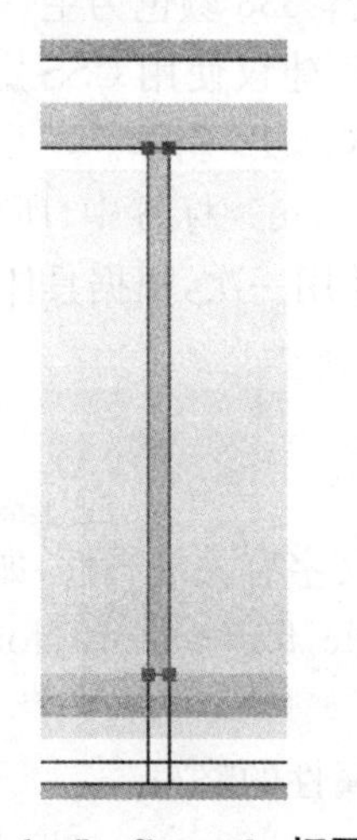

图 6-5　fireworks 切图

新建文档 6-5.html,输入以下代码:

```
<html>
<head>
  <title>块级背景设置</title>
  <style type="text/css">
    .nav{
    height:24px;
    width:600px;
```

```
        background:url(bg3.jpg);
        border:1px solid #B6CCDC;
        }
    </style>
</head>
<body>
    <div class="nav"></div>
</body>
</html>
```

任务 2　CSS 文本编辑效果

在网页设计中，文本编辑的重要性如何强调也不为过，因为网页是用来传递信息的，而最经典最直接的信息传递方式就是文字。因此，需要经常在讲究华丽优雅的文字中添加图片。其实对于 CSS 文本编辑，只要简单的标记语法就能完成。

文本是网页的主要元素之一，关于文本的修饰主要体现在字体、字号、颜色、行高、以及段落缩进。良好的文本修饰也是用户体验度的重要指标之一。字体通常使用默认宋体，不建议使用特殊字体，因为不能保证每个网络用户都拥有相应的字库文件。字号通常设置为 12px 和 14px。正文颜色多以黑色＃000 或＃333 颜色为主。

文本中经常出现的粗体和斜体，不建议使用 CSS 定义，因为从 SEO 优化的角度考虑，建议使用 HTML 代码来实现<b>粗体、<i>斜体。

文本通常放在<p>、<div>、<span>标签中，所以建议给文本所在的父级标签加以类别命名（类别可以重复使用，ID 只能使用一次，根据具体情况选择）。

一、文字样式

（一）字体属性（font）

font 属性，可以同时设置多个跟文字有关的属性，如字体、字体效果、字号、字体粗细等。

语法：{font:font-family|font-style|font-variant|font-weight|font-size}

说明：

（1）字体属性主要用于不同字体属性的略写。

（2）可以同时设置多种属性。

实例：p{font:italic bold 12pt/14pt 隶书，宋体}

指定该段为 bold（粗体）和 italic（斜体）隶书或宋体，大小为 12 点，行高为 14 点。

（二）字体类型（font-family）

在网页编写的过程中，若没有对字体做任何设置，浏览器将以默认值的方式显示。除了可利用 HTML 的标签设置字体外，还可以利用 CSS 的 font-family 属性，设置要使用的字体。

语法：{font-family:<字体 1>,<字体 2>…,<字体 n>}

说明：

（1）浏览器将在字体列表中寻找字体 1，如果访问者的计算机中安装了该字体，就使用它；如果没有安装，则移向字体 2；如果这种字体也没有安装，则移向第 3 种字体；以此类推。若浏览器完全找不到指定的字体，则使用默认字体。

(2)在对英文字体进行设置时，如果两个英文单词之间有空格，必须使用双引号(")。

(三)字体风格(font-style)

在HTML中，可以使用<i>标签设置网页文字为斜体。在CSS中，则可利用font-style属性，达到字体风格的变化。

语法：{font-style：normal|italic|oblique}

表6—3　font-style参数值说明

参数值	说明
normal	正常显示，初始值为normal
italic	斜体显示
oblique	倾斜显示

(四)字体变形 font-variant

语法：{font-variant：normal|small-caps}

表6—4　font-variant参数值说明

参数值	说明
normal	正常显示，初始值为normal
small-caps	小型大写字母，即小写的英文字体将转换为大写且字体较小的英文字

(五)字体加粗(font-weight)

在HTML中，可以利用<b>标签设置文字为粗体。在CSS中，则可利用font-weight属性，设置字体的粗细。

语法：{font-weight：normal|bold|bolder|lighter|100|200|300|400|500|600|700|800|900}

(六)字号的控制(font-size)

利用HTML的标签<font size=x>只能设定7种字号，而在CSS中，可以使用font-size属性对文字的字号进行随心所欲的设置。

语法：{font-size：<绝对尺度>|<关键字>|<相对尺度>|<比例尺度>}

说明：

(1)绝对尺寸。可以使用的单位有ex(x-height)、in(英寸)、cm(厘米)、mm(毫米)、pt(点)和px(像素)。

(2)参数设置。如果不喜欢使用绝对尺寸，还可以用关键字来说明文字大小，共有7种关键字，相对应于HTML标签<font size>中所用的数字参数。这7种关键字分别为xx-small、x-small、small、medium、large、x-large、xx-large。利用这些参数，浏览器可以自由决定每一种关键字所适合的尺寸(在不同浏览器中它的大小是有区别的)。

(3)相对尺寸。相对尺寸只有两种：larger和smaller。smaller参数告诉浏览器将当前文字在关键字规格基础上“缩小一级”；而larger参数的作用与smaller类似。

(七)文字的颜色(color)

语法：{color：数值}

(八)文字修饰(text-decoration)

语法:{text-decoration:underline|overline|line-througnh|blink|none}

其中,none参数也非常有用,它可以使链接的文字不以下划线的形式显示。例如,取消超级链接时带下划线的形式。

A:link{text-decoration:none}

A:active{text-decoration:none}

A:visited{text-decoration:none}

二、段落样式

(一)设置字间距

语法:{letter-spacing:normal|长度单位}

说明:

(1)用于设置文本元素字母之间的距离。

(2)可以使用前面讲到的任何一种长度单位。

(3)如果使用normal参数,将按照浏览器默认设置显示。

(二)设置行距

语法:{line-height:normal|数字|长度单位|比例}

说明:

(1)所用的参数是相邻两行的基准线(基准线就是英文小写字母如x、a的下阶线,但不包括诸如y、g等字母超过下阶线的部分)之间的垂直距离。

(2)所设定的参数取值将完全代替浏览器的默认值。

实例:

(1)用数字设定行距b{font-size:12pt;line-height:2},表示将利用字号来确定行距,将字号乘以设定的参数值,即12×2=24,所以在本例中行高将是24点。

(2)用长度单位设定行距b{line-height:11pt}

(3)用比例设定行距b{font-size:10pt;line-height:140%},表示行距是文字的基准大小10pt的140%,即14pt。

(三)文字对齐

语法:{text-align:left|right|center|justify;vertical-align:top|bottom|text-top|text-bottom|baseline|middle|sub|super}

说明:

(1)text-align属性用于文字水平对齐,但该属性只用于整块内容,如<p>、<h1>到<h6>和<ul>等。

(2)vertical-align属性用于控制文字或其他网页对象相对于母体对象的垂直位置。

(四)首行缩进属性

首行缩进属性通常被用来指定一个文字段落第一行文字缩进的距离,而浏览器的默认值不缩进。

语法:{text-indent:数字|百分比}

说明:在IE浏览器中使用比例参数时,是相对于整个浏览器窗口的宽度,而不是相对于段落的宽度。

【应用范例】

新建文档 6—6.html，输入以下代码：

```
<html>
<head>
  <title>文本修饰</title>
  <style type="text/css">
    .intro{
      width:500px;
      line-height:20px;
      text-indent:24px;
      font-size:12px;
      color:#333;
    }
  </style>
</head>
<body><p class="intro">人生有时候需要沉淀，要有足够的时间去反思，才能让自己变得更完美；人生需要积累，只有常回头看看，才能在品味得失和甘苦中升华。向前看是梦想、是目标；向后看是结果、是修正。</p>
</body>
</html>
```

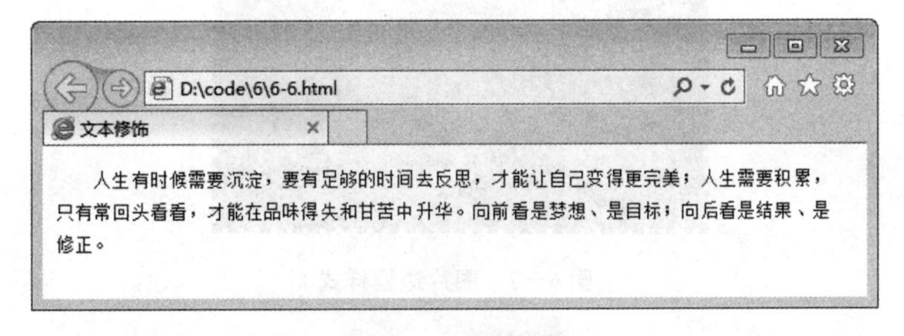

图 6—6 段落样式

line-height:20px;行高 20 像素，行与行之间的距离就是行高。

text-indent:24px;段落缩进 24 像素，设置一个文字 12 像素，则空两格就是 24 像素。

font-size:12px;文字大小 12 像素。

任务 3 用 CSS 控制图片样式

图片是网页必不可少的元素，为了提高网页的美观度和用户的体验度，需要经常对页面中的图片做统一的格式和大小处理，以及添加边框的修饰。

一、图片边框的设置

实现图片的边框效果，较简单的方法是直接在 CSS 文件中对 img 定义边界(border)。边框样式属性用于设置一个元素边框的样式，这个属性必须用于指定可见的边框。

基本语法格式为：<img src="图片" style="border:数值 边框样式 颜色">

border属性用于指定图像的边框宽度、样式、颜色，其值为大于、等于0的整数，以px为单位。

【应用范例】

新建文档6－7.html，输入以下代码：

```
<html>
  <head>
    <title>图片边框是虚线</title>
  </head>
  <body>
    <img src="1.jpg" style="border:5 dashed #ff000">
  </body>
</html>
```

图6－7　图片边框样式

二、图片大小的设置

在网页中放置图片时，可能会遇到因图片太大、太小而引起观看不便的问题，这时可根据实际情况设置图片的宽度和高度来解决。

其语法格式为：img{width:值;height:值;}

在设置图片的宽度、高度属性值时，可以用具体像素值，也可以用百分比的形式。

【应用范例】

新建文档6－8.html，输入以下代码：

```
<html xmlns="http://www.w3.org/1999/xhtml">
  <head>
  <title>CSS图片设置</title>
```

```
    <style type="text/css">
    .pic img{width:120px;height:120px;border:1px solid ccc;margin-right:10px;}
    </style>
    </head>
    <body>
      <div class="pic">
      <img src="6-8-1.png"><img src="6-8-2.png"><img src="6-8-3.jpg">
      <img src="6-8-4.jpg"><img src="6-8-5.jpg">
      </div>
    </body>
</html>
```

图6—8 图片大小等样式设置

.pic img:后代选择器,所有图片在名称为.pic的div盒子里,所以控制.pic这个盒子里所有图片的样式,最简单的方法就是用后代选择器。

border:1px solid #ccc;边框一像素,实边,灰色。

margin-right:10px;右边边距10像素。

三、图片自动等比例缩小

设置图片的max-width和expression属性,可将图片自动等比例缩小。

其语法格式为:img{max-width:最大宽度值;width:图片大小值;width:expression(width>值?"值":this.width)}

说明:如果图片的尺寸超过设置的图片的大小值,那么就按所设置的图片的大小值显示,高度等比例变化。如果图片的尺寸小于最大宽度值,那么就按图片原尺寸显示。

【应用范例】

新建文档6—9.html,输入以下代码:

```
<html>
    <head>
    <title>自动等比例缩小</title>
    <style type="text/css">
      img{
```

```
        vertical-align:middle;
        max-width:100px;
        max-height:100px;
        width:expression(this.width>100 && this.width >this.height? 100:auto);
        height:expression(this.height>100? 100:auto);
        }
    </style>
    </head>
    <body>
        <div>
        <img src="2.jpg"/>
        <img src="3.jpg"/>
        </div>
    </body>
</html>
```

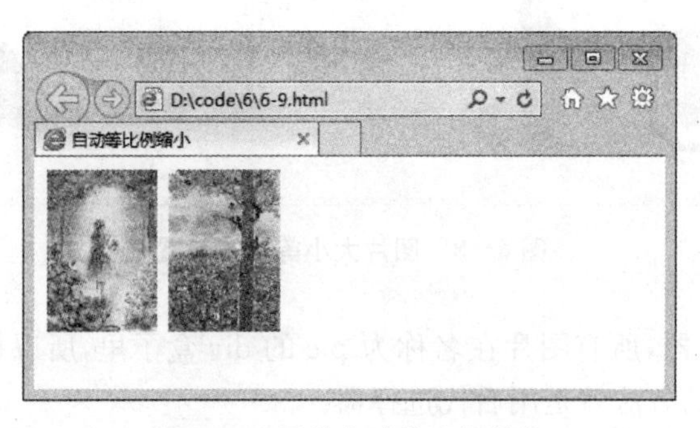

图 6—9 图片自动等比例缩小

四、图片阴影的设置

图片添加阴影效果，需要用到 CSS 中的相对定位属性 position:relative。

其基本语法格式为：

.p{position:relative;background:值;margin:0 auto;width:值;}

.t{background:值;border:值;position:relative;top:值;left:值;}

【应用范例】

在页面中插入图片，设置背景图层的 top 与 left 属性值为负值，使图片显示阴影效果。

6—10.html源代码：

```
<html>
    <head>
    <title>用 CSS 为图片加阴影</title>
    <style type="text/css">
        .p{
```

```
    position:relative;
    background:#bbb;
    margin:0 auto;
    width:500;
    }
    .t{
    background:#fff;
    border:3px dotted #c00;
    position:relative;
    top:-9px;
    left:-9px;
    }
  </style>
  </head>
  <body>
    <div class="p">
    <div class="t"><img src="1.jpg"></div>
    </div>
  </body>
</html>
```

图6—10 用CSS为图片加阴影

五、图片透明的设置

设置图片透明的效果，需要使用CSS的图片透明属性alpha更改图片的透明度。
其基本语法格式为：img{filter:alpha (opacity=值);}

【应用范例】

新建文档 6－11.html，输入以下代码：

```
<html>
  <head>
    <style type="text/css">
      img{filter:alpha (opacity=70);border:0px;}
    </style>
  </head>
  <body>
    <div>
      <img src="2.jpg"/>
    </div>
  </body>
</html>
```

任务 4 用 CSS 控制列表样式

项目列表主要有<ul>无序列表和<ol>有序列表，HTML 语言提供了项目列表的基本功能，当引入 CSS 后，项目列表将被扩展出很多新的属性，远远超越了它最初的设计功能，本节主要介绍项目列表的编号、缩进和位置等。

一、列表的符号

通常，项目列表主要采用<ul>和<ol>标记，然后配合<li>标记罗列各个项目。

【应用范例】

新建文档 6－12.html，输入以下代码：

```
<html>
  <head>
    <title>列表代码</title>
  </head>
  <body>
    <ul>
      <li>dreamweaver</li>
      <li>fireworks</li>
      <li>flash</li>
      <li>photoshop</li>
    </ul>
  </body>
</html>
```

最终效果如图 6－11 所示。

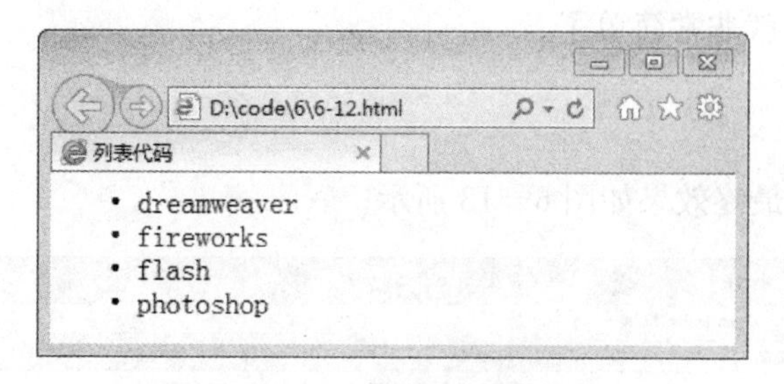

图 6－11　项目列表范例(一)

在 CSS 中项目列表的编号是通过属性 list-style-type 来修改的。无论是<ul>标记,还是<ol>标记,都可以使用相同的属性值,而且效果完全相同。在图 6－11 源代码中的<head>区域中添加以下代码,效果如图 6－12 所示:

ul{list-style:decimal;}

list-style,包含 list-style-type 属性。

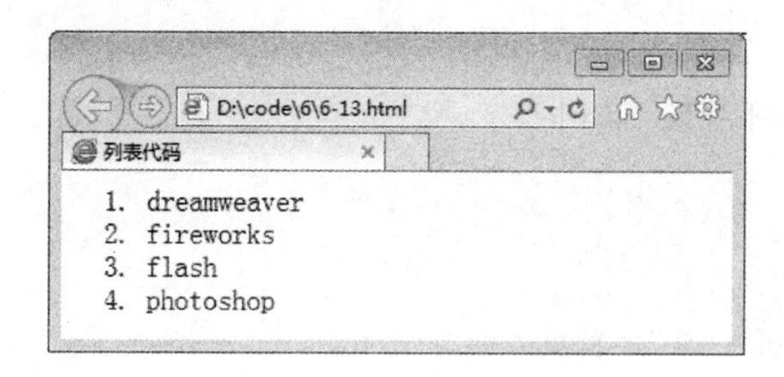

图 6－12　项目列表范例(二)

表 6－5　List-style-type 属性值及显示效果表

关 键 字	显 示 效 果
disc	实心圆
circle	空心圆
square	正方形
decimal	1,2,3,4,5,6,…
upper-alpha	A,B,C,D,E,F,…
lower-alpha	a,b,c,d,e,f,…
upper-roman	Ⅰ,Ⅱ,Ⅲ,Ⅳ,Ⅴ,Ⅵ,…
lower-roman	i,ii,iii,iv,v,vi,…
none	不显示任何符号

二、简单水平导航菜单

对于一个优秀的网站,导航菜单必不可少,用表格制作导航菜单是很麻烦的工作,要设置复杂的属性，还需要借助 JavaScript 来实现相应鼠标经过或点击的效果，而如果用 CSS 来制作导航菜单，实现起来就非常简单了。

【应用范例】

文档 6－13.html 最终效果如图 6－13 所示。

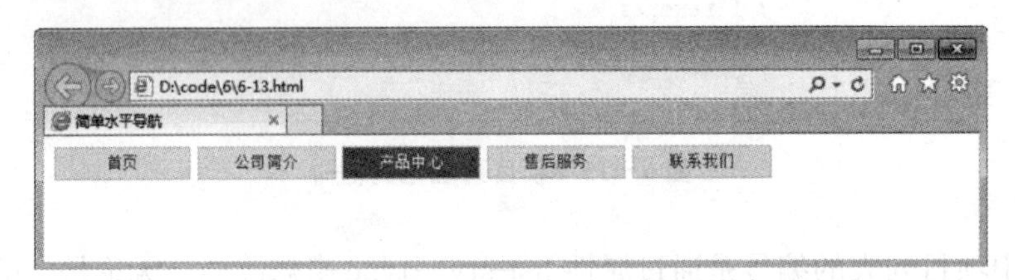

图 6－13　简单水平导航菜单

具体方法：

1. 首先建立基本 HTML 代码片段，使用<ul>无序列表。代码如下：

```
<html>
<head>
  <title>简单水平导航</title>
</head>
<body>
  <ul id="nav">
    <li><a href="#">首页</a></li>
    <li><a href="#">公司简介</a></li>
    <li><a href="#">产品中心</a></li>
    <li><a href="#">售后服务</a></li>
    <li><a href="#">联系我们</a></li>
  </ul>
</body>
</html>
```

此时，效果如图 6－13－1 所示。

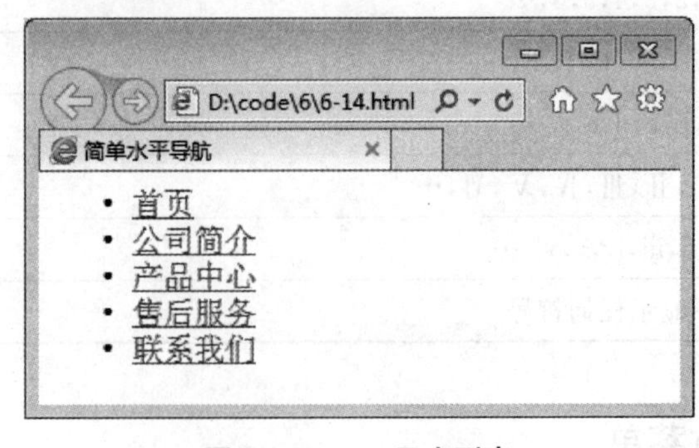

图 6－13－1　无序列表

2. 列表默认的项目符号和边距是不需要的，并且我们需要制作的是水平排列的菜单。因此，做如下 CSS 设置：

```
ul{
  margin:0px;                /* 外边距 0 像素 */
  padding:0px;               /* 内边距 0 像素 */
  list-style:none;           /* 不显示项目符号 */
}
#nav li{
  float:left;                /* 左对齐变成水平排列 */
}
```

此时，效果如图 6－13－2 所示。

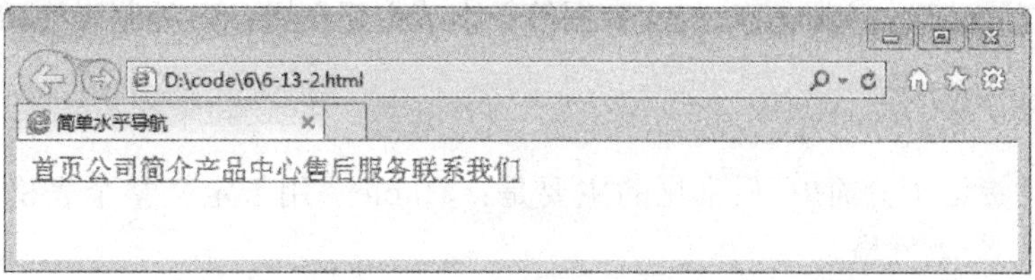

图 6－13－2　水平排列的菜单

3. 要想设置超级链接的宽高就必须先将超级链接转换为块级元素。文字在块级元素中的对齐方式分为两步：行高与盒子的高度一致为垂直居中；水平居中为文本居中对齐。代码如下：

```
#nav a{
  display:block;             /* 转换为块级元素 */
  width:100px;
  height:22px;               /* 盒子高度 22 像素 */
  background:#e6e6e6;
  line-height:22px;          /* 行高与盒子高度一致垂直居中 */
  text-align:center;
  font-size:12px;
  text-decoration:none;      /* 清除下划线 */
  margin-right:5px;
  border:1px solid #ccc;
}
```

此时，效果如图 6－13－3 所示。

4. 导航的基本效果已经制作完成了，可是还没有鼠标经过的效果。a:hover 表示鼠标经过的状态。添加以下代码：

```
#nav a:hover{background:#666;color:#fff;}
```

最终效果如图 6－13 所示。

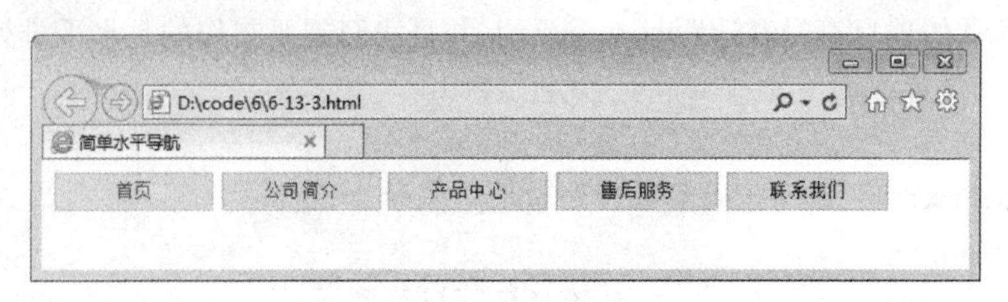

图 6－13－3 水平导航菜单

任务 5 CSS 表格和表单效果

表格将文本和图像按行、列排列，它与列表一样，有利于表达信息。表单也是作为网页不可缺少的元素，如在线订单、注册信息、提交数据等。本节主要介绍 CSS 控制表格和表单的方法。

一、表格中的标记

表格的相关标记十分简单，最常见的主要是：<table>用于定义整个表格，<tr>定义一行，<td>定义一个单元格。

一个简单的表格代码如下：

```
<table>
  <tr><td>11</td><td>12</td><td>13</td></tr>
  <tr><td>21</td><td>22</td><td>23</td></tr>
  <tr><td>31</td><td>32</td><td>33</td></tr>
</table>
```

除了以上 3 个常用标记以外，还有两个标记必须要掌握、了解，尤其是配合 CSS 可以灵活设置表格样式。

(1)<caption>标记的作用是定义整个表格的大标题，该标记可以出现在<table>与</table>之间的任意位置，不过通常习惯放在表格的第一行。

(2)<th>标记是表头(table head)的意思，在表格中主要用于行或列的名称，效果以黑体居中显示。其用法与<td>十分相似。

【应用范例】

6－14.html 就使用到以上 5 个标记，具体代码如下：

```
<html>
<head>
  <title>单元格边框</title>
</head>
<body>
  <table width="600" align="center" border="2" cellpadding="10" cellspacing
="10">
  <caption>中国奥运奖牌榜</caption>
  <tr>
```

```
      <th>年份</th><th>金牌</th><th>银牌</th><th>铜牌</th><th>总数</th>
    </tr>
    <tr>
      <th>2011</th><td>7</td><td>5</td><td>3</td><td>15</td>
    </tr>
    <tr>
      <th>2012</th><td>10</td><td>4</td><td>4</td><td>18</td>
    </tr>
    <tr>
      <th>2013</th><td>11</td><td>6</td><td>7</td><td>24</td>
    </tr>
    <tr>
      <th>2014</th><td>23</td><td>10</td><td>8</td><td>41</td>
    </tr>
    </table>
  </body>
  </html>
```

最终效果如图 6－14 所示。

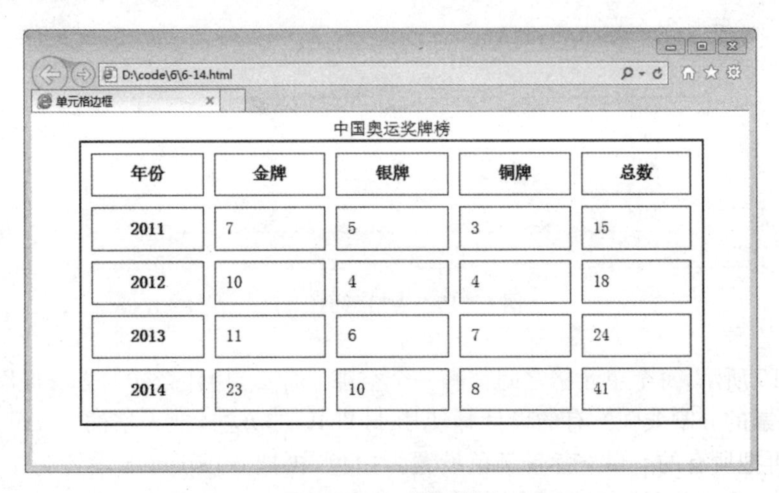

图 6－14 表格范例

案例分析：

<table width="600" align="center" border="2" cellpadding="10"cellspacing="10">

cellpadding 是单元格内的内容与边框之间的距离。

cellspacing 是单元格与单元格之间的距离。

二、表格的边框

在例 6－14 中未使用 CSS 的方法设置边框，而是使用 HTML 的方法。如果要用 CSS 的方法设置边框样式，首先要清除相关的 HTML 边框属性。

【应用范例】

清除以下代码：

```
align="center" border="2" cellpadding="10" cellspacing="10"
```

为表格设置一个类别“.tab”

然后做如下 CSS 的设置：

```
<style type="text/css">
.tab{
border:2px solid #666;        /* 设置整个表格的边框样式 */
text-align:center;            /* 文本居中对齐 */
}
.tab td{
border:1px dashed #ccc; /* 设置所有单元格的边框样式 */
}
.tab th{
border:1px dashed #ccc; /* 设置所有表头的边框样式 */
}
</style>
```

效果如图 6—15 所示。

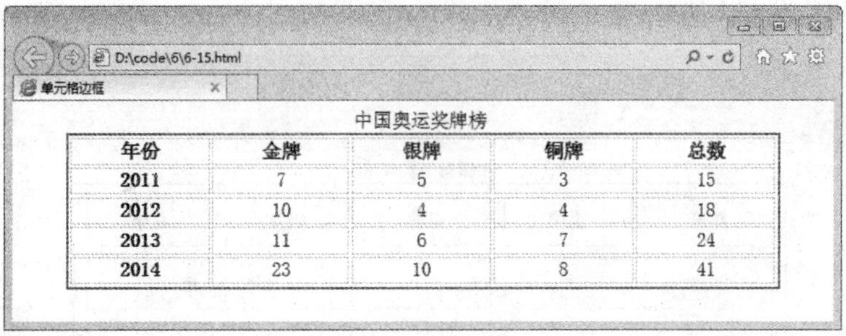

D:\code\6\6-15.html
单元格边框

中国奥运奖牌榜

年份	金牌	银牌	铜牌	总数
2011	7	5	3	15
2012	10	4	4	18
2013	11	6	7	24
2014	23	10	8	41

图 6—15　表格范例(一)

如图 6—15 所示，每个单元格之间都有一个空隙。那么，用什么样的方法可以清除这个空隙并得到一像素的分割线呢？有的设计师使用 HTML 的方法，把表格的＜table＞背景颜色设置为灰色，再把所有的＜td＞背景颜色设置为白色，再把 cellspacing 设置为 1 像素、border 设置为 0 像素。使用此方法不利于更新修改，用 CSS 方法就使这个问题变得十分简单。在.tab类别中加入以下代码即可实现。

```
border-collapse:collapse;
```

效果如图 6—16 所示。

可以看到，单元格原来的两条边框合为一条边框了。

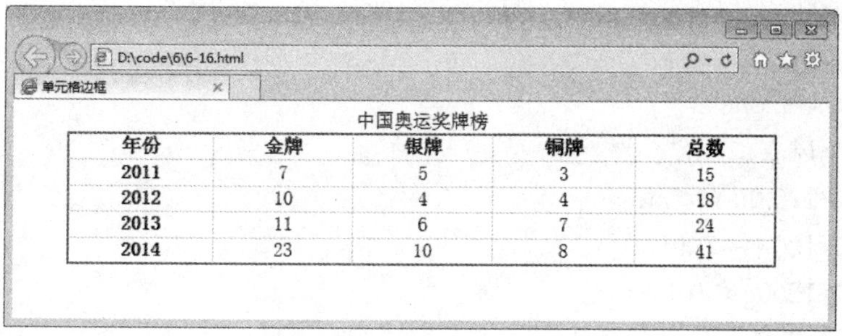

D:\code\6\6-16.html
单元格边框

中国奥运奖牌榜

年份	金牌	银牌	铜牌	总数
2011	7	5	3	15
2012	10	4	4	18
2013	11	6	7	24
2014	23	10	8	41

图 6－16　表格范例(二)

三、隔行变色的表格

上例是一个非常简单的表格，数据量相对较少，如果表格的行和列非常多，为避免单元格采用相同的背景色而使浏览者感到观察不便有可能看错行的情况，较好的方法是为表格设置隔行变色效果。

【应用范例】

效果如图 6－17 所示。

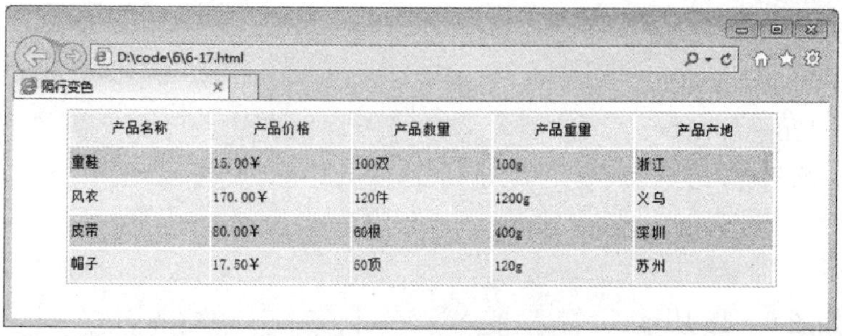

D:\code\6\6-17.html
隔行变色

产品名称	产品价格	产品数量	产品重量	产品产地
童鞋	15.00￥	100双	100g	浙江
风衣	170.00￥	120件	1200g	义乌
皮带	80.00￥	60根	400g	深圳
帽子	17.50￥	50顶	120g	苏州

图 6－17　隔行变色的表格

首先确定表格的 HTML 结构，代码如下：

```
<table width="600" border="0" align="center" class="tab">
  <tr align="center" valign="middle" class="one">
    <td>产品名称</td>
    <td>产品价格</td>
    <td>产品数量</td>
    <td>产品重量</td>
    <td>产品产地</td>
  </tr>
  <tr class="two">
    <td>童鞋</td>
    <td>15.00￥</td>
    <td>100 双</td>
    <td>100g</td>
```

```
    <td>浙江</td>
  </tr>
    <tr class="one">
      <td>风衣</td>
      <td>170.00￥</td>
      <td>120 件</td>
      <td>1200g</td>
       <td>义乌</td>
    </tr>
    <tr class="two">
      <td>皮带</td>
      <td>80.00￥</td>
      <td>60 根</td>
      <td>400g</td>
      <td>深圳</td>
    </tr>
    <tr class="one">
      <td>帽子</td>
      <td>17.50￥</td>
      <td>50 顶</td>
      <td>120g</td>
      <td>苏州</td>
    </tr>
</table>
```

基本效果如图 6—18 所示。

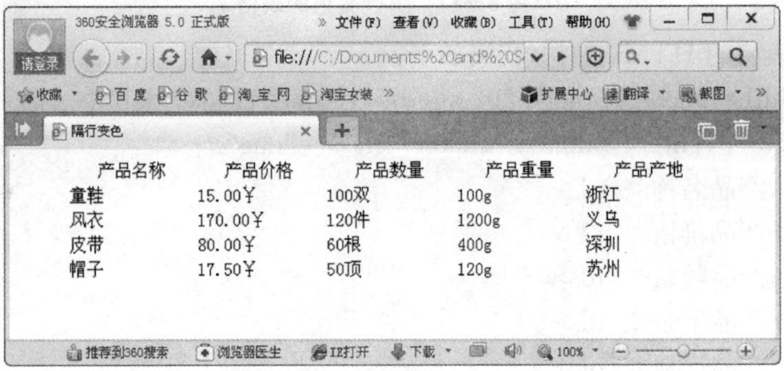

产品名称	产品价格	产品数量	产品重量	产品产地
童鞋	15.00￥	100双	100g	浙江
风衣	170.00￥	120件	1200g	义乌
皮带	80.00￥	60根	400g	深圳
帽子	17.50￥	50顶	120g	苏州

图 6—18　表格内容设置

接下来对表格做整体设置，代码如下：

```
<style type="text/css">
.tab{                              /* 整个表格的类别名称 */
  border:1px solid #ccc;           /* 设置整体表格的边框 */
  font-size:12px;                  /* 表格中的文本大小 12 像素 */
```

```
}
.tab td{
  height:24px;                    /* 表格中所有单元格高度 24 像素 */
}
</style>
```

此时，效果如图 6－19 所示。

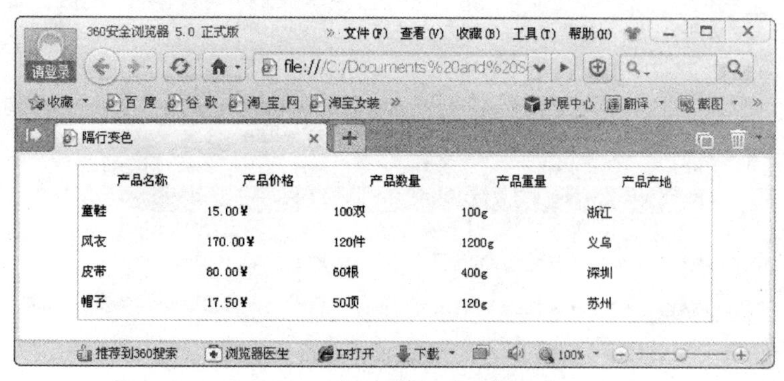

图 6－19　表格整体样式设置

现在对每一行设置不同的背景颜色，可以简单分为奇数行和偶数行，分别给不同的类别设置。在原先的 CSS 代码中加入以下代码片段：

```
.tab .one{
  background-color: #F5F5F5;              /* 奇数行的背景颜色 */
}
.tab .two{
  background-color: #C6E2F2;              /* 偶数行的背景颜色 */
}
```

分别给奇数行和偶数行应用类别“.one”和“.two”。

最终效果如图 6－20 所示。

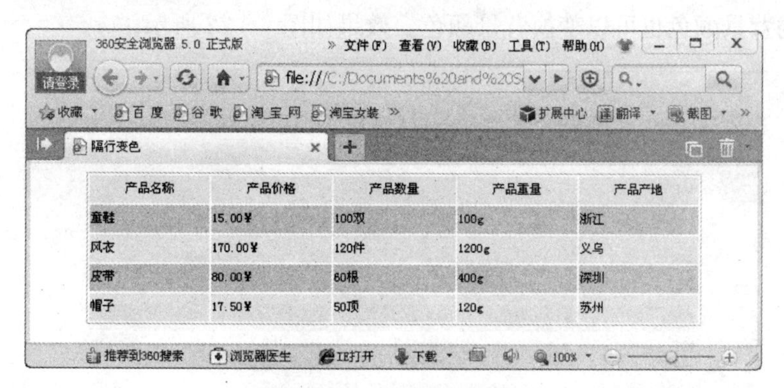

图 6－20　表格最终效果

四、鼠标经过变色的表格

在上一节的案例中，把表格设置为交替背景颜色，可以使用户在访问时有更好的用户体验，然而对于长时间审核大量数据和浏览表格的用户而言，即使是交替背景颜色的表格，时间长了也会感到疲劳，从而容易看错行或列。如果能像 Excel 那样，随时以高亮的方式提示一个单元格对应的行或列，就会大大提高用户的体验度。

【应用范例】

效果如图 6－21 所示。

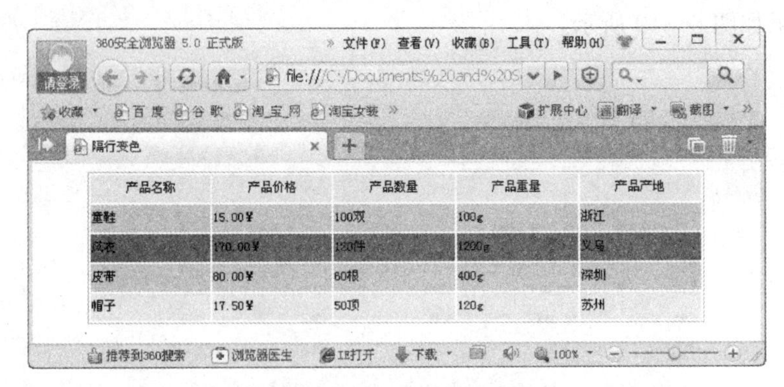

图 6－21　鼠标经过变色的表格

把上述案例中的 CSS 代码做如下修改：

```
<style type="text/css">
  .tab{border:1px solid #ccc;font-size:12px;}
  .tab td{height:24px;}
  .tab .one{background-color: #F5F5F5;}
  .tab .two{background-color: #C6E2F2;}
  .tab tr:hover{background:#999900;} /* 鼠标经过的行变换背景颜色 */
</style>
```

“:hover”是伪类，表示鼠标经过的时候，“tr:hover”就表示当鼠标经过行的时候。

“.tab tr:hover”表示只有在类别是“.tab”的盒子里的表格的行在鼠标经过时候才会变色。

以上案例还可再进一步提升，当鼠标指针经过某一个单元格时，不仅当前行的背景变色，当前单元格的背景颜色也可以变换背景颜色。效果如图 6－22 所示。

图 6－22　单元格变换背景颜色

要实现此效果，只需添加一个鼠标经过单元格变换背景颜色的 CSS 规则即可，“tr:hover”表示鼠标经过当前行，那么“td:hover”就表示鼠标经过当前单元格，所以只需在上例中加入以下 CSS 代码即可实现图 6－22 的效果：

```
.tab td:hover{background:#6699CC;}
```

五、CSS表单效果

网页中的表单可以说是用户与网站之间的互动接口，表单可以用来在网页中发送数据，经常出现于用户输入信息然后发送到Email中，以及在线注册和在线考试中也有大量的表单存在。

表单中有很多表单元素，实际用在HTML中的标签有form、input、textarea、select和option。在表单标签form定义的表单里，必须有行为属性action，它告诉表单提交时将内容发往何处。

可选的方法属性method告诉表单数据将怎样发送，有get(默认的)和post两个值。常用到的是设置post值，它可以隐藏信息(get的信息会暴露在URL中)。

表单中常用的元素如下：

(1)<input type="text" />是标准的文本框。它可以有一个值属性value，用来设置文本框里的默认文本。

(2)<input type="password" />像文本框一样，但是会以星号代替用户所输入的实际字符。通常作为密码框使用。

(3)<input type="checkbox" />是复选框，用户可以快速选择或者不选择一个条目。它可以有一个预选属性checked，常见的设置用于用户选择兴趣爱好。

(4)<input type="radio" />是单选按钮，用户只可在一个组中选择一个单选按钮。常见用于用户选择性别。

(5)<input type="file" />是选择电脑中的一个文件。多用于E-mail中传送附件。

(6)<input type="submit" />是按钮元素，常用于提交或重置表单。

(7)<input type="image" />是以图像代替按钮文本，src属性是必需的，像img标签一样。

(8)<input type="button" />是一个如果没有其他代码什么都不做的按钮。

(9)<input type="reset" /> 是一个点击后会重置表单内容的按钮。

(10)
```
<select name="select">
    <option>1</option>
    <option>2</option>
    <option>3</option>
  </select>
```

下拉列表多用于城市选择或职业选择。

上述标签在网页中看起来都不错，但是，如果有一个程序来处理这个表单，这些标签都不起作用。这是因为表单字段需要名称，所以所有的字段中都需要增加名称属性name，比如<input type="text" name="username" />。

表单元素有默认的样式，但是在很多情况下默认的样式不能符合页面美工的要求，需要我们对表单元素再加工美化。6－20.html为默认的表单样式，如图6－23所示。

表单元素的外观样式也可以更改，主要包括边框样式、背景样式、宽高大小。6－21.html如图6－24所示。

案例解析：

图 6－23　表单样式

图 6－24　表单元素的外观样式

从图 6－23 中可以看出，账号和密码的两个文本框是有边框样式的，并且两个文本框的实际大小并不一致。图 6－24 中把两个文本框的大小设置为一样，并且设置为只有下边虚线边的样式，文本框中输入的文本颜色为蓝色。因为要统一账号和密码的文本框大小，所以使用了类别选择器，为账号和密码两个文本框都加上“.user”这个类别，这也就是在 CSS 选择器一节中提到的一个类别可以给多个对象使用的概念。具体代码如下：

```
<html>
<head>
<title>CSS 设置表单</title>
<style type="text/css">
  .user{
  border:none;                          /* 首先设置所有边框为不显示 */
  border-bottom:1px dashed #000;        /* 设置下边框样式 */
  width:150px;
  color:blue;                           /* 设置文本颜色为蓝色 */
  }
</style>
</head>
<body>
<form id="form1" name="form1" method="post" action="">
<p>账号:<input type="text" class="user" /></p>
<p>密码:<input type="password" class="user" /></p>
<p>性别:
<label>男<input type="radio" name="radiobutton" value="radiobutton" />
</label>
<label>女<input type="radio" name="radiobutton" value="radiobutton" />
</label>
</p>
```

```
<p>职业：
<select>
<option selected="selected">工人</option>
<option>农民</option><option>公务员</option>
<option>教师</option><option>律师</option>
</select>
</p>
<p>
<input name="" type="submit" value="提交" />
<input name="" type="reset" value="重置" />
</p>
</form>
</body>
</html>
```

在本案例中一定要注意：

```
border:none;                        /* 首先设置所有边框为不显示 */
border-bottom:1px dashed #000;      /* 设置下边框样式 */
```

这两行的代码顺序绝对不能颠倒，因为浏览器读取代码的顺序和我们日常读书的顺序是一样的，即自上而下，先设置所有的边框为不显示边框，再设置底部边框样式。如果顺序反过来，最后执行的命令将是不显示任何边框，就又变成默认的边框样式了。

既然可以更改边框样式，那么自然可以更进一步更改外观，让文本框变得更漂亮，可以使用漂亮的图片作为文本框的背景来取代默认的文本框样式，如图 6－25 所示。

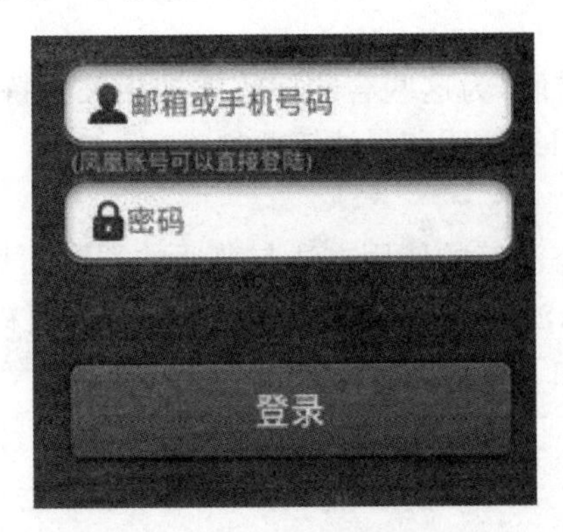

图 6－25　表单文本框外观样式

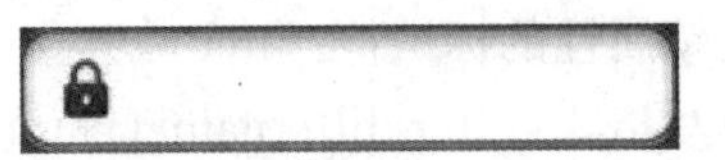

图 6－26　文本框切图

从图 6－25 可以看出，文本框有特殊的背景样式和边框样式，仅仅用 CSS 的样式是不好实现的，可以使用文本框切图，如图 6－26 所示。基本原理是将下图作为背景使用，清除原有的文本框的边框样式，将文本框大小设置得与图片大小一致。在图 6－25 中看到文本出现的位置是在距离文本框左边框 30 像素的位置，这个距离是文本内容与边框之间的距离，我们通常称为内边距(padding)，在下一章节中有详细讲解。

建议本例使用表格布局，具体布局方法不再讲解，用户名和密码框的做法是一样的，这里只以用户名输入文本框为例。先给用户名文本框设置类别名称，可用 ID 选择器，如“.user”。

CSS 设置方法如下：

```
.user{
    width:163px;                          /* 文本框的宽度 */
    height:36px;                          /* 文本框的高度 */
    line-height:36px;                     /* 行高和高度一致，文本垂直居中对齐 */
    padding-left:30px;                    /* 左边内边距 30 像素 */
    background:url(bg.gif)no-repeat;      /* 设置背景图像不重复复制 */
    border:none;                          /* 清除默认边框样式 */
}
```

注意：图片的总宽度为 193px，所以在正常情况下设置文本框的宽度也是 193px，但是由于本例中有左边内边距 30px，根据盒子模型公式可以算出，盒子的宽度为内容宽度 163px 加上左边距宽度 30px。因此，本案例中 width 为 163px。

案例中的登录按钮直接切图后作为图片按钮使用，代码如下：

```
<input type="image" name="Submit" value="提交" src="btn.gif" />
```

任务 6　CSS 滤镜的应用

一、滤镜介绍

滤镜是平面设计中的术语。滤镜通常是图像处理软件的插件，用于处理图像或文本的各种特殊效果。CSS 与图像处理软件类似，也有滤镜功能，可以实现较多的特殊效果，如透明、灰度等效果。CSS 的滤镜通常可以分为三大类，即界面滤镜、静态滤镜和转换滤镜。

（一）界面滤镜

界面滤镜主要的作用是处理网页容器标签的界面，为这些容器标签添加相关的特效。这一类滤镜有 Gradient 渐变滤镜和 AlphaIm-ageLoader 透明背景滤镜两种。

（二）静态滤镜

静态滤镜是 CSS 样式表中最常用的滤镜。静态滤镜的使用方法与普通的类属性相似，为标签添加该滤镜即可直接产生效果。常用的静态滤镜有 Alpha 透明滤镜、Blur 模糊滤镜、Chorma 取色滤镜、DropShadow 投影滤镜、FlipH 和 FlipV 翻转滤镜、Glow 发光滤镜等。

滤镜属性的标识符：filter

书写格式：filter：filtername(parameters)；

（三）转换滤镜

在 IE 浏览器中，提供了融合转换滤镜(Blend Transition Filter)和揭示转换滤镜(Reveal Tranition Filter)，通过这两种转换滤镜的应用，可以轻松地完成图片或文字在两个画面中以特效方式进行转换。

融合转换滤镜用于执行淡入或淡出方式的转换。

揭示转换滤镜提供了 24 种转换方式，以揭示的方式进行转换。

转换滤镜在使用时一般需要 Script 语言的配合才能达到效果。

如果用户不熟悉 Script 语言，可以利用 HTML 中的<meta>标签来实现转换滤镜的效果。

语法如下：

<meta http-equiv="Page-Enter" content="RevealTrans(duration=秒数,Transition=特效样式)">

<meta http-equiv="Page-Exit" content="RevealTrans(duration=秒数,transition=特效样式)">

<meta http-equiv="Page-Enter" content="BlendTrans(duration=秒数)">

<meta http-equiv="Page-Exit" content="BlendTrans(duration=秒数)">

说明：

(1)"page-enter"和"page-exit"分别表示进入网页和退出网页。

(2)duration 表示持续时间，单位为秒，范围为 1～30。

(3)transition 表示网页过渡效果的样式，共有 24 种。

二、各种滤镜设置方式

(一)Alpha 滤镜

Alpha 滤镜可以产生颜色透明及渐变的效果，其基本语法如下：

filter:Alpha(opacity=value,style=value)

(二)Blur 滤镜

Blur 滤镜可以产生快速移动的动态模糊效果，其基本语法如下：

filter:Blur(add=value,direction=value,strength=value)

表 6-6　参数说明

参数名称	说 明	参 数 值
add	是否要显示原来的对象	0(不显示)、1(显示)。默认值为 1，即显示原来的对象
direction	动态模糊效果的方向	总单位为 360°，0 代表垂直向上，并以每 45°为一个单位，默认值为 270°
strength	动态模糊效果的大小，表示有多少像素的大小会被影响	以整数来设置，默认值为 5px

其中，参数 direction 用于设定动态模糊效果的方向，总单位为 360°，0 代表垂直向上，并以每 45°为一个单位，而度数以方向定位时，如图 6-27 所示。

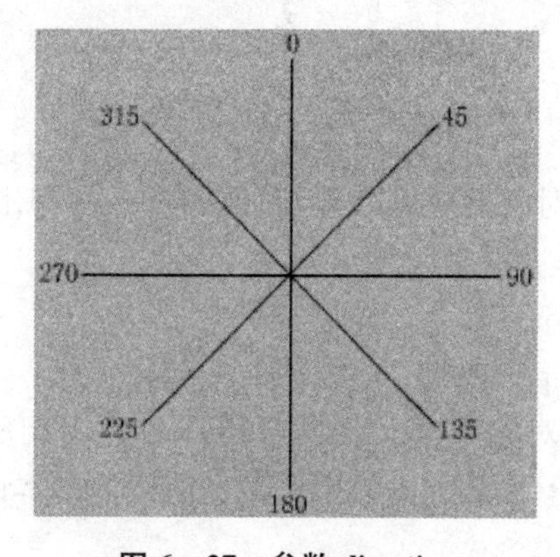

图 6-27　参数 direction

(三)Chroma 滤镜

Chroma 滤镜主要用于指定对象中的某个颜色变为透明效果，其基本语法如下：

filter:Chroma(color=#color)

(四)Shadow 滤镜

Shadow 滤镜除了具备 DropShadow 的阴影效果外，它还多了阴影渐变的特效，其基本语法如下：

filter:Shadow(color=#color,direction=value)

(五)Dropshadow 滤镜

Dropshadow 滤镜用于设置对象产生阴影效果，其基本语法如下：

filter:Dropshadow(color=#value,offx=value,offy=value,positive=value)

(六)Glow 滤镜

Glow 滤镜用于设置对象产生边缘光晕的模糊效果，其基本语法如下：

filter:Glow(color=#value,strength=value)

(七)Wave 滤镜

Wave 滤镜主要用于设置对象产生垂直的波浪效果，其基本语法如下：

filter:Wave(add=value,freq=value,lightstrength=value,phase=value,strength=value)

(八)Xray 滤镜

Xray 滤镜主要用于让对象显示轮廓加亮，有点类似 X 光片的效果，其基本语法如下：

filter:Xray

这个滤镜没有参数。

(九)Gray 滤镜

Gray 滤镜主要用于将对象中的颜色除去，以变成黑白效果，其基本语法如下：

filter:Gray

这个滤镜没有参数。

(十)Invert 滤镜

Invert 滤镜主要用于将颜色的饱和度以及亮度值完全反转，类似底片效果，其基本语法如下：

filter:Invert

这个滤镜没有参数。

(十一)Mask 滤镜

Mask 滤镜主要用于设置对象的屏蔽效果，就像印章一样印出模型的模样，其基本语法如下：

filter:Mask(color=#color)

(十二)FlipH 滤镜和 FLipV 滤镜

FlipH 滤镜主要用于设置对象产生水平翻转 180°，即左右相反的效果；而 FlipV 滤镜是设置对象产生垂直翻转 180°，即上下颠倒的效果。两个滤镜的基本语法如下：

filter:FlipH filter:FlipV

这两个滤镜没有参数。

【应用范例】

6－23.html 为 blurs 动态模糊效果：

CSS 代码：

. blur { font - size: 72px; font - weight: bold; color: #336600;width:350px;

filter:blur(add=true,direction=90,strength=25);}

HTML 代码:<div class="blur">BLUR</div>

6－24.html 为 shadow 阴影效果：

css 代码：

.shadow{font-size:30px;font-family:Arial,Helvetica,sans-serif;

filter:Shadow(Color=red,Direction=125);}

/ * color 投影颜色,direction 投影方向 * /

HTML 代码:<div class="shadow">SHADOW</div>

6－25.html 为 dropshadow 投影效果：

CSS 代码：

.dropshadow{font-size:36px;font-weight:bold;width:350px;color:#f90;

filter:dropshadow(color=gray,offx=15,offy=10,positive=1);}

/ * offx,offy:x,y 方向阴影的偏移量;positive:true 为任何非透明像素建立阴影,false 为透明像素建立阴影 * /

HTML 代码:<div class="dropshadow">dropSHADOW</div>

6－26.html 为 glow 外发光效果：

CSS 代码：

.glow{font-size:36px;font-weight:bold;color:#360;width:350px;

filter:glow(color=blue,strength=8);}

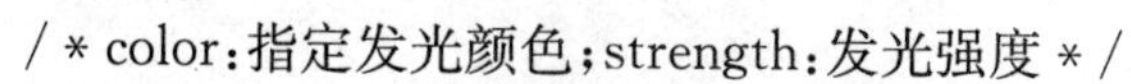

/ * color:指定发光颜色;strength:发光强度 * /

HTML 代码:<div class="glow">glow</div>

6－27.html 为 alpha 透明效果：

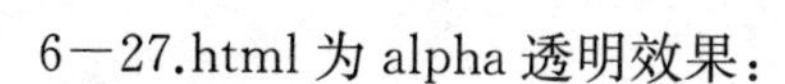

CSS 代码：

body{background:url(bg11.jpg);margin:20px;}

img{border:1px solid #d58000;}

.alpha{filter:alpha(opacity=50);}

HTML 代码:<img src="1.jpg" border="0"> <img src="1.jpg" border="0" class="alpha">

6-28.html 为 alpha 透明从上到下渐变效果：

CSS 代码：

body{background:url(bg11.jpg);margin:20px;}

img{border:1px solid #d58000;}

.alpha{filter:alpha(opacity=0,finishopacity=100,style=1,startx=0,starty=0,finishx=0,finishy=100);}　　/* 从上到下渐变 */

HTML 代码：<img src="2.jpg" border="0"> <img src="2.jpg" border="0" class="alpha">

6-29.html 为 alpha 透明圆形渐变效果：

CSS 代码：

body{background:url(bg11.jpg);margin:10px;}

.alpha1{filter:alpha(opacity=100,finishopacity=0,style=2);

/* 圆形渐变，中间不透明，四周透明 */}

.alpha2{filter:alpha(opacity=0,finishopacity=80,style=2);}

HTML 代码：

<img src="3.jpg">

<img src="3.jpg" class="alpha1">

<img src="3.jpg" class="alpha2">

6-30.html 为 alpha 透明矩形渐变效果：

CSS 代码：

body{background:url(bg11.jpg);margin:10px;}

.alpha1{filter:alpha(opacity=100,finishopacity=0,style=3);/* 矩形渐变，中间不透明，四周透明 */}

.alpha2{filter:alpha(opacity=0,finishopacity=100,style=3);/* 矩形渐变，中间透明，四周不透明 */}

HTML 代码：

<img src="4.jpg">

<img src="4.jpg" class="alpha1">

<img src="4.jpg" class="alpha2">

6-31.html 为 MotionBlur 滤镜效果：

CSS 代码：

body{margin:10px;}

.motionblur{filter:progid:DXImageTransform.Microsoft.MotionBlur(strength=30,direction=90,add=true);/* 水平向右 */}

HTML 代码：

<img src="liuxiang.jpg">

<img src="liuxiang.jpg" class="motionblur">

6－32.html 为 chroma 去色效果：

CSS 代码：

```
body{margin:10px;}
.chroma1{filter:chroma(color=FF6800); /* 去掉金黄色 */}
.chroma2{filter:chroma(color=black); /* 去掉黑色 */}
```

HTML 代码：

```
<img src="tiger.gif">
<img src="tiger.gif" class="chroma1">
<img src="tiger.gif" class="chroma2">
```

6－33.html 为 Flip 翻转效果：

CSS 代码：

```
body{margin:12px;background:#000000;}
.flip1{filter:fliph;}              /* 水平翻转 */
.flip2{filter:flipv;}              /* 竖直翻转 */
.flip3{filter:flipv fliph;}        /* 水平、竖直同时翻转 */
```

HTML 代码：

```
<img src="building4.jpg"><img src="building4.jpg" class="flip1"><br>
<img src="building4.jpg" class="flip2"><img src="building4.jpg" class="flip3">
```

6－34.html 为 Gray 灰度效果：

CSS 代码：

```
body{margin:12px;}
.gray{filter:gray;}                /* 黑白图片 */
```

HTML 代码：

```
<img src="building5.jpg"> <img src="building5.jpg" class="gray">
```

6－35.html 为 Invert 反色效果：

CSS 代码：

```
body{margin:12px;background:#000000;}
.invert{filter:invert;}            /* 底片效果 */
```

HTML 代码：

```
<img src="building6.jpg"> <img src="building6.jpg" class="invert">
```

6－36.html 为 Mask 遮罩效果：

CSS 代码：

```
body{margin:12px;background:#000000;}
.mask{filter:mask(color=#8888FF);}  /* 遮罩效果 */
```

HTML 代码：

```
<img src="muma.gif"> <img src="muma.gif" class="mask">
```

6－37.html 为 X-ray 滤镜效果：

CSS 代码：

```
body{margin:12px;background:#000000;}
.xray{filter:xray;}            /* X 光效果 */
.gray{filter:gray;}            /* 黑白效果 */
```

HTML 代码：

```
<img src="building7.jpg"> 
<img src="building7.jpg" class="xray"> 
<img src="building7.jpg" class="gray">
```

6－38.html 为 Wave 波浪效果：

CSS 代码：

```
body{margin:12px;background-color:#e4f1ff;}
span{font-family:Arial,Helvetica,sans-serif;height:100px; font-size:80px;font-weight:bold;color:#50a6ff;}
span.wave1{filter:wave(add=0,freq=2,lightstrength=70,phase=75,strength=4);}
span.wave2{filter:wave(add=0,freq=4,lightstrength=20,phase=25,strength=5);}
span.wave3{filter:wave(add=1,freq=4,lightstrength=60,phase=0,strength=6);}
```

HTML 代码：

```
<span class="wave1">波浪 Wave</span>
<span class="wave2">波浪 Wave</span>
<span class="wave3">波浪 Wave</span>
```

6－39.html 为多滤镜效果同时应用：

CSS 代码：

```
body{margin:12px;background:#000000;}
.three{filter:flipv alpha(opacity=80)wave(add=0,freq=15,lightstrength=30,phase=0,strength=4);}        /* 同时使用三个滤镜：竖直翻转、透明、波浪效果 */
```

HTML 代码：

```
<img src="lotus.jpg"><br><img src="lotus.jpg" class="three">
```

【知识拓展】

浮动与定位应用方法

浮动与定位是利用 CSS 进行网页布局的基础，功能非常强大，只需利用 div、float、position 即可完全替代传统的表格布局方式并提供更多的控制选项。利用 CSS 布局，可精确控制每个网页元素的位置和大小。

一、浮动(float)

可以把浮动元素看作处于一个单独的层，不属于正常的文档流。Float属性值有：left、right、none、inherit。可以应用于任何标签。例如，＜img src＝"1.gif" style＝"float：left；"＞会把1.gif图像浮动到左边，其后面的文本将从图像的右边和下边显示。当一个网页包含多个浮动元素时，可能会造成重叠，这时可使用clear属性，如h1{clear：both；}，阻止任何浮动元素覆盖h1元素。

二、定位(position)

定位的含义很简单，即表明元素框的显示位置在哪里。一般有四种定位方式：

(1)static，静态定位。元素框按正常方式显示。对于块级元素，其元素框属于正常文档流；对于内联级元素，其元素框显示在包含它的块中。

(2)relative，相对定位。元素框被偏移一定的距离，元素保持其原有形状和所占空间。

(3)absolute，绝对定位。元素框不属于正常文档流，其定位的基准是包含它的块。元素框在正常文档流中的占用空间被关闭，好像该元素不存在一样。无论该元素本身是块级还是内联级，都会产生块级元素框。

(4)fixed，固定定位。除了包含它的元素只能为视口(浏览器的窗口)外，其他表现和absolute一样。利用此属性可以产生类似frame的效果。

【课后专业测评】

任务背景：

张萍同学正在为自己设计网站，她已经勾画完草图并选择了网页的主色调，接下来要做的事情是应用CSS布局页面元素。

任务要求：

编写一个HTML页面，应用CSS布局页面各个元素，并增加滤镜效果。

技术要领：

通过CSS设置网页各个元素的方法；完成网页布局设计。

解决问题：

1. CSS设置网页背景的方法；
2. CSS文本编辑的方法；
3. CSS控制图片样式的方法；
4. CSS控制列表样式的方法；
5. CSS表格和表单效果的方法；
6. CSS滤镜应用的方法。

应用领域：

个人网站；企业网站。

项目 7　CSS 定位与 DIV 布局

【课程专业能力】

1. 掌握元素定位方式，并能熟练运用。
2. 掌握 CSS+DIV 布局的实际应用方法。

【课前项目直击】

在网页设计中能否控制好各个模块在页面中的位置是非常关键的。在前面的项目中，已经对 CSS 的基本应用有了一定的了解，本项目在此基础上将对 CSS 定位做详细的介绍，同时介绍 div 标签与 span 标签，以及使用 CSS+DIV 对页面元素进行定位的方法，并分析 CSS 排版中的盒子模型。

随着 Web 标准的逐渐普及，许多网站已经开始重构。采用 DIV 布局，结合使用 CSS 样式表制作网页的技术正在形成业界的标准，大到各门户网站，小到不计其数的个人网站，在 DIV+CSS 标准化的影响下，网页设计人员已经把这一要求作为行业标准，如图 7－1 所示。

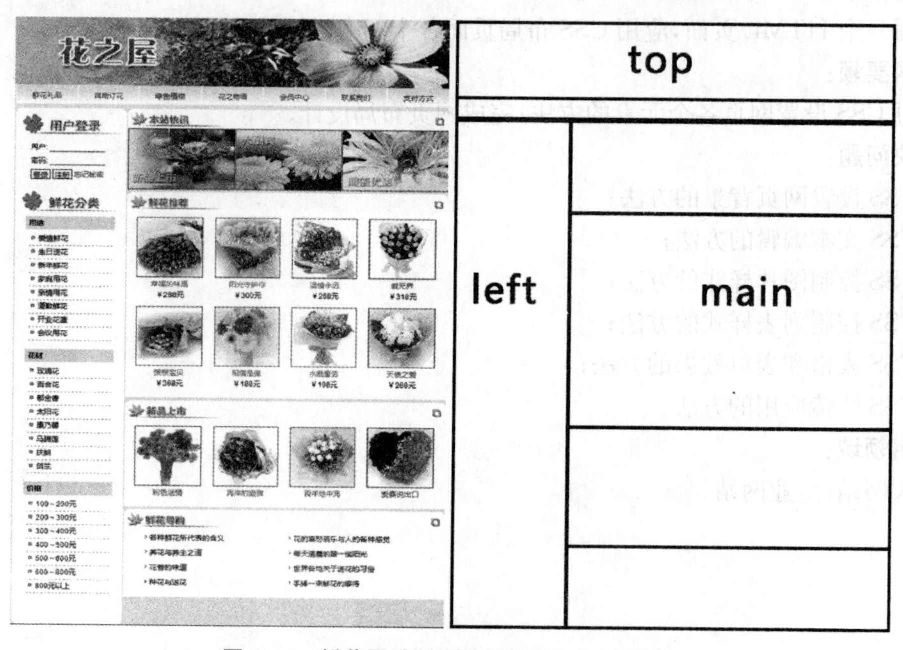

图 7－1　鲜花网站页面效果图与 DIV 布局图

任务1 元素的定位

之前的章节我们学习了CSS的选择器以及对网页中不同元素的控制方法，如图片、表单元素、表格等。通过学习HTML，我们知道所有的HTML标签可以分为“行内元素”和“块级元素”。DIV是网站目前主要的布局方法，因其结构简单、易控制、页面下载速度快等特点，成为网页设计师最喜爱的布局工具。

盒子模型和定位是本章的重点内容，所有页面中的元素都可以看成是一个盒子，占据大部分页面空间，也可以说一个页面是由很多个盒子组成的，这些盒子相互之间彼此影响，所以必须先了解每个盒子的属性特点，再去理解多个盒子之间的关系。

定位是本章节的重点内容，主要讲解盒子的相对定位、绝对定位、浮动定位的方法和应用技巧。

一、div标签与span标签

<div>(division)简单而言就是一个区块容器，即<div></div>之间相当于一个容器，可以容纳段落、标题、图片、表格，也可以再嵌套<div>。<div>类似于一个表格的单元格，但是比<td>单元格要灵活和强大得多，也比表格的代码简单得多。例如，创建一个一行一列的单元格需要由以下代码实现：

```
<table>
  <tr><td></td></tr>
</table>
```

而用div来创建只需要输入一对<div></div>标签即可。

div盒子默认的高度可以由插入的内容来决定。例如，插入高80px的图片，那么盒子的高度会自适应为80px，宽度默认为100%。这点非常重要，也就是说，div盒子的宽度可以随父级或浏览器容器的变化而变化。当然，也可以通过CSS来设置具体的宽高。

下面举一个简单的例子，代码如下：

```
<html xmlns="http://www.w3.org/1999/xhtml">
<head>
<meta http-equiv="Content-Type" content="text/html; charset=utf-8" />
<title>div标签</title>
<style type="text/css">
div{
  width:300px;                    /*宽度*/
  height:120px;                   /*高度*/
  background:#666666;             /*背景颜色*/
  color:#FFFFFF;                  /*文本颜色*/
  font-size:24px;                 /*文本字号*/
  text-align:center;              /*居中对齐方式*/
  font-weight:bold;               /*粗体*/
  }
```

```
</style>
</head>
<body>
<div>一个简单的 div 标签</div>
</body>
</html>
```

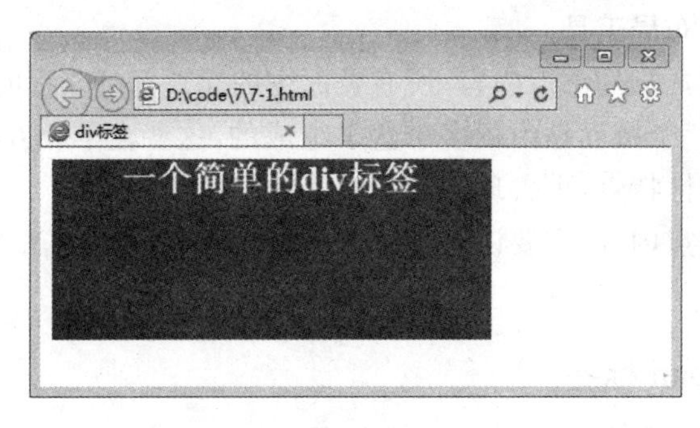

图 7—2

通过 CSS 设置对<div>的控制，制作一个宽 300 像素、高 120 像素的灰色盒子，并对文字进行白色、粗体、24 像素的设置。

<span>标签与<div>标签一样，同样作为容器被网页设计师广泛使用。在<span></span>之间同样可以插入各种 HTML 元素，很多时候把 CSS 和 HTML 代码中的“div”换成“span”，可以得到同样的效果。

<div>与<span>的区别在于，<div>是一个块级元素，块级元素会自动换行；而<span>是行内元素，不会自动换行，<span>不会影响结构，纯粹是应用样式。

7—2.html 中表现了<div>与<span>的区别。

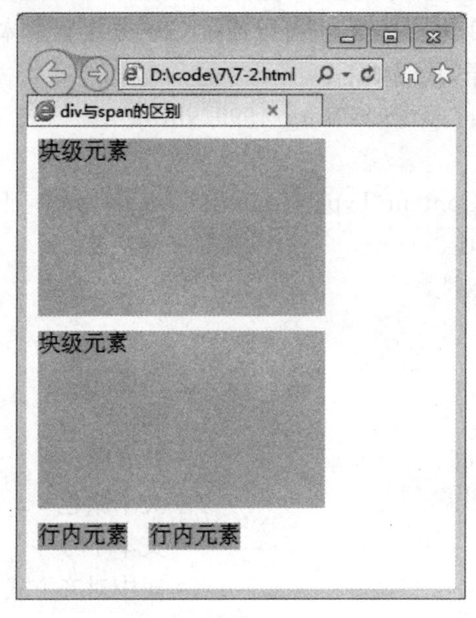

图 7—3

<span>标签可以包含于<div>标签中，成为子级元素，但<span>标签不可以包含<div>标签。<div><span></span></div>是正确的做法，而<span><div></div></span>是错误的做法。

二、盒子模型

在网页中，可以把任何一个HTML元素看成是一个盒子，但是行内元素不可以直接设置宽高属性，必须转换成块级元素，需要添加display:block;语句。因此，整个网页可看成是多个盒子的组合，并且盒子与盒子之间相互影响。了解盒子模型对整个网页的布局有重大影响，首先我们从单个盒子的内部结构开始讲解，之后再去分解例子与盒子之间的关系。

在学习盒子模型之前先看图7—4。在一面墙上挂着四幅相框，两行两列整齐排放。相框一般由边框、留白、照片内容组成。每个相框都有一个“边框”(border)。边框与照片之间的距离称为“内边距”(padding)。每个相框与相框之间的距离称为“外边距”(margin)。照片本身称为“内容”(content)。

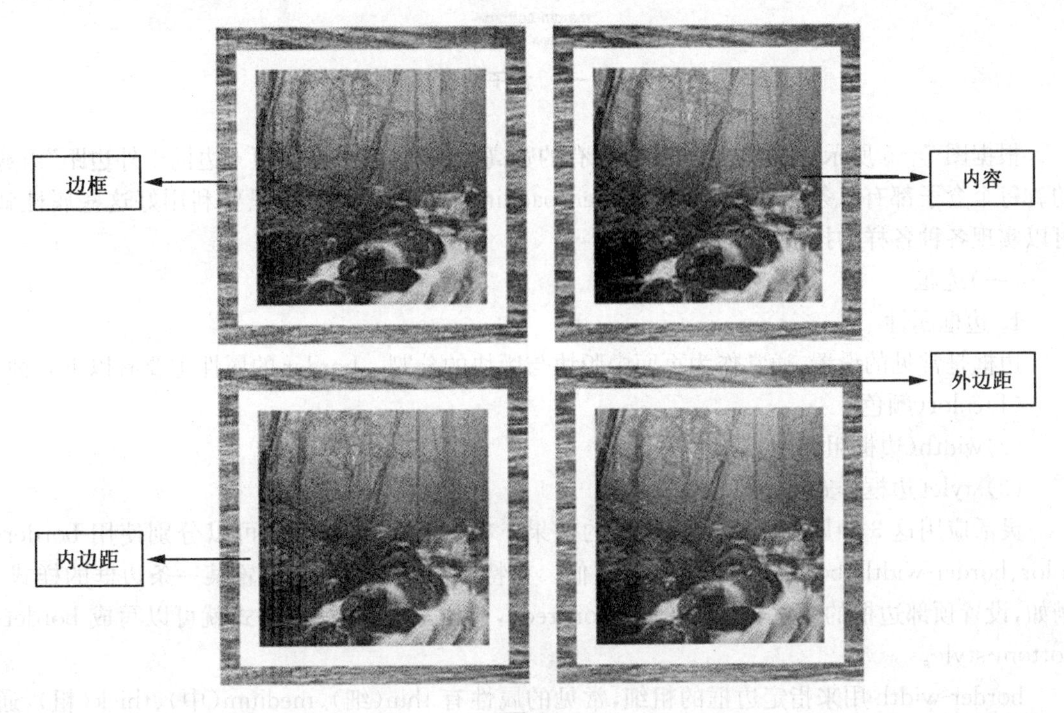

图7—4

在网页制作中会出现大量的盒子，通常称为“box”，盒子与盒子之间还可以嵌套，为了能够使复杂的盒子关系合理地进行排版，网页设计者总结了一套完整的、行之有效的原则和规则，这就是“盒子”模型。

在CSS中一个完整的盒子是由以下四个部分组合而成：

(1)content(内容)；

(2)padding(内边距)；

(3)border(边框)；

(4)margin(外边距)。

盒子模型如图 7—5 所示。

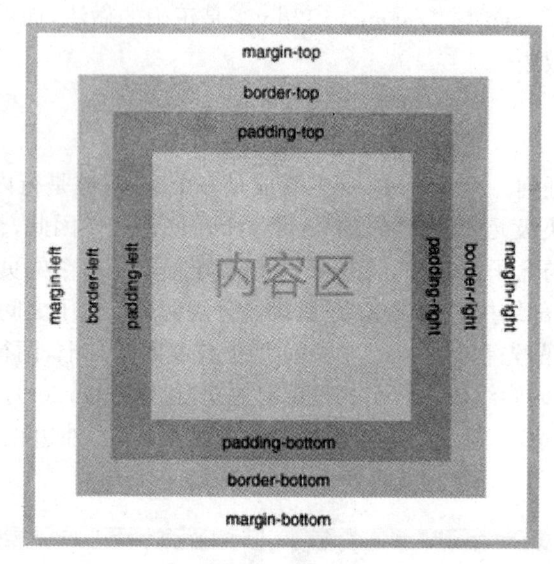

图 7—5　盒子模型

根据图 7—5 所示，一个盒子实际所占有的宽高是由“内容＋内边距＋边框＋外边距”组成的。每个盒子都有 4 条边，有各自的 border、padding、margin。因此，只要利用好这些属性就可以实现各种各样的排版效果。

（一）边框

1. 边框属性

边框是常见的设置，通常作为页面中版块与版块的分割。border 的属性主要有以下 3 种：

（1）color（颜色）

（2）width（边框粗细）

（3）style（边框样式）

灵活应用这 3 种属性可以达到良好的效果。在 CSS 设置的时候可以分别使用 border-color、border-width、border-style 来设置它们。在特殊情况下还可以设置某一条边框的样式。例如，设置顶部边框的颜色 border-top-color：red；，同样，底部边框的样式就可以写成 border-bottom-style。

border-width 用来指定边框的粗细，常见的属性有 thin（细）、medium（中）、thick（粗），通常在制作过程中用像素表示，如 border-width：1px；（1 像素边框）。

border-style 的属性较多，分别是：

（1）none（无）清除边框；

（2）hidden（隐藏）效果同上；

（3）dotted（点划线）；

（4）dashed（虚线）；

（5）solid（实线）；

（6）double（双线）；

（7）groove（槽状）；

（8）ridge（脊状）；

(9)inset(凹陷);

(10)outset(凸出)。

7—3.html 为所有线条样式,如图 7—6 所示。其中,none、solid、dashed 较为常用。

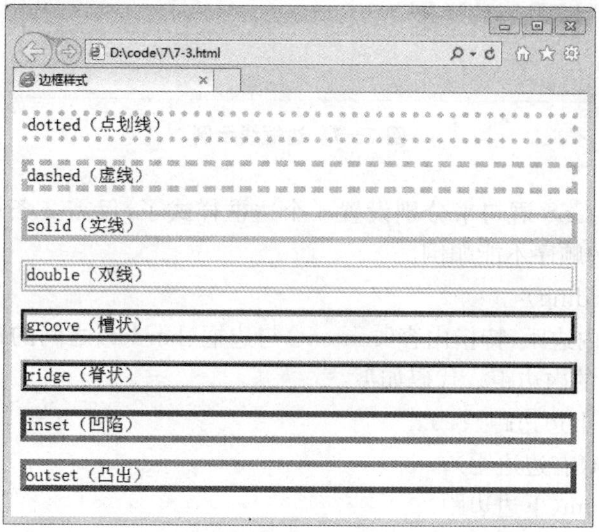

图 7—6　线条样式

2. 对一条边框设置与其他边框不同的属性

在特殊情况下需要单独将一条边框设置成与其他边框不同的样式。基本思路是先整体设置所有边框样式,然后单独对特殊边框设置属性,如 7—4.html,源代码为:

```
<html xmlns="http://www.w3.org/1999/xhtml">
<head>
<meta http-equiv="Content-Type" content="text/html; charset=gb2312" />
<title>不同的边框线设置方法</title>
<style type="text/css">
p{
border:3px solid #666666;                    /*整体边框样式*/
border-bottom-color:#FF0000;                 /*底部边框样式*/
padding:10px;                                /*内边距*/
}
</style>
</head>
<body>
<p>不同的边框线设置方法</p>
</body>
</html>
```

```
border:3px solid #666666;
border-bottom-color:#FF0000;
```

第 1 行是将整体边框设置为 3 像素灰色实线;第 2 行表示将底部边框设置为 3 像素红色。

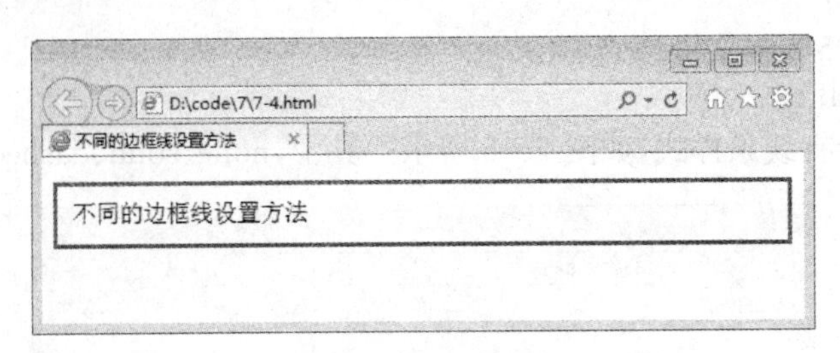

图 7—7　边框线示例

这样就不需要用 4 条 CSS 语句来分别设置 4 个边框样式了，仅需 2 条规则。特别要注意的是，第 1 行和第 2 行的顺序不能颠倒。

(二)内边距(padding)

padding，又称为内边距，特指内容(content)与边框(border)之间的距离。在 CSS 中也可以单独设置每一条边的内边距。代码如下：

(1)padding-top(上边边距)；

(2)padding-right(右边边距)；

(3)padding-bottom(下边边距)；

(4)padding-left(左边边距)。

给图片添加边框常因图片颜色和边框颜色相似导致边框不明显或是整体外观样式不美观，当给图片添加 padding 属性后可以增加图片与边框之间的距离，就可解决上述问题。

```
<img src="img.jpg" style="border:1px solid #cccccc;padding:10px;"/>
```

7—5.html 效果如图 7—8 所示。

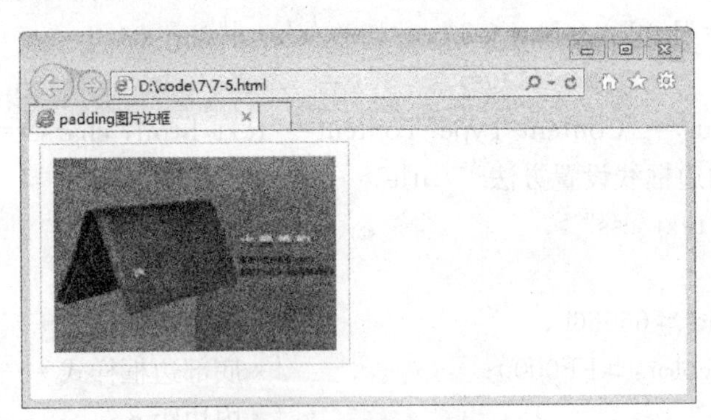

图 7—8　图片边框示例

(三)外边距(margin)

外边距 margin 指的是盒子与盒子之间的距离，在前文中提到任意一个 HTML 元素都可能看成是一个盒子，但还有一个非常特殊的盒子就是<body>。在默认情况下<body>会有一定像素的 margin，所以每次新建的 HTML 文档插入的元素不能贴紧浏览器窗口边框。要清除<body> 的边框，只需要创建以下 CSS 代码即可：

```
body{margin:0px;}
```

margin 用法同 padding 一样，下面就结合 padding 和 margin 制作一个案例，效果如图 7—9 所示。

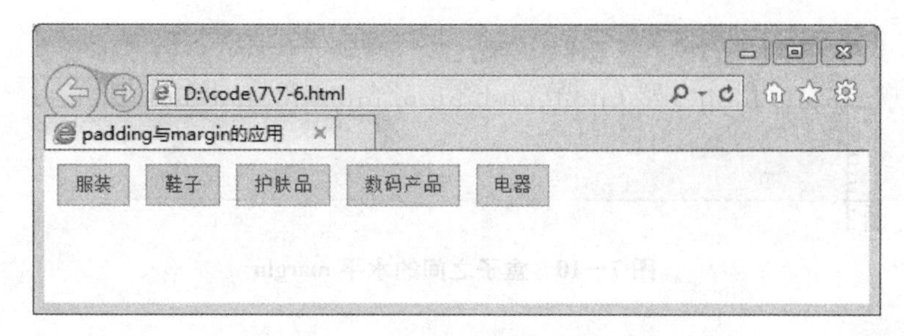

图 7－9 padding 与 margin 的应用

7－6.html 代码如下：

```
<html xmlns="http://www.w3.org/1999/xhtml">
<head>
  <meta http-equiv="Content-Type" content="text/html; charset=gb2312" />
  <title>padding与margin的应用</title>
  <style type="text/css">
    a{
    display:block;                    /*转换为块级元素*/
    float:left;                       /*浮动左对齐*/
    padding:5px 10px;                 /*上下5px左右10px内边距*/
    margin-right:10px;                /*右边边距10像素*/
    text-decoration:none;             /*清除链接下划线*/
    font-size:12px;                   /*文本字号*/
    background:#FFCCCC;               /*背景颜色*/
    border:1px solid #FF9900;         /*边框样式*/
    color:#ff0000;                    /*文本颜色*/
    }
  </style>
</head>
<body>
  <a href="#">服装</a><a href="#">鞋子</a><a href="#">护肤品</a><a href="#">数码产品</a><a href="#">电器</a>
</body>
</html>
```

因为<a>是行内元素，所以转换为块级元素，转换为块级元素后所有超级链接垂直排列，浮动左对齐可以让所有超级链接变成水平排列，这是超级链接制作的最基本的设置。

1. 盒子之间的水平 margin

在网页布局的时候经常出现两个行内元素或块级元素水平排列的情况，那么此时两个盒子之间的 margin 是如何计算的呢？先来看图 7－10。

7－7.html 案例代码如下：

```
<html xmlns="http://www.w3.org/1999/xhtml">
```

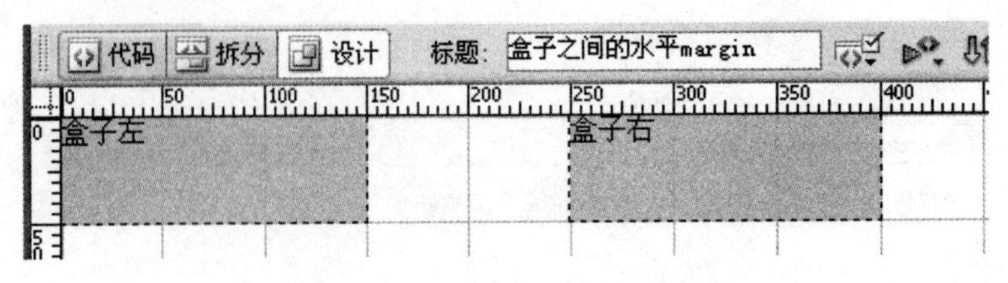

图 7－10 盒子之间的水平 margin

```
<head>
  <meta http-equiv="Content-Type" content="text/html; charset=gb2312" />
  <title>盒子之间的水平 margin</title>
  <style type="text/css">
    body{margin:0px;}                    /*清除页面边距*/
    span                                 /*统一设置行内元素*/
    {font-size:14px;
    display:block;                       /*转换为块级元素*/
    float:left;                          /*浮动水平排列*/
    width:150px;
    height:50px;
    background:#CCCCCC;
    }
  .left{margin-right:50px;}              /*单独定义左盒子的右边距*/
  .right{margin-left:50px;}              /*单独定义右盒子的左边距*/
  </style>
</head>
<body>
  <span class="left">盒子左</span><span class="right">盒子右</span>
</body>
</html>
```

当两个盒子水平排列的时候，它们之间的间距等于左边盒子的右边距加上右边盒子的左边距。在本案例中通过图中的网格线也可以清除看出两个盒子之间的间距为 50＋50＝100px。

2. 盒子之间的垂直 margin

从案例 7－7.html 中得知，当两个盒子水平排列时间距是相加的，但是当两个盒子垂直排列时就不是 margin-bottom 与 margin-top 相加了，而是取最大值，如图 7－11 所示。

7－8.html 代码如下：

```
<html xmlns="http://www.w3.org/1999/xhtml">
<head>
<meta http-equiv="Content-Type" content="text/html; charset=gb2312" />
<title>盒子之间的垂直 margin</title>
<style type="text/css">
```

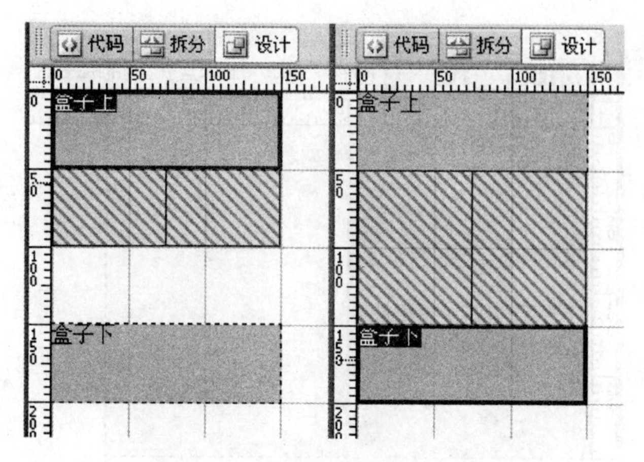

图 7—11　盒子之间的垂直 margin

```
body{margin:0px;}
div{font-size:14px;
width:150px;
height:50px;
background:#CCCCCC;
}
.top{margin-bottom:50px;}
.bot{margin-top:100px;}
</style>
</head>
<body>
<div class="top">盒子上</div><div class="bot">盒子下</div>
</body>
</html>
```

这种现象称为“塌陷”，数值小的就会塌陷到数值大的 margin 中，简单理解为取最大值最方便记忆。

3. 嵌套盒子之间的 margin

以上分别说明了水平排列与垂直排列时盒子的 margin 关系，在实际的网页制作过程中还有另一种关系，即盒子与盒子的嵌套。

当一个<div>去年包含另一个<div>时就形成了父子关系，也就是嵌套。那么，在这种情况下父子之间的 margin 又是如何计算的呢？首先来看图 7—12。

7—9.html 代码如下：

```
<html xmlns="http://www.w3.org/1999/xhtml">
<head>
  <meta http-equiv="Content-Type" content="text/html; charset=gb2312" />
  <title>嵌套盒子之间的 margin</title>
  <style type="text/css">
```

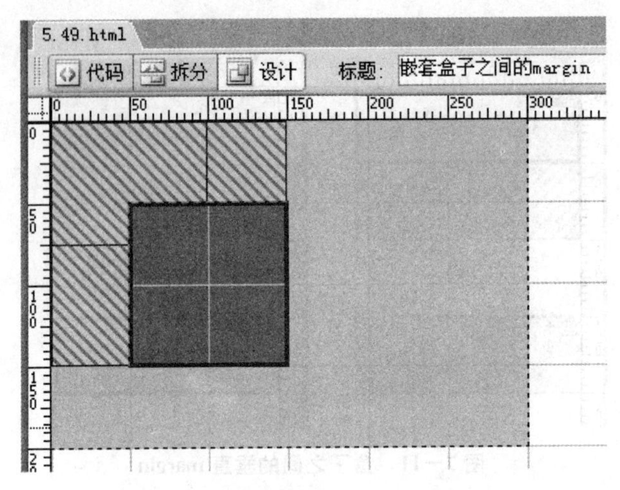

图 7－12 嵌套盒子之间的 margin(一)

```
    body{margin:0px;}
    .father{
    width:300px;
    height:200px;
    background:#CCCCCC;
    }
    .son{
    width:100px;
    height:100px;
    background:#666666;
    margin-top:50px;
    margin-left:50px;
    }
  </style>
</head>
<body>
  <div class="father">
    <div class="son"></div>
  </div>
</body>
</html>
```

从图 7－12 中可以看到子级盒子距离父级盒子的顶边和左边各有 50 像素间距，看上去好像 margin 的参照对象就是父级的边框，其实不是这样。再看图 7－13。

图中阴影部分为父级盒子的 padding，浅灰色是父级盒子的 content，深灰色为子级盒子。因此，从此图中可以看出子级盒子的 margin 是以父级的 content 为参考，而不是 border。

(四)代码的简写

在 Dreamweaver 软件中提供了 CSS 样式面板，通过对面板中选项的设定，可以设置 CSS

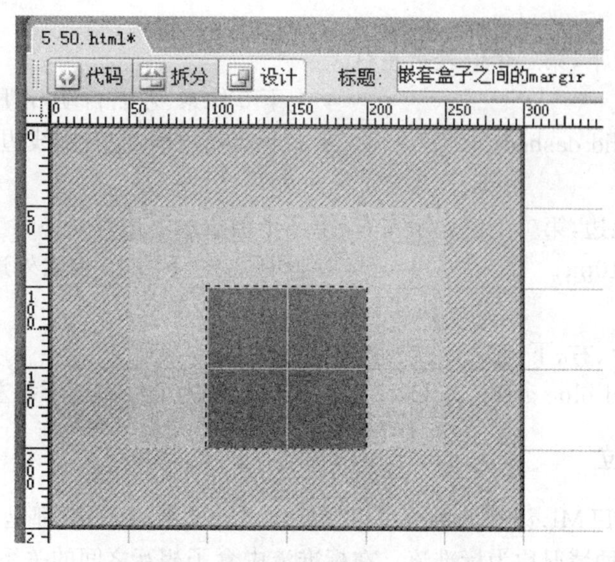

图 7—13　嵌套盒子之间的 margin(二)

样式属性，但是在很多情况下生成的代码过于繁杂，增加文件体积，不利于维护修改，影响页面下载速度。

例如，在做边框设定时，如果有一条边的样式与其他边框不一样，软件会自动生成如下代码：

```
border-top-width:1px;
border-right-width:1px;
border-bottom-width:1px;
border-left-width:1px;
border-top-style:solid;
border-right-style:solid;
border-bottom-style:dashed;
border-left-style: solid;
border-top-color: #000000;
border-right-color: #000000;
border-bottom-color: #FF0000;
border-left-color: #000000;
```

从上面代码片段可以看出，软件分别设置边框的四条边的三个属性，所以总共出现12行代码。其实只需要以下两行代码即可解决：

```
border:1px solid #000;
border-bottom:1px dashed #f00;
```

下面就详细地分析代码的简写规则。

(1)1个属性值：

1个属性值表示四边。

```
padding:10px;                    /*四边都有10像素内边距*/
border-width:1px;                /*四边都是1像素宽*/
```

(2)2 个属性值:

第一个值表示上下,第二个值表示左右。

```
margin:0 auto;                          /* 上下0像素,左右自动,常用版块居中设置 */
border-style:solid dashed;              /* 上下实线边框,左右虚线边框 */
```

(3)3 个属性值

第一个值表示上边,第二个值表示左右,第三个值表示下边。

```
margin:0 auto 10px;                     /* 居中显示,下边10像素外边距 */
```

(4)4 个属性值

按顺时针方向上、右、下、左。

```
border-color:red blue green yellow;    /* 边框颜色为上红右蓝下绿左黄 */
```

三、元素的定位

在默认情况下 HTML 语言的结构可以反映出页面的结构,一般都是按输入的 HTML 语言自上而下排列,这种情况称为标准流。在标准流中盒子相互之间的关系很简单,但是如果全是按标准流的方式排版,那么就只有几种排版可能性。如果要实现丰富的布局效果,就涉及 CSS 中 float 和 position 两个属性。

(一)盒子的浮动

在标准流中,块级元素会在水平方向伸展到父级的边界,块级元素的默认宽度是 100%,而在垂直方向则是按 HTML 代码顺序依次排列。如果对一个盒子添加“浮动”属性,将会发生很大的变化,被浮动的盒子会脱离标准流,浮动在其他层的上方,类似于 photoshop 中图层 2 浮动在图层 1 的上方。浮动起来的盒子不再自动伸展,而是根据内容的宽度来决定其宽度,也可以用 CSS 重定义宽度。

下面就用一系列案例来说明浮动盒子的定位特点。

(二)创建基本代码片段

```
<html xmlns="http://www.w3.org/1999/xhtml">
<head>
  <meta http-equiv="Content-Type" content="text/html; charset=gb2312" />
  <title>浮动盒子基本代码</title>
  <style type="text/css">
    body{margin:20px;font-size:12px;}
    .content{padding:10px;border:1px solid #333333;}
    /*对3个子级盒子做统一设置*/
    .content div{padding:10px;margin:10px;border:1px dashed #666666;background:#DFDFDF;}
    .content p{background:#cccccc;}
  </style>
</head>
<body>
  <div class="content">
    <div class="box1">box1</div>
```

```
    <div class="box2">box2</div>
    <div class="box3">box3</div>
    <p>在标准流中，块级元素会在水平方向伸展到父级的边界，块级元素的默认宽度
是100%，而在垂直方向则是按HTML代码顺序依次排列。如果对一个盒子添加“浮动”
属性，将会发生很大的变化，被浮动的盒子会脱离标准流，浮动在其他层的上方，类似于
photoshop中图层2浮动在图层1的上方。浮动起来的盒子不再自动伸展，而是根据内
容的宽度来决定其宽度，也可以用CSS重定义宽度。</p>
  </div>
</body>
</html>
```

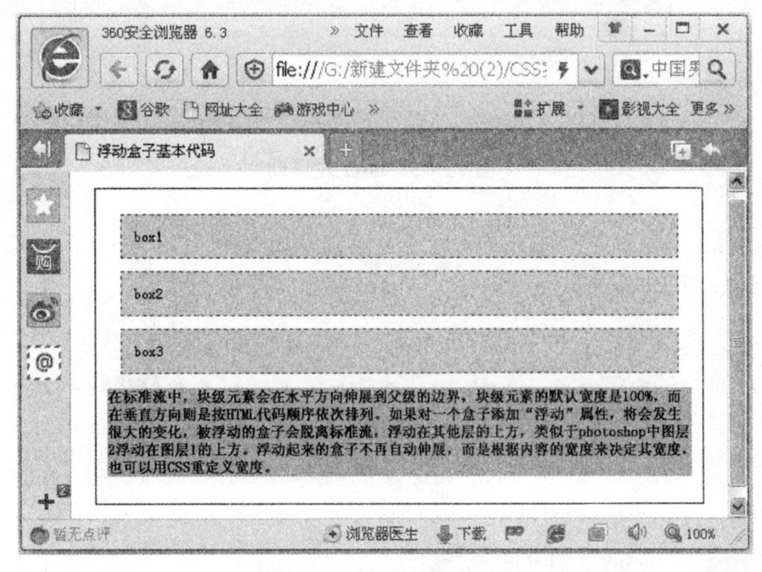

图7－14　浮动盒子示例

.content为最外面的父级盒子，.box1、.box2、.box3为三个子级盒子，还有一个段落文本<p>。通过图7－14可以看出，所有子集盒子都是按HTML代码的先后顺序自然排列，这就是标准流。接下来通过一系列实验来体会浮动盒子的特性。

（三）设置box1左浮动

在原先的CSS代码中新增代码：

```
.box1{float:left;}/*盒子1浮动左对齐*/
```

效果如图7－15所示。

如图7－15所示，此时box1的宽高为盒子内文本内容的宽高加上原先设置的内边距的数值，并且浮动在box2盒子的上方，与box2共用一个左边框，box2占据了原先box1的位置，而文本内容会围绕box1排列。

按照这样的理论，如果把box2也设置为浮动左对齐，那么box3将会占据原先box2的位置，并且box3的文本内容围绕box2排列。下面测试一下。

（四）设置box2左浮动

在上面的代码片段中再加入新的代码：

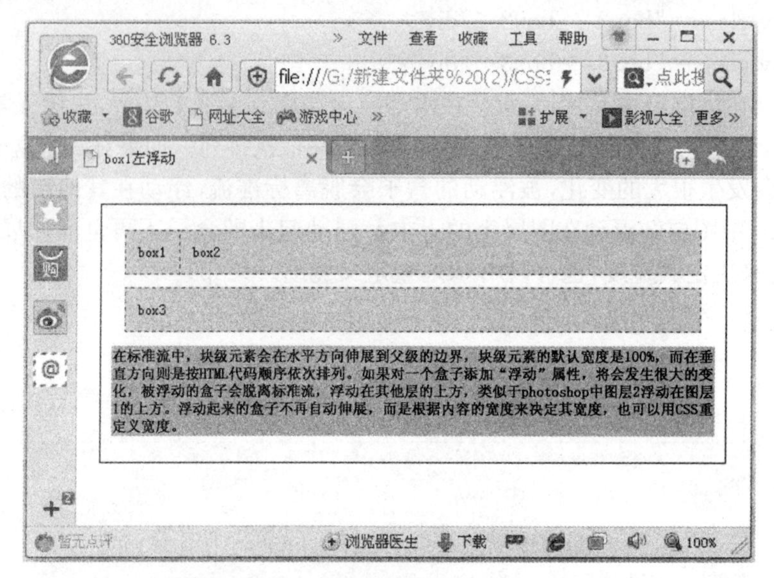

图 7—15 box1 左浮动

.box2{float:left;}　　　　　　/ * 盒子 2 浮动左对齐 * /

现在的效果如图 7—16 所示。

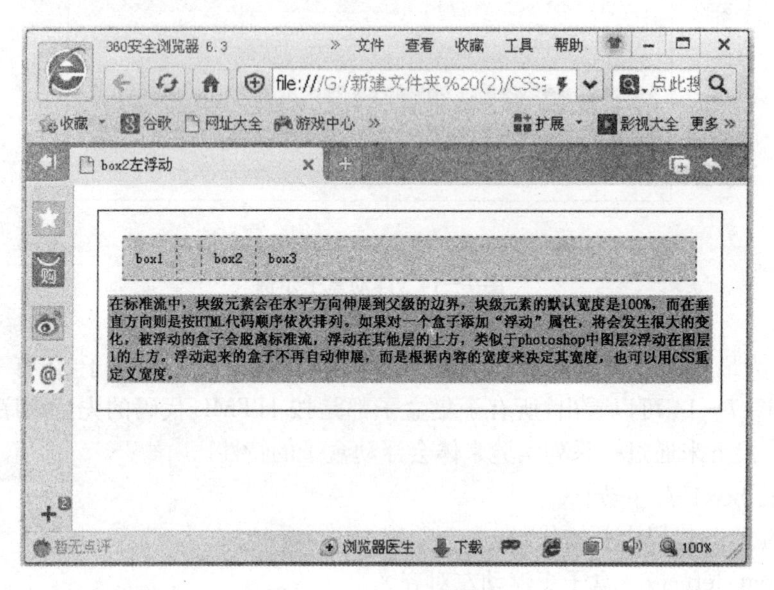

图 7—16 box2 左浮动

结果正如上面推测的一样，box3 占据了原先的 box2 的位置，文本内容以 box2 围绕排列。那么，把 box3 浮动左对齐会产生什么样的效果呢？

(五)设置 box3 左浮动

在上面的代码片段中再加入新的代码：

.box3{float:left;}　　　　　　/ * 盒子 3 浮动左对齐 * /

现在的效果如图 7—17 所示。

此时看到 box1、box2、box3 都浮动在段落＜p＞的上方，段落文本围绕排列。

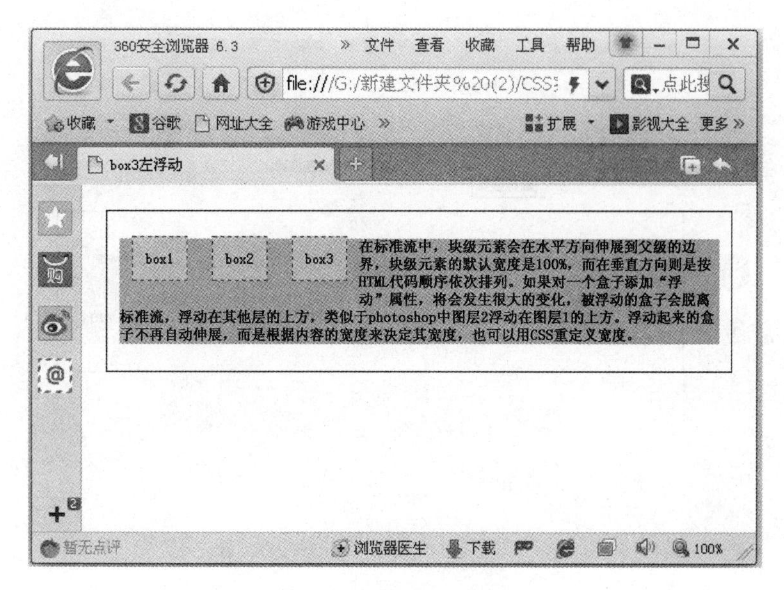

图 7－17　box3 左浮动

（六）*设置 box3 右浮动*

将 CSS 代码中的.box3{float:left;}改为 right 即可。效果如图 7－18 所示。

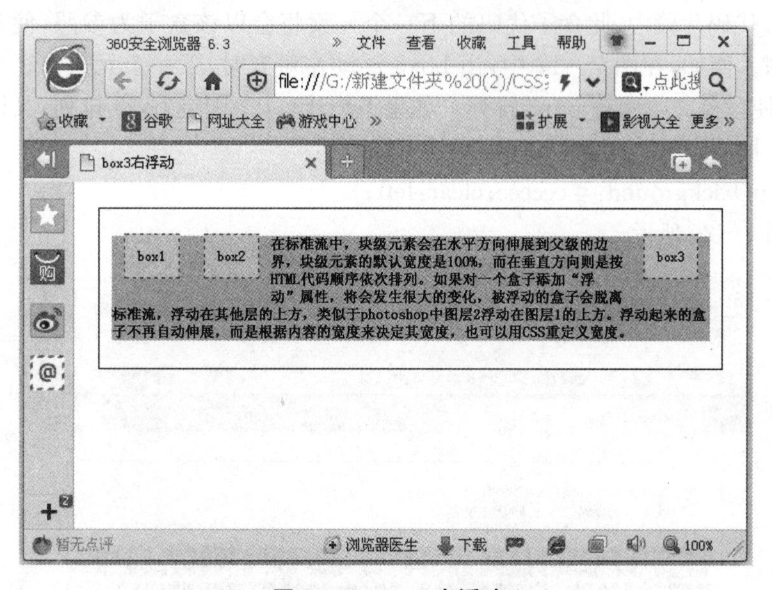

图 7－18　box3 右浮动

这时，当缩放浏览器窗口的时候，box2 和 box3 之间的距离会相应地增大或缩小，而段落文本会自动布满剩余空间。

（七）*设置 box2 右浮动和 box3 左浮动*

通过图 7－19 可以观察到 box2 和 box3 的位置发生了互换，而 HTML 代码并没有发生任何变化。这点可以提示我们，可以利用 CSS 实现不对 HTML 做任何更改就可以调整页面版式。从 SEO 的角度考虑，这是一个很好的做法，因为这样就可以把重要的内容放在页面的前面先显示出来，从而有利于网页的排名。

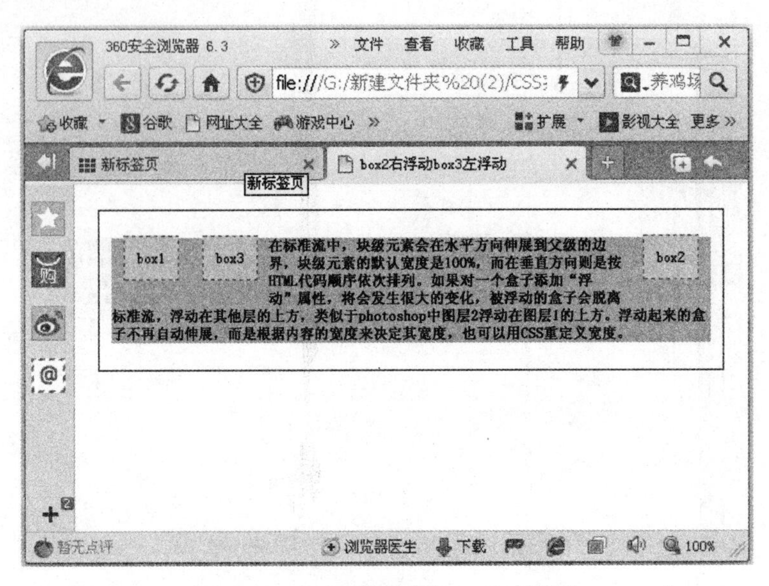

图 7－19 box2 右浮动和 box3 左浮动

(八)清除盒子的浮动

浮动的盒子会影响下一个 HTML 元素的排版，可以理解为当一个盒子被赋予浮动属性后，在 HTML 代码片段中，此盒子代码的下一个元素将会以该盒子为参照，使其内容围绕上一个盒子排列。例如，在图 7－17 中，当 box3 浮动左对齐时，下一个元素<P>将会以 box3 为参照，从而使段落文本围绕 box3 排列。如果不想让<P>围绕 box3 排列，又该怎么做呢?

在案例中把原先的.content p 规则做如下修改：

.content p{background：#cccccc；clear：left；}

效果如图 7－20 所示。

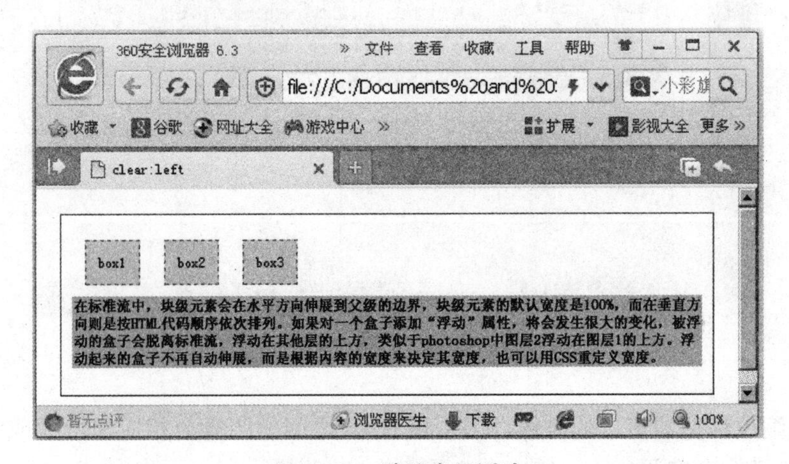

图 7－20 清除盒子浮动

关于 clear 属性的两点说明。

(1)clear 属性可设置为 right 和 left，还可设置为 both，表示同时消除左、右两边的浮动影响。

(2)关于 clear 的使用误解。很多新手喜欢在赋予 float 属性的盒子上添加 clear 属性，这是错误的做法。应该把 clear 属性设置在被影响的盒子里，例如，盒子 A 浮动导致盒子 B 中的文本围绕盒子 A 排列，就应该把 clear 属性设置在盒子 B 中，用以清除盒子 A 对盒子 B 的影响。

（九）float 浮动定位法

浮动属性可以使盒子在标准流中改变原来的位置，再配合 margin 等属性可以实现简单的布局。在网页布局中，常见的多个水平并排排列的盒子都可以使用浮动定位法来实现，如图 7－21所示的产品展示版块。

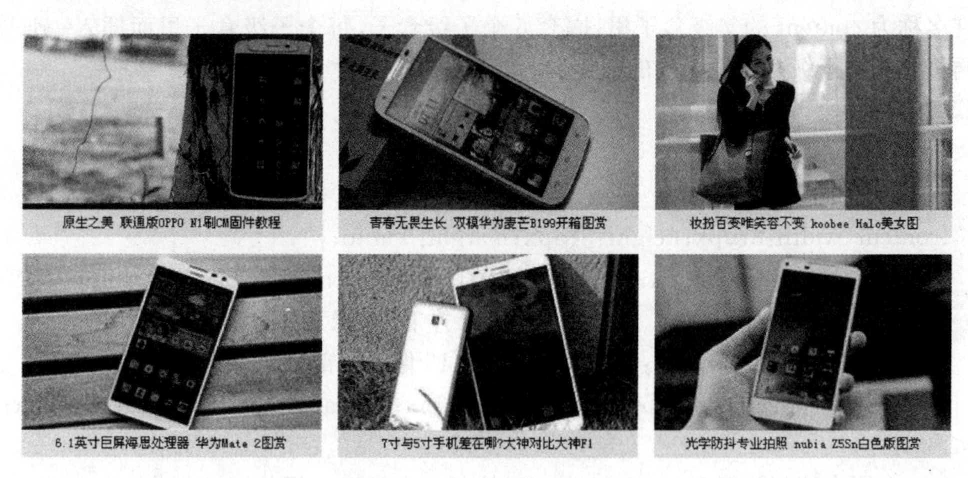

图 7－21 产品展示版块

案例分析：从图 7－21 中可以看出总共有 6 个产品，也就是 6 个盒子，看上去是两行排列。其实大可不必用两个盒子并且每个盒子里嵌套三个盒子的做法。这里可以做个实验，在一个宽 300px 的盒子里连续插入 6 个宽 100px 的图片，看结果是不是图片自动换行变成 2 行 3 列的排版。

创建基本 HTML 代码片段：

```
<body>
<div class="content">
  <div class="mar_b15"><img src="pic1.jpg" />
    <div>联通版 OPPO</div>
  </div>
  <div class="mar15 mar_b15"><img src="pic2.jpg" />
    <div>联通版 OPPO</div>
  </div>
  <div class="mar_b15"><img src="pic3.jpg" />
    <div>联通版 OPPO</div>
  </div>
  <div><img src="pic4.jpg" />
    <div>联通版 OPPO</div>
  </div>
  <div class="mar15"><img src="pic5.jpg" />
```

```
    <div>联通版 OPPO</div>
  </div>
  <div><img src="pic6.jpg" />
    <div>联通版 OPPO</div>
  </div>
</div>
</body>
```

在名称为.content 的父级盒子里，嵌套 6 个子级盒子，每个子级盒子里面插入一张图片，并且再嵌套一个子级盒子做图片的文字说明。

CSS 代码片段：

```
<style type="text/css">
  /*版块居中对齐*/
  .content{width:870px;height:385px;margin:0 auto;}
  .content div{width:280px;height:185px;float:left;background:#f0f0f0;}
  .mar15{margin:0 15px;}               /*左右 15 像素外边距*/
  .mar_b15{margin-bottom:15px;}        /*15 像素底部边距*/
  .content div div{height:25px;line-height:25px;text-align:center;font-size:12px;}
</style>
```

.content 用来控制父级盒子，.content div 控制 6 个子级盒子的浮动定位，.content div div 则是用来控制每张图片的文字以说明盒子的。这里使用了后代选择器，简单方便，不必为每一个盒子命名。

（十）margin 定位法

margin 就是盒子的外边距，通过设置一定的外边距可以改变盒子的排列位置，下一个盒子会代替原盒子的位置，利用这一特性可以实现页面元素的定位。

创建基本代码：

```
<html xmlns="http://www.w3.org/1999/xhtml">
<head>
  <meta http-equiv="Content-Type" content="text/html; charset=gb2312" />
  <title>margin 定位法</title>
  <style>
    .content{width:870px;height:280px;margin:0 auto;}
    .content div{width:280px;height:160px;}
  </style>
</head>
<body>
  <div class="content">
    <div><img src="pic1.jpg" /></div>
    <div class="pic2"><img src="pic2.jpg" /></div>
    <div class="pic3"><img src="pic3.jpg" /></div>
  </div>
```

</body>

</html>

图 7—22　margin 定位法(一)

如图 7—22 所示，在默认情况下盒子是垂直排列的，当使用 margin 法把图片 2 移动到图片 1 的右边时，图片 3 会认为图片 2 不存在，而代替图片 2 原来的位置。

在原 CSS 代码中加入以下代码：

```
.pic2{margin-left:295px;margin-top:-160px;}
```

图片的宽度为 280 像素，间距为 15 像素，所以 margin-left:295px。图片高度为 160 像素，把 margin-top 设置为负值就可以实现图片向上移动，并且图片 3 认为图片 2 不存在，从而占据图片 2 原来的位置。

图 7—23　margin 定位法(二)

用同样的方法设置图片3，在原代码中加入以下代码：

```
.pic3{margin-left:590px;margin-top:-160px;}
```

效果如图7－24所示。

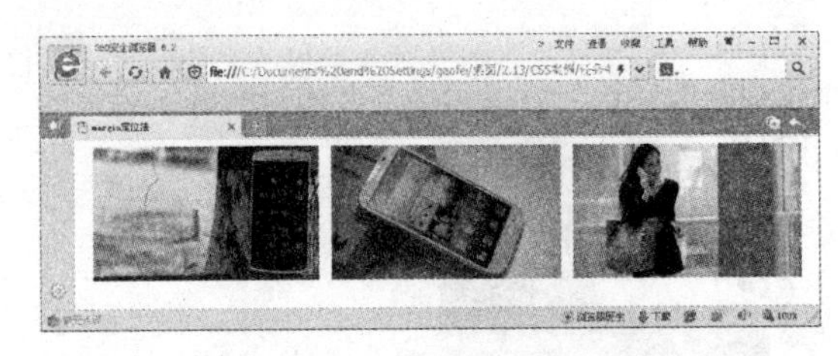

图7－24 margin定位法(三)

在排版的版块较多、结构复杂时不推荐使用margin定位法，因为需要大量的计算，往往还要考虑盒子模型的具体算法，很容易出错。

(十一)relative(相对定位法)

使用相对定位的盒子需要指定一定的偏移量，通过left和right属性来设置水平方向，top和bottom设置垂直方向，从而达到一个新的位置。代码如下：

```
<html xmlns="http://www.w3.org/1999/xhtml">
<head>
<meta http-equiv="Content-Type" content="text/html; charset=gb2312" />
<title>相对定位</title>
<style type="text/css">
  .father{width:500px;padding:10px;margin:0 auto;background:#CCC;border:1px dashed #666;font-size:12px;}
  .son1{background:#f0f0f0;border:1px solid #666;padding:10px;}
</style>
</head>
<body>
  <div class="father">
    <div class="son1">相对定位的盒子1</div>
  </div>
</body>
</html>
```

最终效果如图7－25所示。

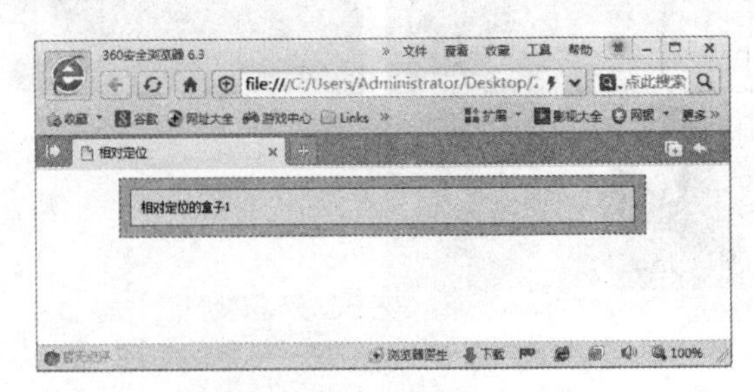

图7－25 相对定位(一)

这是基本代码结构，也是一个简单的标准流中的两个盒子的嵌套。下面将对子级盒子son1做相对定位的设置。将原.son1的CSS代码修改如下：

```
.son1{
background:#f0f0f0;
border:1px solid #666;
padding:10px;
position:relative;
top:30px;
left:30px;
}
```

效果如图7—26所示。

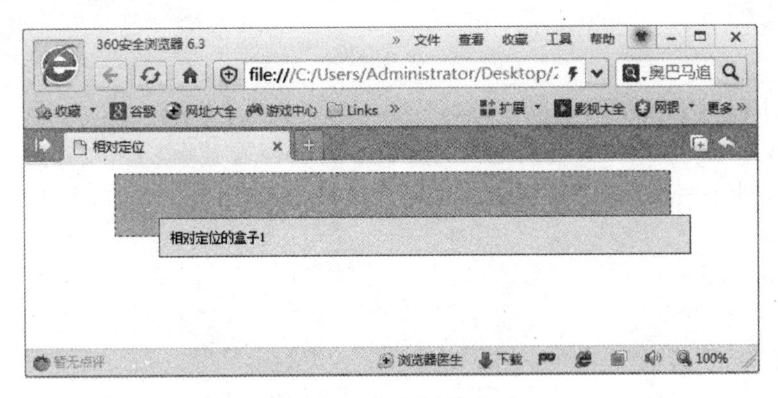

图7—26 相对定位(二)

如图7—26所示，盒子son1移动到了新的位置，向本身的位置的右下方移动了30像素，并且超出父级盒子的边框。与图7—25对比可以发现，父级盒子没有任何变化，因此可以推断出，当子级盒子移动到父级盒子的外面时，父级盒子也不会变大。

在上述案例中再加入一个盒子son2来研究同级别盒子之间的影响。

HTML代码片段修改如下：

```
<html xmlns="http://www.w3.org/1999/xhtml">
<head>
<meta http-equiv="Content-Type" content="text/html; charset=gb2312" />
<title>相对定位</title>
<style type="text/css">
  .father{
  width:500px;
  padding:10px;
  margin:0 auto;
  background:#CCC;
  border:1px dashed #666;
  font-size:12px;
  }
```

```
.son1{
background:#f0f0f0;
border:1px solid #666;
padding:10px;
}
.son2{
background:#f0f0f0;
border:1px solid #666;
padding:10px;
}
</style>
</head>
<body>
<div class="father">
<div class="son1">相对定位的盒子 1</div>
<div class="son2">相对定位的盒子 2</div>
</div>
</body>
</html>
```

效果如图 7—27 所示。

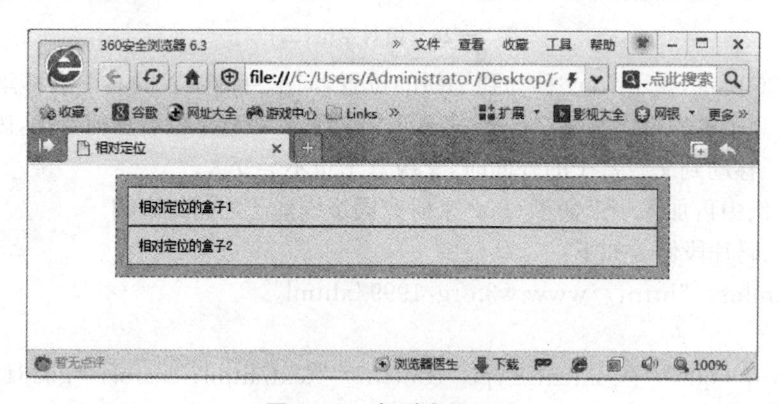

图 7—27　相对定位(三)

这是正常标准中盒子的排列关系,父级盒子的高度等于两个子级盒子的高度加上自身的 padding。下面分别将两个子级盒子用相对定位到新的位置。

在 CSS 代码中加入以下代码:

```
.son1{
background:#f0f0f0;
border:1px solid #666;
padding:10px;
position:relative;          /*相对定位*/
top:40px;                   /*距离上边 40 像素*/
```

```
left:40px;                    /*距离左边 40 像素*/
}
.son2{
background:#f0f0f0;
border:1px solid #666;
padding:10px;
position:relative;            /*相对定位*/
bottom:40px;                  /*距离底边 40 像素*/
right:40px;                   /*距离右边 40 像素*/
}
```

效果如图 7—28 所示。

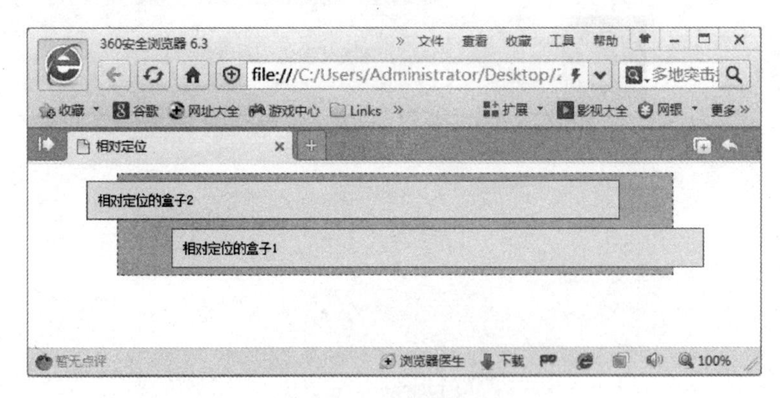

图 7—28　相对定位(四)

由此我们推断出相对定位的两条原则：

(1)使用相对定位的盒子，相对于它原来的位置通过偏移指定的距离到达新的位置。

(2)使用相对定位的盒子仍在标准中，它对父级和兄弟盒子没有任何影响。

(十二)absolute(绝对定位法)

position 只是设定定位方式，还必须要指定偏移量才可以让盒子达到新的位置，相对定位的盒子是以自身的位置为参照偏移到新的位置，那么绝对定位的盒子以什么为参照呢?

准备代码：

```
<html xmlns="http://www.w3.org/1999/xhtml">
<head>
  <meta http-equiv="Content-Type" content="text/html; charset=gb2312" />
  <title>绝对定位</title>
  <style type="text/css">
    .box1{width:400px;height:400px;background:#f0f0f0;}
    .box2{width:200px;height:200px;background:#ccc;}
    .box3{width:100px;height:100px;background:#666;}
  </style>
</head>
<body>
```

```
    <div class="box1">
      <div class="box2">
        <div class="box3"></div>
      </div>
    </div>
</body>
</html>
```

效果如图 7－29 所示。

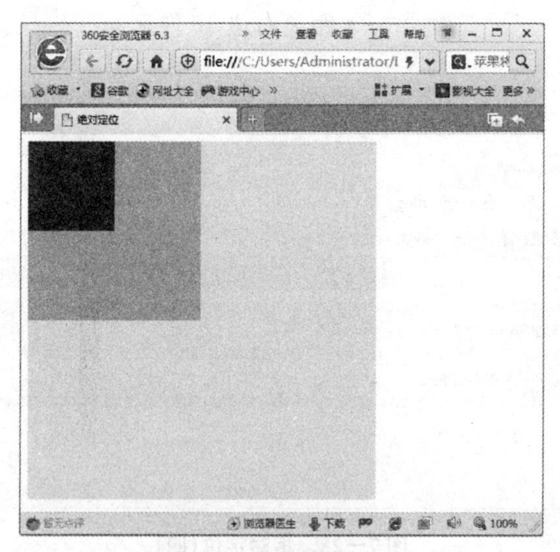

图 7－29　绝对定位(一)

图中深灰色为 box3，灰色为 box2，浅灰色为 box1。box3 有两个父级：box2 和 box1，box2 有一个父级：box1，box1 也有一个父级：body。body 其实是一个很特殊的盒子，是最大的父级，同样也是 box2 和 box3 的父级。在本案例中把 box1 作为最大的父级。

对 box3 设置绝对定位。

代码如下：

```
.box3{
  width:100px;
  height:100px;
  background:#666;
  position:absolute;          /*绝对定位*/
  top:0;                      /*距顶边 0 像素*/
  right:0;                    /*距右边 0 像素*/
}
```

最终效果如图 7－30 所示。

图 7－30　绝对定位(二)

从图中可以看出，此时的 box3 以浏览器窗口为基准，移动到了浏览器的右上角。那么，绝对定位是不是以浏览器为基准呢？下面给 box1 添加一个定位属性。

```
.box1{
  width:400px;
  height:400px;
  background:#f0f0f0;
  position:relative;
}
```

效果如图 7－31 所示。

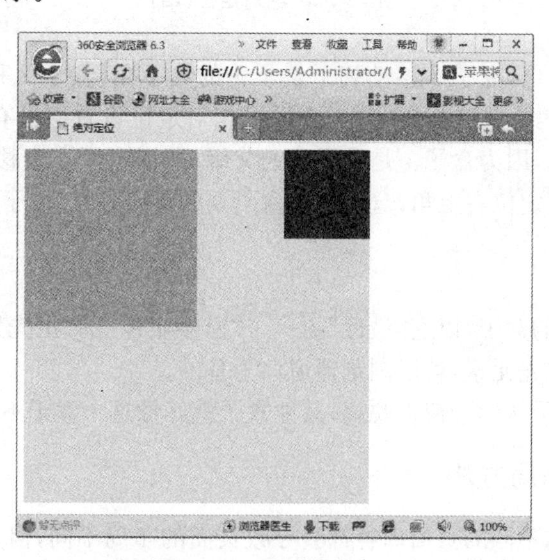

图 7－31　绝对定位(三)

由图可以推断出，绝对定位的盒子是以父级盒子为基准进行定位，但是这个定义还不够精准。接下来再对 box2 做定位设置。

```
.box2{
  width:200px;
  height:200px;
  background:#ccc;
  position:absolute;
  bottom:0;
  right:0;
}
```

最终效果如图 7－32 所示。

图 7－32　绝对定位(四)

由图 7－32 可以看出，盒子 2 移动到了盒子 1 的右下角，盒子 3 移动到了盒子 2 的右上角。仔细观察 CSS 代码片段会发现，盒子 1 做了相对定位设置但没有指定偏移距离，盒子 2 设置了绝对定位右下角，因为盒子 1 是盒子 2 的父级，所以盒子 2 会移动到盒子 1 的右下角。而盒子 3 也设置了绝对定位右上角，盒子 2 是盒子 3 的父级，所以盒子 3 就移动到了盒子 2 的右上角。

总结绝对定位：

(1)使用绝对定位的盒子，以它“最近”的一个“已经定位”的“祖先元素”为基准进行偏移。如果没有已经定位的祖先元素，就以浏览器窗口为基准。

(2)绝对定位的盒子从标准流中脱离，其他盒子就好像这个盒子不存在一样。

四、CSS＋DIV 布局方法

不同类型的网站与不同的页面内容都会导致页面的布局不同，但大体上网页布局还是有相似的布局风格，比如常见的 1－2－1 布局和 1－3－1 布局。

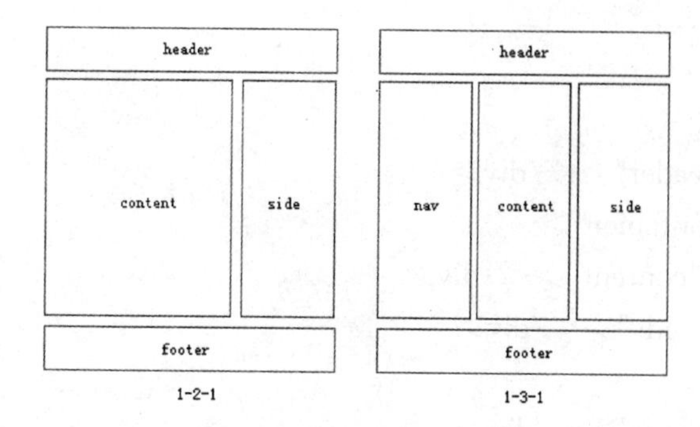

图 7—33　页面结构布局

(一)"1—2—1"*布局之浮动法*

创建基本代码：

```
<html xmlns="http://www.w3.org/1999/xhtml">
<head>
<meta http-equiv="Content-Type" content="text/html; charset=gb2312" />
<title>1-2-1 浮动法</title>
</head>
<body>
  <div class="header"></div>
  <div class="container">
    <div class="content"></div>
    <div class="side"></div>
  </div>
  <div class="footer"></div>
</body>
</html>
```

从上面的结构示意图中可以看出，每个版块都有相同的边框样式，多个元素拥有相同的样式属性，符合并集选择器的定义。头部和底部不仅边框一样，大小也一样，所以也可以一并设置 header 和 footer。content 和 side 都是块级元素，要想水平排列，就要把这两个盒子放在一个父级盒子 container 里，然后浮动定位这两个盒子。

```
<html xmlns="http://www.w3.org/1999/xhtml">
<head>
<meta http-equiv="Content-Type" content="text/html; charset=gb2312" />
<title>1-2-1 浮动法</title>
<style type="text/css">
  .header,.content,.side,.footer{border:1px solid #333;}
  .header,.footer{width:598px;height:78px;margin:0 auto;}
  .container{width:600px;height:300px;margin:10px auto;}
  .content{width:398px;height:298px;float:left;}
  .side{width:188px;height:298px;float:left;margin-left:10px;}
```

```
</style>
</head>
<body>
  <div class="header"></div>
  <div class="container">
    <div class="content"></div>
    <div class="side"></div>
  </div>
  <div class="footer"></div>
</body>
</html>
```

图 7－34 “1－2－1”布局

(二)“1－2－1”布局之绝对定位法

因为在标准流中 content 的位置正是我们所需要的位置，而 side 是在 content 的下面，所以我们只需要更改 side 盒子的位置就可以了。绝对定位法的定义告诉我们，side 的参照对象应该是 container，所以一般情况下，“父”相对，“子”绝对。因此，将上述案例中的 CSS 代码中 container 和 side 的代码做如下修改即可：

```
<style type="text/css">
  .container{width:600px;height:300px;margin:10px auto;position:relative;}
  .side{width:188px;height:298px;position:absolute;right:0;top:0;}
</style>
```

(三)“1－3－1”布局之浮动定位法

“1－3－1 布局在门户网站中是常用的布局方法，如新浪和搜狐。门户类网站信息量巨大，分类较广，三列布局更有利于新闻列表的分类。

在上述案例的 HTML 代码中增加一个 div 盒子：

```
<body>
```

```
  <div class="header"></div>
  <div class="container">
    <div class="nav"></div>
    <div class="content"></div>
    <div class="side"></div>
  </div>
  <div class="footer"></div>
</body>
```

案例分析：本案例中要使用浮动定位法对 nav、content、side 三个盒子做水平排列，但是每一个盒子的宽度并不相同，可以先“整体后局部”，也就是先设置三个盒子的共有属性再设置每个盒子各自特有的属性，这样有利于后期的维护修改和代码的精简。先设置三个盒子的浮动属性，再设置 nav 和 side 两个盒子的大小，因为这两个盒子大小相同，最后设置 content 盒子的大小和外连距。代码如下：

```
<html xmlns="http://www.w3.org/1999/xhtml">
<head>
<meta http-equiv="Content-Type" content="text/html; charset=gb2312" />
<title>1-3-1 浮动法</title>
<style type="text/css">
  .header,.content,.side,.footer,.nav{border:1px solid #333;}
  .header,.footer{width:598px;height:78px;margin:0 auto;}
  .container{width:600px;height:300px;margin:10px auto;}
  .nav,.content,.side{float:left;}
  .nav,.side{width:148px;height:298px;}
  .content{width:278px;height:298px;margin:0 10px;}
</style>
</head>
<body>
  <div class="header"></div>
  <div class="container">
    <div class="nav"></div>
    <div class="content"></div>
    <div class="side"></div>
  </div>
  <div class="footer"></div>
</body>
</html>
```

最终效果如图 7－35 所示。

(四)“1－3－1”布局之浮动定位法

绝对定位法的定位参照对象，是“最近的”、“已经定位”的“祖先”元素，所以在本案例中，container 盒子是最近的祖先元素。CSS 代码做如下更改就可以实现与图 7－35 同样的效果。

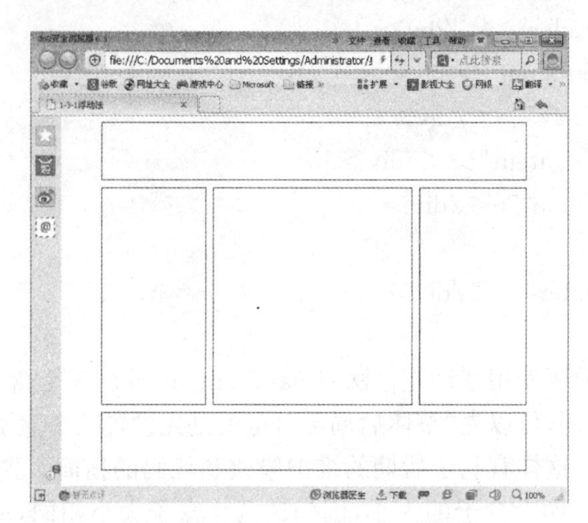

图 7－35 “1－3－1”布局浮动法

```
<style type="text/css">
  .header,.content,.side,.footer,.nav{border:1px solid #333;}
  .header,.footer{width:598px;height:78px;margin:0 auto;}
  .container{width:600px;height:300px;margin:10px auto;position:relative;}
  .nav,.side{width:148px;height:298px;}
  .content{width:278px;height:298px;position:absolute;left:160px;top:0;}
  .side{position:absolute;right:0;top:0;}
</style>
```

在布局网页的时候尽量做到“先外围”、“后内部”。也就是说，先制作父级别的盒子，把所有的父级别盒子制作完成后再去制作内部的子级别盒子。“先整体”、“后局部”，先找出网站的整体结构中有哪些版块样式风格一致，做统一的设置，再去制作具有特定样式的局部盒子。基本思路类似于楼盘建设，先浇灌出楼盘整体框架，再具体装修每个房间，最后才去考虑房间里物品的摆设。其中，“楼盘框架”特指网页框架结构，如“1－3－1”等；“房间”特指网页中的版块；“房间物品”特指版块中的文本、图片、表单元素等。

任务 2 电子商务网站 CSS＋DIV 网页布局分析

网页设计者拿到网站设计效果图的时候不要一头就扎进去制作，应该先分析结构特点，再找出共同点，这样可以用最简洁的代码制作出完整的效果。

例如，可以先将网站效果图分成以下三大版块。

网站头部。

图 7—36 网站头部

网站底部。

新手指南	代理分销	配送物流	售后服务	会员中心	其它
新手指南	代理分销	配送物流	售后服务	会员中心	其它
新手指南	代理分销	配送物流	售后服务	会员中心	其它
新手指南	代理分销	配送物流	售后服务	会员中心	其它

版权信息文本字段

图 7—37 网站底部

其他部分可视为网站主体内容，由于案例图片尺寸过大，可以查看书中案例原始图片。再仔细观察发现，“女装”和“男装”版块是一样的结构，如图 7—38 所示。

图 7—38 网站主体内容

板块内容分别为标题栏、banner 广告和 2 行 4 列的产品展示栏，而“运动”版块只是比“女装”和“男装”版块少一个 banner 广告。这样一对比，整个网站的结构就简单明了了。这里只要明白我们仅仅需要制作一个“女装”版块，然后复制成“男装”版块和“运动”版块即可。

图 7－39　电子商务网站效果图

一、“头部”制作技巧分解

首先，通过观察可以看出，“头部”分为红色背景的登录注册盒子、灰色背景的导航菜单盒子和焦点广告盒子。

“头部”的设计是自适应网页的宽度，也就是不需要定义 DIV 的宽度，而 DIV 本身就是 100%可以自适应的。“头部”内部又分为左边的“登录注册”和右边的“购物车”两个 DIV 盒子。“头部”的结构如图 7－40 所示。

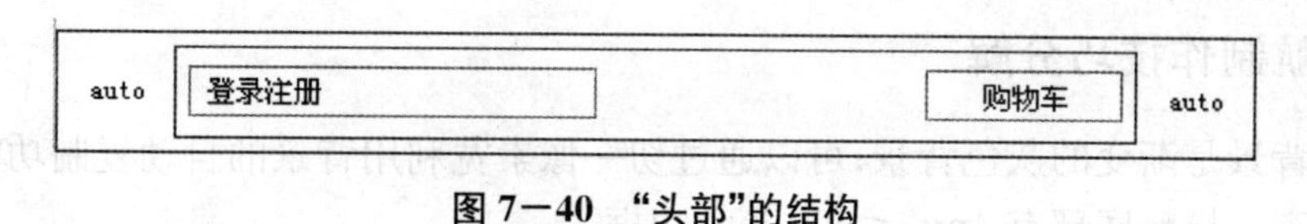

图 7－40　“头部”的结构

创建 HTML 代片段如下：

```
<div id="top">
  <div id="content">
  <div id="login">登录注册</div>
  <div id="buy">购物车结算</div>
</div>
</div>
```

CSS 代码如下：

```
<style type="text/css">
body{margin:0;}                          /*清除页面边距*/
#top{
background:#f75000;
height:32px;
}
#top div{
height:32px;
}
#top #content{
width:980px;
margin:0 auto;
position:relative;                       /*相对定位*/
font-size:12px;
color:#fff;
line-height:32px;                        /*行高，可以继承给 login 和 buy*/
}
#top #login{
width:520px;
}
```

```
#top #buy{
position:absolute;                    /*绝对定位*/
top:0;
right:0;
width:200px;
}
</style>
```

二、导航制作技巧分解

导航的背景是渐变的灰色背景;可以通过切一像素宽利用背景的自动复制功能;导航文本都是居中对齐。导航底部有 4px、#999 灰色边框。

创建 HTML 代片段如下:

```
<div id="nav">
<div> <a href="#" style="margin-left:150px;">首页</a>…(省略部分)…<a
href="#">视频展示</a></div>
</div>
```

<a href="#" style="margin－left:150px;">首页</a>为行内式的 CSS 样式,主要用于调整整个导航在页面中的位置,行内式只针对当前行设置,不影响其他的超链接。

CSS 代码如下:

```
#nav{
height:99px;
background: url(images/nav_bg.jpg);
line-height:99px;
border-bottom:4px solid #999;               /*底部边框*/
}
#nav div{
width:980px;
margin:0 auto;                              /*居中对齐*/
}
#nav a{
font-size:16px;
font-weight:bold;
text-decoration:none;                       /*清除链接下划线*/
color:#000;
margin-right:20px;                          /*链接之间的间距*/
}
```

三、焦点图制作技巧分解

关于焦点图广告的具体制作方法不在本案例中讲解,这里只演示布局方法,后期可以将焦点图广告的代码替换图片代码。

创建 HTML 代片段如下：

```
<div id="banner"></div>
```

CSS 代码如下：

```
#banner{height:410px;background:url(images/banner.gif)}
```

这里的宽度还是要求自适应宽度，所以不用设置宽度，只需要设置高度即可。后期直接用焦点图广告代码替换现在代码中的图片即可。

四、女装版块制作技巧分解

在上文中提到“女装”、“男装”、“运动”版块是一样的，所以这里推荐使用类别选择器。因为类别选择器可以给多个对象使用，而 ID 则不行。

女装版块的缩略图如图 7－41 所示。

图 7－41 “女装”版块缩略图

(一)标题栏制作技巧分解

标题中的边框设置为左右为 1px #e1e1e1 的实线边框，下边框的颜色为#999，而上边没有边框。这里要充分利用 CSS 代码的简写功能，用最少的代码来表现较多的样式。红色的三角形图片可以作为背景图像填充到标题栏，而右侧的分类“上装|裙装|”可以用定位法定位到右侧。

创建整个版块的 HTML 代码：

```
<div class="container">
```

```
  <div class="tit">女装<div class="cla">上装|裙装|下装|外套|特色</div>
</div>
<div class="pic"><img src="images/pic1.gif" /></div>
<div class="pro"><img src="images/pro.gif" />
  <div class="pro_intro">韩版热门超级影星小西装</div>
</div>
  <!——(此处省略6处pro代码)——>
<div class="pro" style="margin—right:0;"><img src="images/pro.gif" />
  <div class="pro_intro">韩版热门超级影星小西装</div>
</div>
<div class="clear_left"></div>
```

以上为整个"女装"版块的代码片段，参照图7－41。

<div class="tit">女装<div class="cla">上装|裙装|下装|外套|特色</div></div>为标题栏。

CSS代码片段如下：

```
.container .tit{
  height:35px;
  line-height:35px;
  font-weight:bold;
  font-size:14px;
  padding-left:40px;
  border:1px solid;
  border-color:#999 #e1e1e1;
  border-top:none;
  background:url(images/point.gif) no—repeat 20px center;
  position:relative;
}
.container .cla{
  font-size:12px;
  font-weight:normal;
  position:absolute;
  right:15px;
  top:0;
}
```

(二)标题栏下广告图制作

此处较为简单，只要插入一张图片即可。

HTML代码片段如下：

```
<div class="pic"><img src="images/pic1.gif" /></div>
```

CSS代码如下：

```
.container .pic{
```

```
margin:5px 0;
}
```

广告图片与上面的标题栏和下面的 8 格产品展示区有上下 5px 的边距:"margin:5px 0",5px 表示上下边距,0 表示左右。

(三)8 格产品列表制作

HTML 代码如下:

```
<div class="pro"><img src="images/pro.gif" />
  <div class="pro_intro">韩版热门超级影星小西装</div>
</div>
  <!--(此处省略 6 处 pro 代码)-->
<div class="pro" style="margin-right:0;"><img src="images/pro.gif" />
  <div class="pro_intro">韩版热门超级影星小西装</div>
</div>
```

每一个产品列表的缩略图如图 7-42 所示。

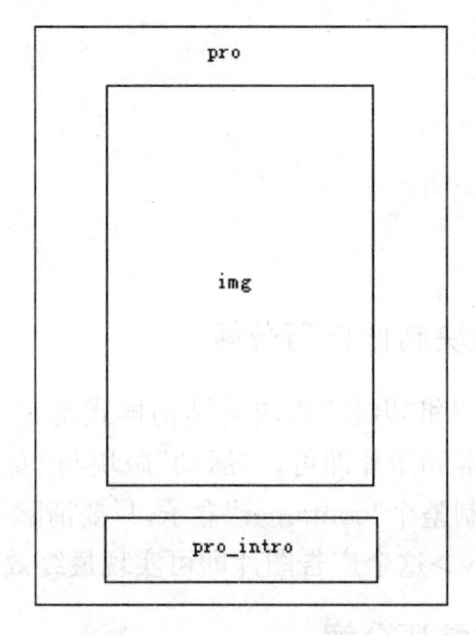

图 7-42　产品缩略图

每一个产品 pro 盒子嵌套一个图片 img 和一个产品说明盒子 pro_img,pro 盒子的边框设计为"1px、实线、#999、灰色边框",只有底部边框为 2px 黑色。这里的设计技巧为:先设置整个边框样式为灰色、1 像素,然后单独设置底部边框样式,这样只需要两行代码即可实现。pro_intro 盒子与 img 之间的距离采用 pro_intro 盒子的上边内边距实现。

8 个产品列表盒子(pro)用浮动定位法,每个盒子的右边边距为 4 像素,但是根据盒子模型的算法要清除第 4 和第 8 个盒子的右边距。案例中使用了行内式样式 style:margin-right:0px;来清除右边距。

特别要注意的是,在最后一个产品盒子后又加了一个盒子<div class="clear_left"></div>,主要是因为浮动定位的盒子会影响下一个盒子的位置。如果不添加这个盒子,将会影响"男装"版块标题栏的排版位置(可以清除这个盒子观察一下结果的变化)。添加的这个盒子没有宽高的设置,这主要是为了添加 clear:left 属性,用于清除第 8 个盒子的 float:left 属性对后面的盒子的影响。

CSS代码如下：

```
.container .pro{
    width:240px;
    height:370px;
    border:1px solid #999;
    border-bottom:2px solid #000;
    float:left;
    margin-right:4px;
    margin-bottom:8px;
    text-align:center;
}
.container .pro_intro{
    padding-top:30px;
    font-size:12px;
    text-align:center;
}
.container .clear_left{
    clear:left;
}
```

五、"男装"和"运动"版块制作技巧分解

在前文中已经分析，"女装"和"男装"版块的结构样式是完全一样的，只需要将整个"container"盒子复制，更改标题文本和图片即可。"运动"版块与"女装"版块的唯一区别是少了一个广告图片的盒子，同样是复制整个"container"盒子，只要清除<div class="pic"><img src="images/pic1.gif" /></div>这个广告图片即可实现最终效果。

六、页面底部版块制作技巧分解

页面底部主要可以分成以下三部分：

(1)"新手指南"所在的盒子；

(2)"购物说明"所在的3行6列的盒子；

(3)最底部的橘红色背景处的网站版权。

通过观察可以发现，除了文本的颜色和字号大小，第1和第2部分在结构上基本一样，所以可以首先设置两个版块的相同部分，再分别设置不同的样式属性。还是那句话，"先整体，后局部"。

在案例中我们采用了列表，为了让大家对列表有更深入的了解，分别使用了UL无序列表和OL有序列表，其实在CSS中可以不区分UL和OL。

第1部分"新手指南"所在版块的HTML代码如下：

```
<div class="bot1">
    <ul>
```

```
    <li>新手指南</li>
    <li>代理分销</li>
    <li>配送物流</li>
    <li>售后服务</li>
    <li>会员中心</li>
    <li>其他</li>
  </ul>
</div>
```

第 2 部分“购物说明”所在版块的 HTML 代码如下：

```
<div class="bot2">
  <ol>
    <li>新手指南</li>
    <li>代理分销</li>
    <li>配送物流</li>
    <!--(此处省略部分代码,总共 18 对<li>标签)-->
    <li>售后服务</li>
    <li>会员中心</li>
    <li>其他</li>
  </ol>
</div>
```

制作思路分解：

1. 清除 UL 列表与 OL 列表默认的边距和项目符号。相应的 CSS 代码如下：

```
ul,ol{
  margin:0;
  padding:0;
  list-style:none;
}
```

2. 设置第 1 部分.bot1 的边框样式和高度。相应的 CSS 代码如下：

```
.bot1{
  height:37px;
  line-height:37px;
  border-bottom:1px solid #999;
  font-size:14px;
  margin-bottom:10px;
}
```

3. 统一设置 UL 列表和 OL 列表的宽度以及居中对齐。相应的 CSS 代码如下：

```
.bot1 ul,.bot2 ol{
  width:980px;
  margin:0 auto;
}
```

4. 统一设置所有的<li>浮动和文本对齐方式。相应的 CSS 代码如下：

```
.bot1 li,.bot2 li{
  width:155px;
  float:left;
  text-align:center;
  height:24px;
}
```

5. 单独定义<ol>中的文本的样式。相应的 CSS 代码如下：

```
.bot2 li{
  font-size:12px;
  color:#999;
}
```

主要是使用了并集选择器来设置相同的样式属性，然后再设置不同的样式属性，相同样式的 CSS 代码应位于不同样式的 CSS 代码的上方，这个原理在讲解设置不同边框样式时有详细讲解。

第 3 部分"版权信息"所在版块的 HTML 代码如下：

```
<div class="foot">版权信息文本字段</div>
```

CSS 代码如下：

```
.foot{
  height:36px;
  line-height:36px;
  background:#f75000;
  color:#fff;
  text-align:center;
  font-size:12px;
  clear:left;
}
```

这样，整个网站的每个版块的布局就制作完成了。总结如下：在制作任何一个网站前，应先构思整个网站的大体框架结构，绘出草图(类似于图 7－41 一样的结构图)；然后，"先外部，后内部"，先建立外部父级盒子，并且设置完全无误后再设置内部盒子；最后，仔细观察哪些版块具有相同的样式属性，也就是"先整体，后局部"，这样可以用最少的代码实现网站的布局，并且非常有利于网站的后期维护和管理。

【知识拓展】

样式优先级规则

当有多个样式应用于同一标签时，就可能出现冲突，最终结果是靠样式优先级决定，优先级高的胜出。规则如下：

一、根据来源排序

内联样式优先于文档级样式，文档级样式优先于外部样式。

二、根据类排序

标签的类的属性优先于为标签总体定义的属性。比如 p{color: red;}, .iamblue{color: blue;}，对于<p class="iamblue">test</p>，将应用上述第二个样式。

三、根据特殊性排序

一个具有更特殊的属性优先于一般的属性。比如 p # bright{color: silver;}, p{color: black;}，第一个优先于第二个。

四、根据顺序排序

最后定义的属性优先。比如 H1{color: red;}和 H1{color: blue;}，第二个优先。

【课后专业测评】

任务背景：

李丽同学正在为某企业设计网站，请将页面进行 CSS 定位与 DIV 布局。

任务要求：

编写一个 HTML 页面，进行 CSS 定位与 DIV 布局。

技术要领：

CSS 定位与 DIV 布局。

解决问题：

1. DIV 标签的使用方法；
2. CSS 盒子模型的基本属性及属性值的用法；
3. 元素定位方式。

应用领域：

个人网站；企业网站。

第三部分

电子商务网页制作工具篇

内容是网站的灵魂，但是好的内容也需要一定的表现形式，图像的应用能够更好地将网站内容传达给页面访问者，同时，图像本身也是网站内容的重要组成部分。网站图像的设计需要设计者在熟悉网络图像及处理的基础上，使用图形图像制作软件进行具体的设计。动画就是随着时间推移，场景中物体的位置、形状、材质、灯光等发生变化。对于网页元素而言，动画总是比普通的静态图像更富于表现力。目前，网络动画主要是以 Flash 动画为主。

本部分内容主要包括 Photoshop 与 Fireworks 图形图像编辑、Dreamweaver 布局和 Flash 动画制作。项目 8“Photoshop 与 Fireworks 图形图像编辑”主要是让读者熟悉 Photoshop 与 Fireworks 操作界面，掌握网络图形图像编辑的方法。项目 9“Dreamweaver 布局”主要是让读者熟悉 Dreamweaver 操作界面，掌握建立站点的方法，掌握利用表格布局网页和利用 Spry 对象布局菜单的方法。项目 10“Flash 动画制作”主要是让读者熟悉 Flash 操作界面，掌握 Logo 和 Banner 动画制作方法。

项目 8　Photoshop 与 Fireworks 图形图像编辑

【课程专业能力】

1. 熟悉 Photoshop 操作界面。
2. 掌握 Photoshop 图像处理的方法。
3. 熟悉 Fireworks 操作界面。
4. 掌握 Fireworks 网络图形编辑的方法。

【课前项目直击】

内容是网站的灵魂，但是好的内容也需要一定的表现形式，图像的使用能够更好地将网站内容传达给页面访问者，同时，图像本身也是网站内容的重要组成部分，而且是网站中除了文字以外使用最多的元素。网站图像的设计需要设计者在熟悉网络图像及处理的基础上，使用图形图像制作软件进行具体的设计。

一、网站的 Banner、Logo、Icon

网站的 Banner、Logo、Icon 图标等多以图像的形式表现，个性化的图像是实现网站个性化的主要方式之一。在下列图像中，图 8－1 为“阿里巴巴”网站的 Logo，图 8－2 文字前的图标是“阿里巴巴”网站的 Icon 图标，图 8－3 中间图像为“育儿网”网站的 Banner 图像，图 8－4 下部图像为“汽车之家”网站的 Banner 图像。

图 8－1 “阿里巴巴”网站 Logo

图 8－2 “阿里巴巴”网站 Icon 图标

图 8—3　“育儿网”网站 Banner 图像

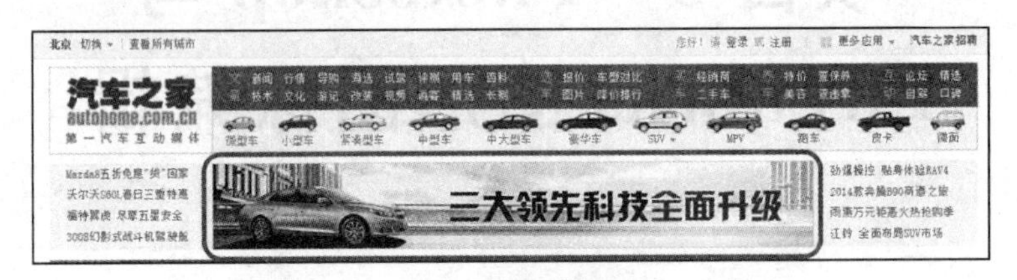

图 8—4　“汽车之家”网站 Banner 图像

二、网页的背景

网页的背景可以通过背景颜色和图像来实现，后者主要通过图像的水平、垂直或水平与垂直平铺具体实现。图 8—5 左侧是“去哪儿网”网页背景图像，右侧是背景图片水平平铺后的实现效果。

图 8—5　“去哪儿网”网站的页面背景图像

三、个性化的按钮图标

传统的按钮给人单调的感觉，为表现网站的个性化，网站通常利用图像实现传统按钮的功能。图 8—6 为传统的网页按钮,图 8—7 是“淘宝网”论坛页面图像按钮的实现案例。可以看出,后者的样式更加符合网站的整体风格样式。值得说明的是,选择传统按钮还是图像按钮,要根据网站的实际情况和功能需求做出判断。

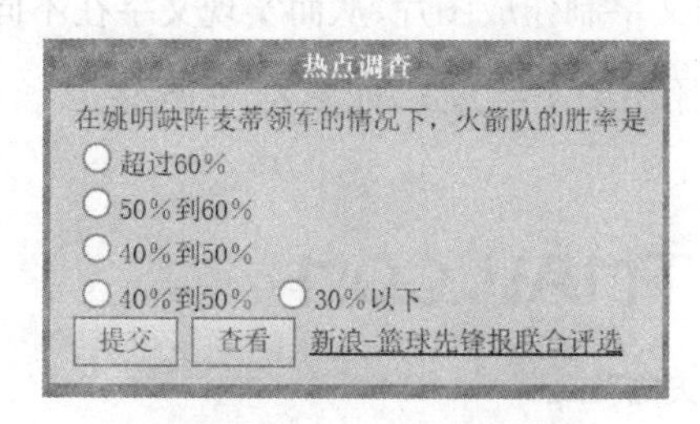

图 8—6　传统的网页按钮

图 8—7　“淘宝网”论坛页面图像按钮

四、页面中的新闻图片、产品图片等信息

页面中的新闻图片、产品图片等信息必须采用图像来表现,如图 8—8 所示。

图 8—8　香港迪士尼乐园旗舰店页面

五、图像文字

基于 Web 的固有特点，要在 Web 浏览器中显示某种特殊字体，客户端也必须安装该字体，这就给用户带来了不便。因此，常常将页面中这种特殊字体的文字制作成图片，从而实现文字在不同客户端访问的一致性。“Google”与“淘宝天猫”的 Logo 都采用图像文字方式，如图 8－9 所示。

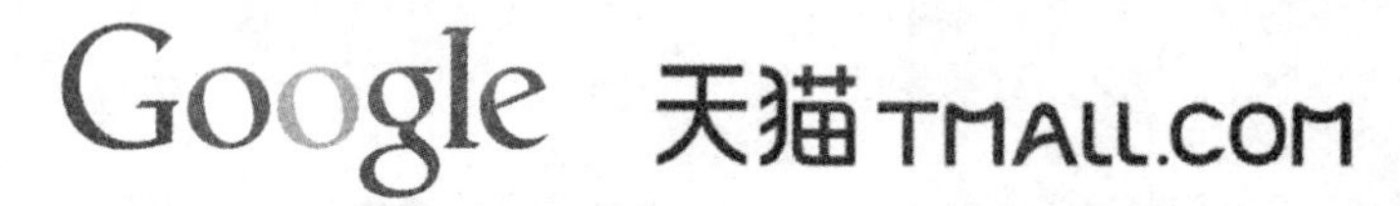

图 8－9 “Google”与“淘宝天猫”Logo

六、动态图像

除了静态图像以外，动态图像在网页上的应用也比较广泛，很多网站的 Banner、广告使用动态图像来表现，网页上的动态图像应具有动态化、信息量大、下载速度快等特点。图 8－10 分别为“唯品会”网站某动态图像前后 4 帧图像效果。

图 8－10 “唯品会”网站某动态图像

任务 1 Photoshop 图像处理

Photoshop 是 Adobe 公司开发的一个跨平台的平面图像处理软件,是专业设计人员的首选软件。1990 年 2 月,Adobe 公司推出 Photoshop 1.0。2010 年 5 月推出的版本为 Photoshop CS5,即 Photoshop 9.0。2013 年 6 月,Photoshop 已升级版本至 CC。但由于 CS 版本的用户基础广泛,CS 各版本现仍在广泛使用。

Photoshop 作为图像处理软件,其优势不在图形创作。图像处理是对已有的位图图像进行编辑、加工、处理以及运用一些特殊效果。常见的图像处理软件有 Photoshop、Photo Painter、Photo Impact、Paint Shop Pro,而图形创作是按照自己的构思创作。常见的图形创作软件有 Illustrator、CorelDraw、Painter,主要应用于平面设计、网页设计、数码暗房、建筑效果图后期处理以及影像创意等。

一、Photoshop 的相关概念

在学习 Photoshop 之前,先要认识一些关于图形图像的基本概念。

(一)位图与矢量图

1. 位图

位图也称点阵图,是由许多不同色彩的像素组成的。与矢量图相比,位图可以更逼真地表现自然界的景物。此外,位图与分辨率有关,当放大位图时,位图中的像素增加,图像的线条将显得参差不齐,这是像素被重新分配到网格中的缘故。此时,可以看到构成位图的无数个单色块。因此,放大位图或在比图像本身的分辨率低的输出设备上显示位图时,将丢失其中的细节,并会呈现出锯齿状。

2. 矢量图

矢量图是指使用数学方式描述的曲线,以及由曲线围成的色块组成的面向对象的绘图图像。矢量图中的图形元素称为对象,每个对象都是独立的,具有各自的属性,如颜色、形状、轮廓、大小和位置等。由于矢量图与分辨率无关,因此无论怎样改变图形的大小,都不会影响图形的清晰度和平滑度。

(二)像素

“像素”(Pixel)是由 Picture 和 Element 这两个单词所组成的,它是用来计算数码影像的一种单位。如同摄影的相片一样,数码影像也具有连续的浓淡阶调,我们若把影像放大数倍,会发现这些连续色调其实是由许多色彩相近的小方点组成的,这些小方点就是构成影像的最小单位——“像素”。

(三)分辨率

图像分辨率的单位是 ppi(pixels per inch),即每英寸所包含的像素点。例如,当图像的分辨率是 150ppi 时,就是每英寸包含 150 个像素点。图像的分辨率越高,每英寸包含的像素点就越多,图像就有更多的细节,颜色过渡也就越平滑。同样,图像的分辨率越高,图像的信息量就越大,文件也就越大。

扫描分辨率的单位是 dpi(dots per inch),即每英寸所包含的点,是针对输出设备而言的。一般喷墨彩色打印机的输出分辨率为 180dpi～720dpi,激光打印机的输出分辨率为 60dpi～300dpi。通常扫描仪获取原图像时,设定扫描分辨率为 300dpi 就可以满足高分辨率输出的需

要。给数字图像增加更多原始信息的唯一方法就是设定大分辨率重新扫描原图像。

（四）常用的图片文件格式

计算机中的图像文件可以保存为多种格式，这些图像格式都有各自的用途及特点。在处理图像时经常用到的文件格式主要有 PSD、JPEG、TIFF、GIF、PNG、BMP、EPS、PDF 和 PSB 等。

二、Photoshop 操作界面

Photoshop 的界面由菜单栏、工具选项栏、工具箱、图像窗口、浮动面板、状态栏等构成。

菜单栏：将 Photoshop 所有的操作分为九类，共九项菜单，如编辑、图像、图层、滤镜等。

工具选项栏：会随着使用的工具不同，工具选项栏上的设置项也不同。

工具箱：工具下有三角标记，即该工具下还有其他类似的命令。当选择使用某工具时，工具选项栏则列出该工具的选项。

浮动面板：通常位于工作区的右侧，可以根据需要调整位置，还可通过菜单栏的"窗口"设置其显示状态。浮动面板显示图片的图层、颜色等辅助信息。

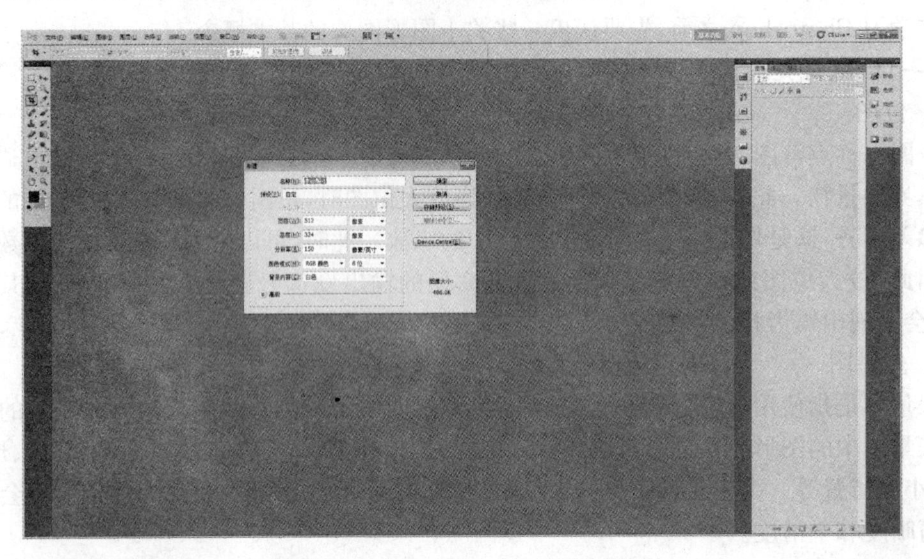

图 8－11　Photoshop CS6 的工作界面

三、Photoshop 工具栏

Photoshop CS6 工具箱的工具十分丰富，功能也十分强大，它为图像处理提供了快捷与方便。

Photoshop 的工具分为选取工具、着色工具、编辑工具、路径工具、切片工具、注释、文字工具和导视工具等几大类。工具箱下部是 3 组控制器：色彩控制器可以改变着色色彩；蒙版控制器提供了快速进入和退出蒙版的方式；图像控制窗口能够改变桌面图像窗口的显示状态，图 8－12所列是全部工具箱的内容。

Photoshop 中每个工具都会有一个相应的工具选项属性栏，这个属性栏出现在主菜单的下面，使用起来十分方便，可以设置工具的参数。

大多数图像编辑工具都拥有一些共同属性，如色彩混合模式、不透明度、动态效果、压力和笔刷形状等。

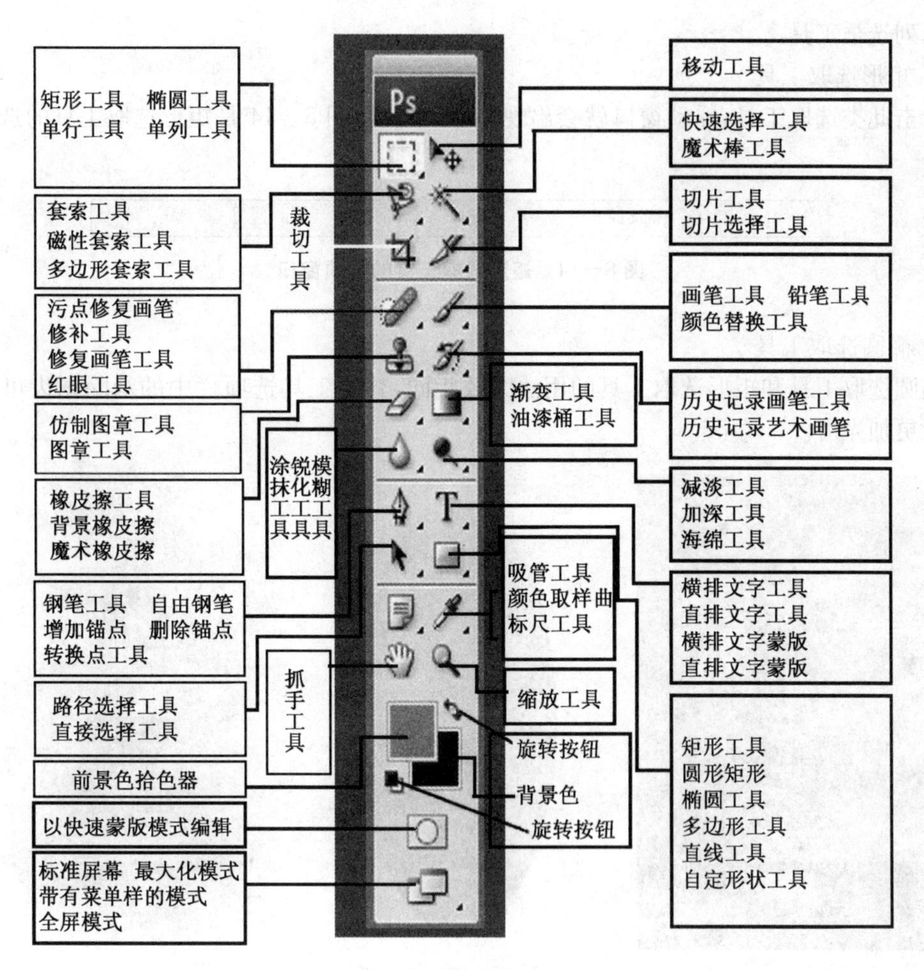

图 8－12　Photoshop 工具箱

单击工具箱中的工具，相应的属性窗口就在菜单下面显示出来，可以通过调整属性栏中的项目，调整工具的应用状态。

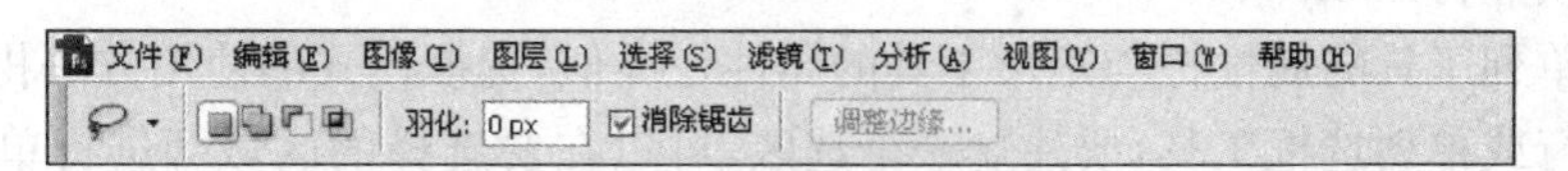

图 8－13　工具选项属性栏

(一)设置画笔

在使用喷枪、画笔、橡皮图章、图案图章、铅笔等工具时，用户可通过画笔子面板选择画笔笔尖的形状(硬边笔刷和软边笔刷)和尺寸，以便修饰图像细节。此外，用户还可以通过画笔控制面板安装设置画笔，更改画笔的大小和形状，以便自定义专用画笔。

Photoshop 将画笔控制面板单独列出来，当使用需要画笔的工具时，打开该控制面板单击选定需要的画笔即可；当使用不需要画笔的工具时，画笔控制面板中的画笔为灰色不可用状态。

(二)规则选取工具

此类选取工具用来产生规则的选择区域，包括矩形选取工具、椭圆选取工具、单行选框工具和单列选框工具。

1. 矩形选取工具

单击此类选取工具，浮动窗口就会出现相应的选项，图 8－14 是矩形选取工具的选项浮动窗口。

图 8－14　矩形选取工具的选项窗口

2. 椭圆选取工具

椭圆选取工具和矩形选取工具的用法大致相同，其中工具选项栏中的消除锯齿可以使选区边缘更加光滑。

图 8－15　应用椭圆选取工具

3. 单行选框工具和单列选框工具

单行选框工具和单列选框工具用于在被编辑的图像中或在单独的图层中选出 1 个像素宽的横行区域或竖行区域。

单行或单列工具的属性栏与矩形工具的属性栏类似，选框模式的使用方法相同。

对于单行或单列选框工具，要建立一个选区，可以在要选择的区域旁进行单击，然后将选框拖动到准确的位置。如果看不到选框，则增加图像视图的放大倍数。

单行或单列选框工具还有一些使用技巧：

(1) 图像中已经有了一条选择线后，使用“添加选区模式”按钮或者按住 Shift 键可以添加一条水平或竖直选择线。

(2) 当图像中已经有了一条选择线后，使用“减少选区模式”按钮或者按住 Alt 键可以删除该条选择线。

(3) 使用光标键可以上下连续移动水平选择线或者左右移动垂直选择线，每次移动的固定距离为 1 像素。

(4)使用 Shift 键再使用光标键，可以上下或者左右移动选择线，每次移动的距离为 10 像素。

(三)移动工具

使用移动工具可以将图像中被选取的区域移动(此时鼠标必须位于选区内，其图标表现为黑箭头的右下方带有一个小剪刀）。移动工具的图标是▶。如果图像不存在选区或鼠标在选区外，那么用移动工具可以移动整个图层。如果想将一幅图像或这幅图像的某部分拷贝后粘贴到另一幅图像上，只需用移动工具把它拖放过去就可以了。移动工具的选项窗口如图 8—16所示。

图 8—16　移动工具的选项窗口与选取移动效果

（四）套索选取工具

套索选取工具在实际中是一组非常有用的选取工具，它包括 3 种套索选取工具：曲线套索工具、多边形套索工具和磁性套索工具。拖拉套索工具，可以选择图像中任意形态的部分。

1. 曲线套索工具

曲线套索工具可以定义任意形状的区域，其选项属性栏如图 8—17 所示。

图 8—17　曲线套索工具的选项窗口

2. 多边形套索工具

如果在使用曲线套索工具时按住 Alt 键，可将曲线套索工具暂时转换为多边形套索工具使用。多边形套索工具的使用方法是单击鼠标形成固定起始点，然后移动鼠标拖出直线，在下一个点再单击鼠标就会形成第二个固定点，如此类推直到形成完整的选取区域。当终点与起始点重合时，在图像中多边形套索工具的小图标右下角就会出现一个小圆圈，表示此时单击鼠标可与起始点连接，形成封闭的、完整的多边形选区，也可在任意位置双击鼠标，自动连接起始点与终点形成完整的封闭选区。

3. 磁性套索工具

磁性套索工具的使用方法是按住鼠标在图像中不同对比度区域的交界附近进行拖拉，Photoshop 会自动将选区边界吸附到交界上，当鼠标回到起始点时，磁性套索工具的小图标的右下角会出现一个小圆圈，这时松开鼠标即可形成一个封闭的选区。使用磁性套索工具，可以轻松地选取具有相同对比度的图像区域。磁性套索工具的属性栏如图 8—18 所示。

图 8—18　磁性套索工具的选项窗口

（五）魔棒工具

魔棒工具是根据相邻像素的颜色相似程度来确定选区的选取工具。

当使用魔棒工具时，Photoshop 将确定相邻近的像素是否在同一颜色范围容许值之内，这个容许值可以在魔棒选项浮动窗口中定义，所有在容许值范围内的像素都会被选上。

魔棒工具的选项浮动窗口如图 8－19 所示，其中容差的范围在 0～255 之间，默认值为 32。输入的容差值越低，则所选取的像素颜色和所单击的那一个像素颜色越相近；反之，可选颜色的范围越大。用于所有图层的选项和 Photoshop 中特有的图层有关，当选择此选项后，不管当前是在哪个图层上操作，所使用的魔棒工具将对所有的图层起作用，而不是仅仅对当前图层起作用。

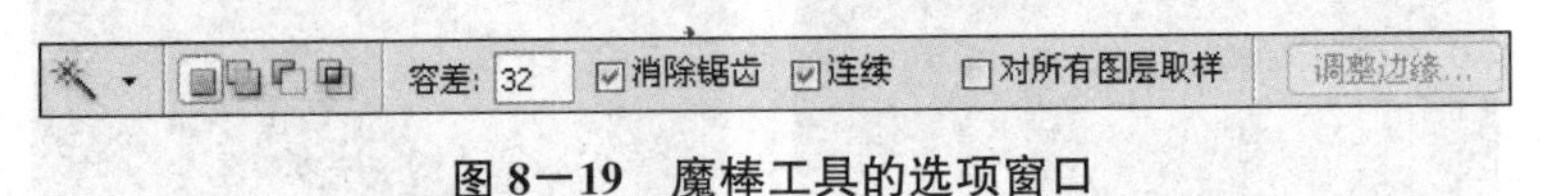

图 8－19 魔棒工具的选项窗口

使用以上几种选取工具和魔棒工具时，如果按住 Shift 键，可以添加选区；如果按住 Alt 键，则可以减去选区。

图 8－20 增减选区

（六）裁切工具

裁切工具是指将图像中被裁切工具选取的图像区域保留而将没有被选中的图像区域删除的一种编辑工具。它的基本图标是▣。

单击工具箱窗口中的裁切工具，调出裁切工具选项窗口，如图 8－21 所示。在选项浮动窗口中可分别输入宽度和高度值，并输入所需的分辨率。这样，在使用裁切工具时，无论如何拖动鼠标，一旦确定后，最终的图像大小都将和在选项浮动窗口中所设定的尺寸及分辨率完全一样。

宽度: 高度: 分辨率: 像素/英寸 前面的图像 清除

图 8－21 裁切工具的选项窗口

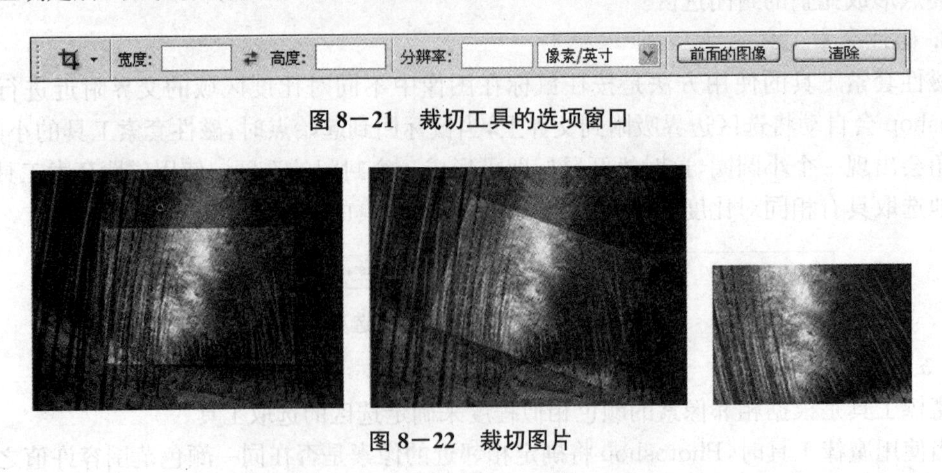

图 8－22 裁切图片

（七）切片工具

Photoshop 中的切片工具组包括切片工具和切片选取工具，主要用来将源图像分成许多功能区域。在将图像存为 Web 页时，每个切片作为一个独立的文件存储，文件中包含切片自己的设置、颜色面板、链接、翻转效果及动画效果。

1. 切片工具

切片工具的选项对话框如图 8—23 所示，该对话框中的样式选项包含以下 3 个参数：

（1）正常：切片的大小由鼠标随意拉出。

（2）固定长宽比：输入切片宽和高的比例值。

（3）固定大小：输入宽度和高度的数值，切割时按照此数值自动切割。

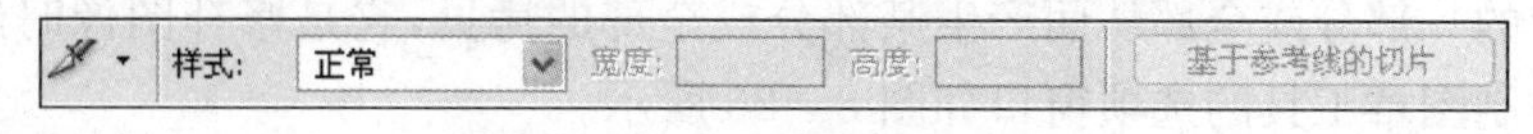

图 8—23　切片工具的选项窗口

2. 切片选择工具

切片选择工具的选项对话框如图 8—24 所示。

该窗口中有 4 个按钮：、、、，它们的含义分别是置为顶层、前移一层、后移一层、置为底层 4 个命令。

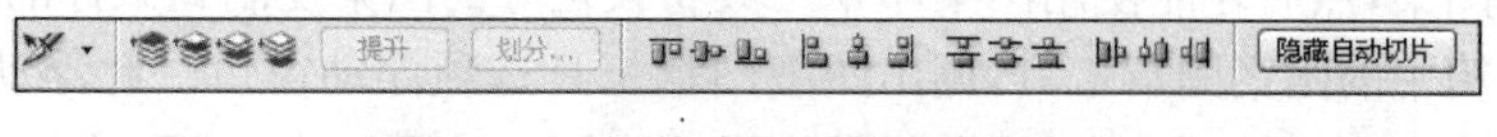

图 8—24　切片选择工具的选项窗口

（八）修复工具

修复工具是非常实用的工具，可用于照片的修复。

1. 修复画笔工具

运用修复画笔工具可以将破损的照片进行仔细的修复。首先要按下 Alt 键，利用光标定义好一个与破损处相近的基准点，然后放开 Alt 键，反复涂抹即可。

2. 修补工具

先勾勒出一个需要修补的选区，出现一个选区虚线框，移动鼠标时这个虚线框会跟着移动，移动到适当的位置（比如与修补区相近的区域）时单击即可。

3. 颜色置换工具

颜色置换工具可以用一种新的颜色来代替选定区域的颜色。

（九）画笔工具

画笔工具组包括画笔工具和铅笔工具。画笔工具将以画笔或铅笔的风格在图像或选择区域内绘制图像。

1. 画笔工具

运用画笔工具可以创建出较柔和的笔触，笔触的颜色为前景色。此工具的使用方法与前面讲的喷笔工具相似。单击工具箱中的毛笔工具图标即可调出画笔工具选项浮动窗口，如图 8—25 所示。

图 8—25　画笔工具的选项窗口

2. 铅笔工具

运用铅笔工具可以创建出硬边的曲线或直线，它的颜色为前景色。在铅笔工具选项浮动窗口的左上方有一个弹出式菜单栏，此菜单栏用以设定铅笔工具的绘图模式。其中，自动抹掉选项被选定以后，如果鼠标的起点处是工具箱中的背景色，铅笔工具将用前景色绘图。当在画笔浮动窗口中选择铅笔工具的笔触大小时，会发现只有硬边的笔触样式。

（十）图章工具

在 Photoshop 中，图章工具根据其作用方式被分成两个独立的工具：仿制图章工具和图案图章工具，它们一起组成了 Photoshop 的一个图章工具组。

1. 仿制图章工具

仿制图章工具是 Photoshop 工具箱中很重要的一种编辑工具。在实际工作中，仿制图章可以复制图像的一部分或全部从而产生某部分或全部的拷贝，它是修补图像时经常要用到的编辑工具。仿制图章工具的选项窗口如图 8—26 所示。

图 8—26 仿制图章工具的选项窗口

2. 图案图章工具

在使用图案图章工具之前，必须先选取图像的一部分并选择“编辑”菜单下的“定义图案”命令定义一个图案，然后才能使用图案印章工具将设定好的图案复制到鼠标的拖放处。

单击工具箱中的图案图章工具，调出图案图章工具选项浮动窗口。此浮动工具窗口与图章工具选项浮动窗口的选项基本一致，只是多出一个图案选项。当选择“对齐的”选项后，使用图案图章工具可为图像填充连续图案。如果第二次执行定义指令，则此时所设定的图案就会取代上一次所设定的图案。当取消“对齐的”选项后，则每次开始使用图案图章工具，都会重新开始复制填充。

（十一）历史画笔工具

历史画笔工具是 Photoshop 工具箱中一种十分有用的编辑工具。在 Photoshop CS 中，记录工具包括历史记录画笔工具和历史记录艺术画笔工具。

1. 历史画笔工具

此工具与 Photoshop 的历史记录浮动窗口配合使用。当浮动窗口中某一步骤前的历史画笔工具图标被点中后，用工具箱中的历史画笔工具可将图像修改恢复到此步骤时的图像状态。

2. 历史记录艺术画笔工具

历史记录艺术画笔工具是一个比较有特点的工具，主要用来绘制不同风格的油画质感图像。其选项工具窗口如图 8—27 所示。

图 8—27 历史记录艺术画笔工具的选项窗口

在历史记录艺术画笔工具的选项窗口中，样式用于设置画笔的风格样式，模式用于选择绘图模式，区域用于设置画笔的渲染范围，容差用于设置画笔的样式显示容差。

（十二）橡皮擦工具

橡皮擦工具是在图片处理过程中常用的一种工具，在 Photoshop 中有 3 种橡皮擦工具：普通橡皮擦、背景橡皮擦和魔术橡皮擦。

1. 普通橡皮擦工具

普通橡皮擦工具选项浮动窗口如图 8—28 所示。

图 8－28　普通橡皮擦工具的选项窗口

2. 背景橡皮擦工具

背景橡皮擦工具可将被擦除区域的背景色擦掉，被擦除的区域将变成透明，使用背景橡皮擦可以有选择地擦除图像，主要通过设置采样色，然后擦除图像中颜色和采样色相近的部分。

3. 魔术橡皮擦工具

魔术橡皮擦工具有更灵活的擦除功能，操作也更简洁，设置好魔术棒的属性后，只需轻轻地单击鼠标，就可以擦除预定的图像。

(十三)填充工具

填充工具主要包括渐变填充工具和油漆桶工具。

1. 渐变填充工具

渐变填充工具可以在图像区域或图像选择区域填充一种渐变混合色。此类工具的使用方法是：按住鼠标拖动，形成一条直线，直线的长度和方向决定渐变填充的区域和方向。如果在拖动鼠标时按住 Shift 键，就可保证渐变的方向是水平、竖直或成 45°角。

Photoshop 的渐变填充工具组包括 5 种基本渐变工具：线性渐变工具、径向渐变工具、角度渐变工具、对称渐变工具、菱形渐变工具。每一种渐变填充工具都有与其相对应的选项浮动窗口。可以在选项浮动窗口中任意地定义、编辑渐变色，并且无论变多少色都可以。渐变填充工具的属性选项框如图 8－29 所示。

图 8－29　渐变填充工具的选项窗口

双击渐变填充工具列表中的某种渐变图标，则会出现“渐变编辑器”对话框，可以通过此对话框建立一个新的渐变色或编辑一个旧的渐变色，如图 8－30 所示。

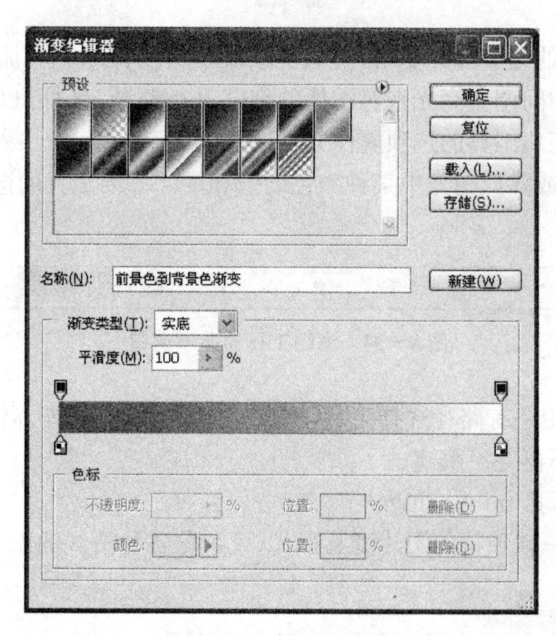

图 8－30　渐变编辑器

2. 油漆桶工具

油漆桶工具可以根据图像中像素颜色的近似程度来填充前景色或连续图案。单击工具箱中的油漆桶工具，就会调出油漆桶工具选项浮动窗口，如图 8—31 所示。

图 8—31 油漆桶工具的选项窗口

(十四)调焦工具

Photoshop 的调焦工具包括模糊工具、锐化工具和涂抹工具。此组工具可以使图像中某一部分像素边缘模糊或清晰，可以使用此组工具对图像细节进行修饰。模糊工具可以降低图像中相邻像素的对比度，将较硬的边缘柔化，使图像变得柔和；锐化工具可以增加相邻像素的对比度，将模糊的边缘锐化，使图像聚焦。

这 3 种调焦工具的选项窗口很相似，图 8—32 是涂抹工具的选项窗口。

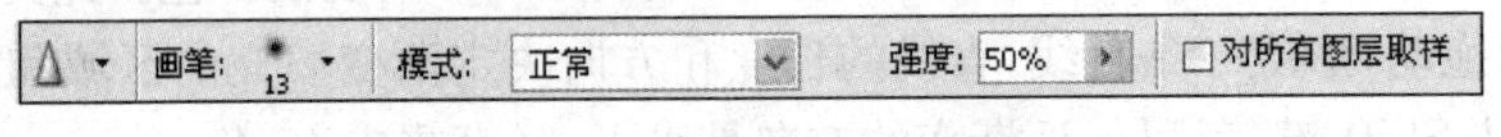

图 8—32 涂抹工具的选项窗口

(十五)色彩微调工具

Photoshop 的色彩微调工具包括减淡工具、加深工具和海绵工具 3 种。使用此组工具可以对图像的细节部分进行调整，可使图像的局部变亮、变深或色彩饱和度降低。

减淡工具可使图像的细节部分变亮，类似于给图像的某一部分淡化。如果单击工具箱中的减淡工具，就可以调出减淡工具选项浮动窗口，如图 8—33 所示。

图 8—33 减淡工具的选项窗口

加深工具可使图像的细节部分变暗，类似于减淡工具的操作。在加深工具选项浮动窗口中可以分别设定暗调、中间调或高光来对图像的细节进行调节，另外，也可以设定不同的曝光度，这些操作的设置和亮化工具的选项属性完全一样。

海绵工具用来增加或降低图像中某种颜色的饱和度。海绵工具的选项窗口如图 8—34 所示。

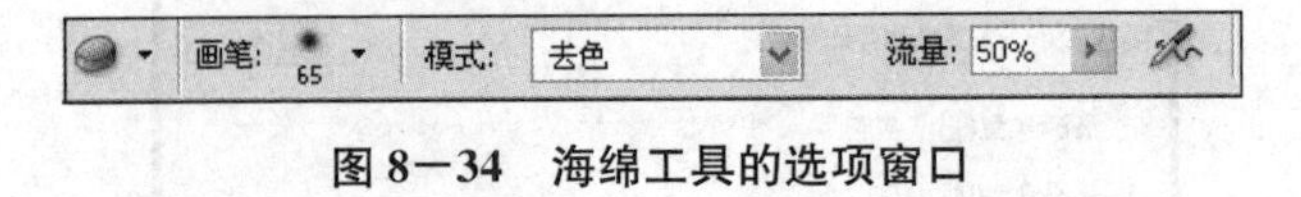

图 8—34 海绵工具的选项窗口

Photoshop 工具箱中还有路径选择工具、文字工具、钢笔工具等，需要结合图形处理的实际应用进行讲解，在此不再一一赘述。

(十六)文件浏览工具 mini bridge

Photoshop 自带了一款独特的图片浏览工具，可预览各种格式的图片，并有批处理和批重命名的功能。

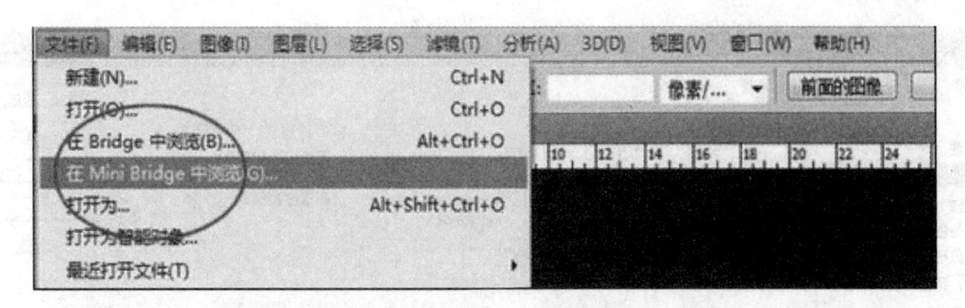

图 8－35－1　文件浏览工具 mini bridge

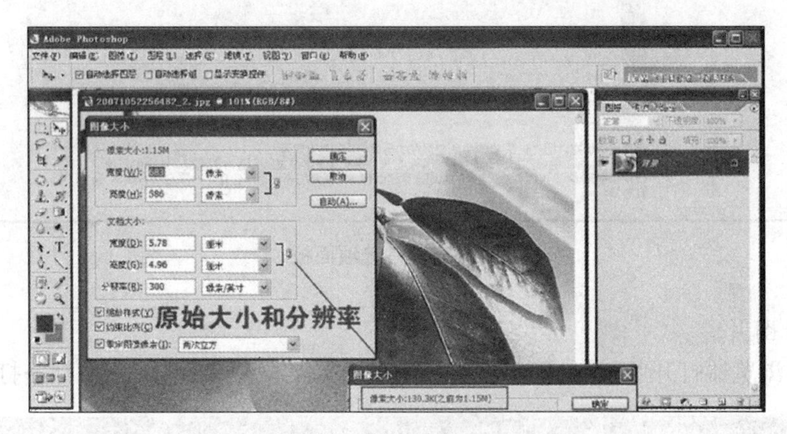

图 8－35－2　文件浏览工具 mini bridge

四、Photoshop 的基本操作

(一)软件的打开及首选项设置

打开软件:在启动 Photoshop 过程中,按住 Ctrl＋Shift＋Alt 键,出现图 8－36 所示的提示框,点击“是”,软件恢复到初始的状态。

图 8－36　启动提示框

预置软件:对 Photoshop 软件进行环境预置,执行编辑→首选项(Ctrl＋K)。

暂存盘:是 Photoshop 软件产生的虚拟内存,以提高 Photoshop 处理的速度。当第一个暂存盘已满时,需要将硬盘中不需要的文件删除,以释放更多的硬盘空间。Photoshop 软件可以设定 4 个暂存盘。

图像高速缓存:为图像加快屏幕刷新的速度。

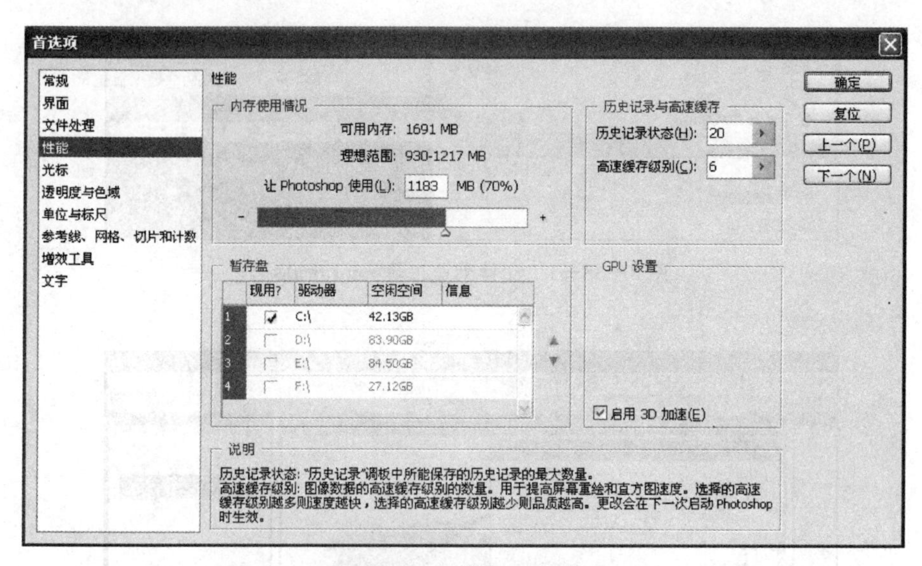

图 8—37　首选项面板

(二)打开图片

使用文件浏览器打开“Photoshop”文件夹中的“样本”文件夹，或使用文件→打开。

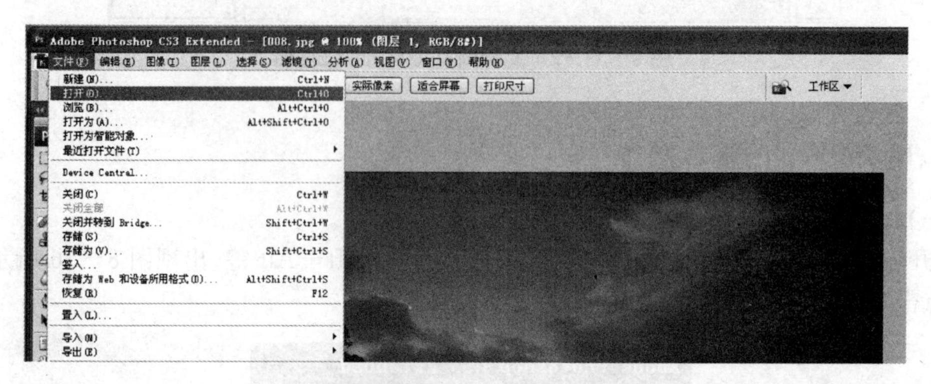

图 8—38—1　打开文件

双击文档窗口的空白区域，可以快速进入“打开文件”窗口。

图 8—38—2　打开文件

(三)新建文件

方法 1：文件→新建；方法 2：Ctrl＋N 键；方法 3：按 Ctrl＋双击空白处。

新建文件的对话框包括预设图像尺寸、宽度、高度、分辨率、颜色模式、背景内容。

(四)Photoshop 常用的快捷操作

在利用 Photoshop 处理图片的过程中，快捷操作可以有效节省工作时间，提高图片处理的效率，因此，记住常用的快捷操作按钮是图片处理工作者必须要做的工作之一。下面列举了 Photoshop 常用的操作快捷按钮。

1. 浏览图片

缩放工具(Z)：缩放范围为最小 1 个像素，最大 1600%。

Alt＋缩放：缩小。

Ctrl＋Space，并单击：临时切换放大。

Alt＋Space，并单击：临时切换缩小。

双击缩放工具或 Ctrl＋alt＋0：实际像素大小(即 100%显示比例)。

Ctrl 键在导航器中拖拉：放大该区域。

Ctrl＋“＋”：放大。

Ctrl＋“－”：缩小。

Ctrl＋0：满画布显示。

双击抓手工具(H)：满画布显示。

在任何工具下，按 Space：临时切换到抓手工具。

2. 前景色和背景色

Alt＋Del 或 Alt＋BackSpace：前景色填充。

Ctrl＋Del 或 Ctrl＋BackSpace：背景色填充。

D 键：恢复默认的前景色(黑)、背景色(白)。

X 键：切换前景色、背景色。

3. 其他辅助操作

一步撤销：Ctrl＋Z。

多步撤销：Ctrl＋Alt＋Z。

显示隐藏标尺：Ctrl＋R。

显示隐藏网格：Ctrl＋’。

在任何工具下，按 Ctrl：临时切换到移动工具。

在任何工具下，按 Ctrl＋Alt：临时切换到复制图层、选区。

【应用范例】

北京达美创业贸易有限公司网站页面图像分析

本例是一个以女性化妆品为主打产品的企业宣传网站的形象页面效果图设计。该公司一直致力于结合科技和自然的化妆品产品的研发，主打自然健康的产品理念，因此在整体的页面设计中以绿色为主要的风格，同时配以女性模特、植物和蝴蝶等素材来体现清新、自然的感觉。效果如图 8－39 所示。

本网页简单、清晰，适合企业经营的产品，企业的名称放在网页的显著位置，突出但颜色并不突兀，给人以美的感受。

本网页的制作分为三部分：一是以渐变为主的绿色底板；二是左侧的图像组合；三是右下

图 8－39　效果图

侧的“点击进入”按钮。按钮以图文组合方式展示出来，更显得自然。

设计数码产品网页背景图

下面为大家介绍利用 Photoshop 制作一个数码相机网页背景图的方法，主要是使用一些花草和相机的素材进行合成，而且步骤并不复杂。

图 8－40　效果图

1. 首先在 Photoshop 创建一个新文档，大小为 1200×1000px，如图 8－41 所示。

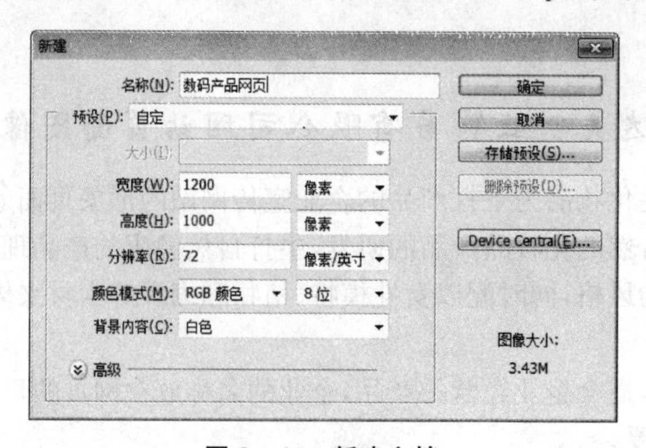

图 8－41　新建文档

2. 执行“文件”→“打开”，打开相机素材图片，导入 Photoshop 中。

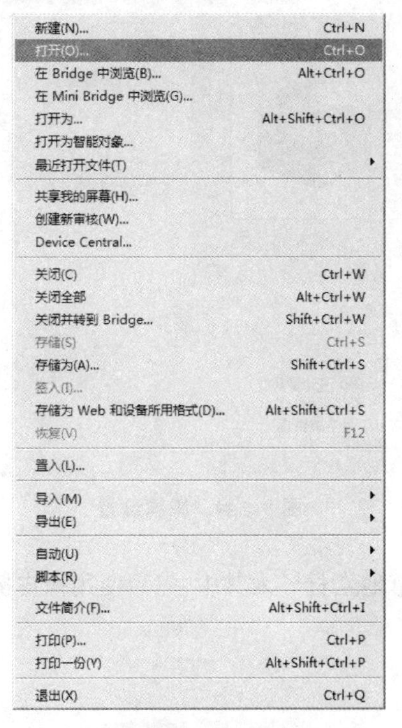

图 8－42　导入素材

3. 执行“滤镜”→“渲染”→“镜头光晕”，添加一个光晕的效果，如图 8－43 所示。

图 8－43　滤镜应用

4. 在“镜头光晕”对话框中设置：亮度 56％，105 毫米聚焦，如图 8－44 所示。

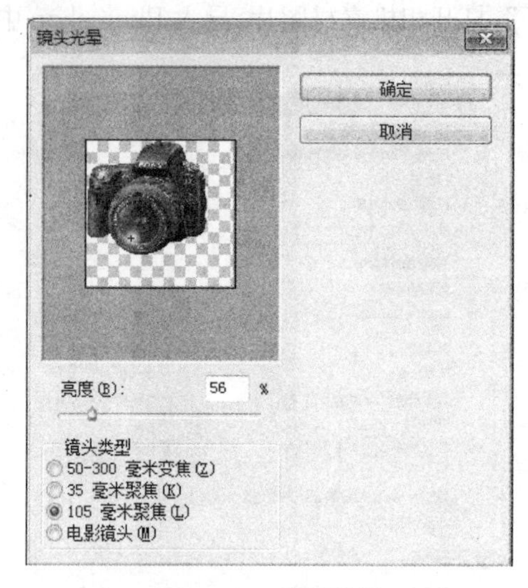

图 8－44　滤镜设置

5. 创建一个新图层并把草地素材导入其中，然后使用橡皮擦工具(柔角，大小为 100)涂抹一下，效果如图 8－45 所示。

图 8－45　橡皮擦效果

6. 创建新图层，导入云彩素材图片，调整透明度，效果如图 8－46 所示。

图 8－46　调整透明度

7. 创建新图层，导入花朵素材图片，并进行复制、粘贴、水平翻转，效果如图 8－47 所示。

图 8－47　导入素材

8. 调整各个图层的大小比例。创建新图层，选择矩形选框工具，创建一个矩形选区，填充前景色为＃1a9b93(深绿)；创建新图层，选择矩形选框工具，创建一个矩形选区，填充前景色为＃72ccc3(浅绿)，效果如图 8－48 所示。

图 8－48　填充效果

9. 使用橡皮擦工具，设置画笔为喷枪柔边圆 100，涂抹出图 8－49 所示的效果。

图 8—49 涂抹效果

10. 添加图形图像内容，并调整大小，旋转方向，增加图层样式，制作出如图 8—50 所示的效果。

图 8—50 添加图像效果

11. 添加文字内容，制作出如图 8—51 所示的效果。

图 8－51　添加文字效果

任务 2　Fireworks 网络图形编辑

一、Fireworks 操作界面

新建文档完成后就可以看到 Fireworks 的工作界面了，如图 8－52 所示。Fireworks 的工作界面由“菜单栏”“工具栏”“工作区”“工具条”“组合面板”和“属性框”6 个部分组成。

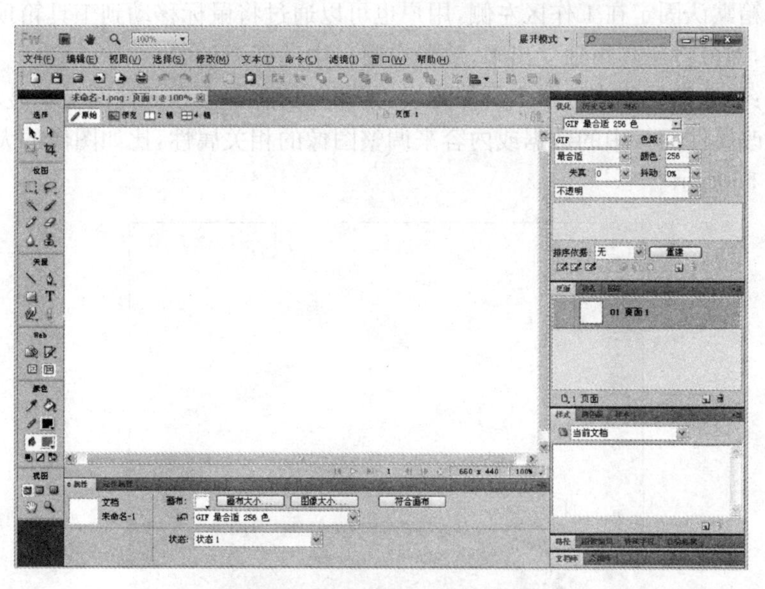

图 8－52　Fireworks 工作界面

工作区：在工作区上不仅可以绘制矢量图，也可以直接处理点阵图（位图）。工作区上有 4

个选项卡，当前是“原始”选项窗，也就是工作区，只有在此窗口中才能编辑图像文件；而在“预览”选项窗中则可以模拟浏览器预览制作好的图像。“2 幅”和“4 幅”选项卡则分别是在 2 个和 4 个窗口中显示图像的制作内容。

工具条：Fieworks CS5 的工具栏主要分为两种：常用工具栏和修改工具栏。为了方便用户的使用，将一些使用频率相对比较高的菜单命令以图形按钮的形式放在一起，组成了常用工具栏，如图 8－53 所示。

图 8－53　常用工具栏

用户只需要单击工具栏上的按钮，就可以执行该按钮所代表的操作。

注意：如果当前操作界面上没有显示该工具栏，请选择“窗口”→“工具栏”→“主要”命令打开。

修改工具栏提供了一些常见的图形操作命令，如群组、对齐、排列以及旋转等。修改工具栏位于常用工具栏的右侧，如图 8－54 所示。

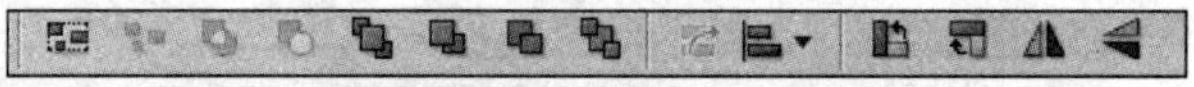

图 8－54　修改工具栏

修改工具栏上的对齐方式按钮，利用该按钮可以在选中的多个对象上快捷地应用上一次使用的对齐方式。

工具箱：在 Fireworks CS5 中，图像处理工具都放在工具箱中，图 8－55 左图就是 Fireworks CS5 的工具箱。

Fieworks CS5 的工具箱主要由选择工具、位图工具、矢量工具、Web 工具、颜色工具、视图工具组成，用户可以使用这些工具对图像或选区进行操作。在工具箱中单击工具按钮即可选择该工具。工具箱的有些工具是以工具组的形式存在的，单击那些带有黑色小箭头的工具按钮选项，再拖动鼠标指针到相应子项按钮上，松开鼠标即可选择需要的工具。

绘图工具箱默认固定在工作区左侧，用户也可以通过将鼠标移动到工具箱顶部，然后按下鼠标左键拖动，即可将工具箱独立出来，放置在窗口中的任意位置。

属性面板：当选择对象或选取工具的时候，其相关信息都会在属性面板中显示出来。同时也可以通过修改属性面板中的数据或内容来调整图像的相关属性，比如图像的大小、位置及色彩等，如图 8－55 所示。

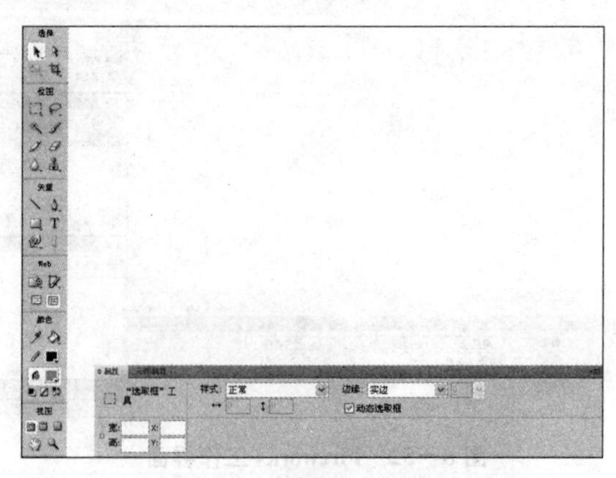

图 8－55　工具箱与属性面板

组合面板：Fireworks 的组合面板共有 14 个，分别为信息、层、混色器、颜色样本、样式、URL、库、形状、帧、历史记录、行为、查找、优化和对齐面板。每个面板既可相互独立进行排列又可与其他面板组合成一个新面板，但各面板的功能依然相互独立。点击面板上的名称可展开或折叠该面板，如图 8－55 所示。还可以把“样式”面板与“对齐”面板进行组合，形成一个新的组合面板，如图 8－56 所示。

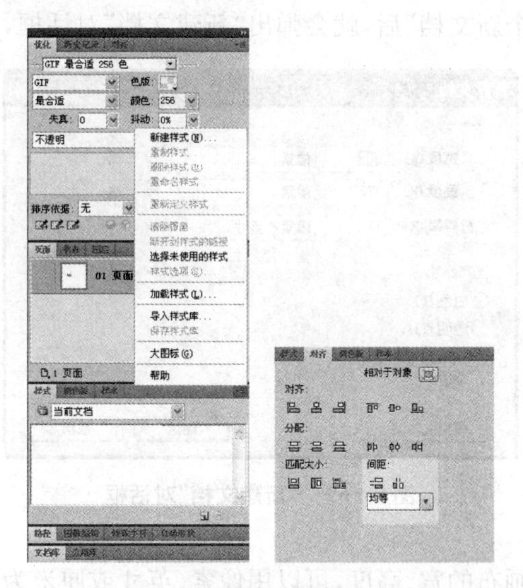

图 8－56 面板

动画播放按钮：对于制作的动画文件可以用这些按钮进行播放、停止、到最后一帧、显示当前帧数等操作。

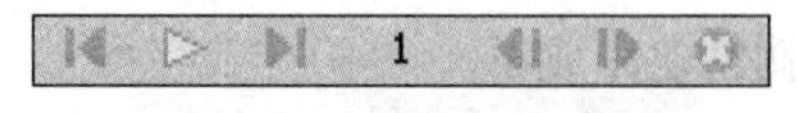

图 8－57 动画播放按钮

取消 BMP 模式：在引入 BMP 格式的图形文件时，单击这个红色小叉可以取消 BMP 模式，进入矢量编辑。

工作区的显示比例：在这里可以更改工作区的显示比例，以方便相关操作，但不会更改图像的实际大小。

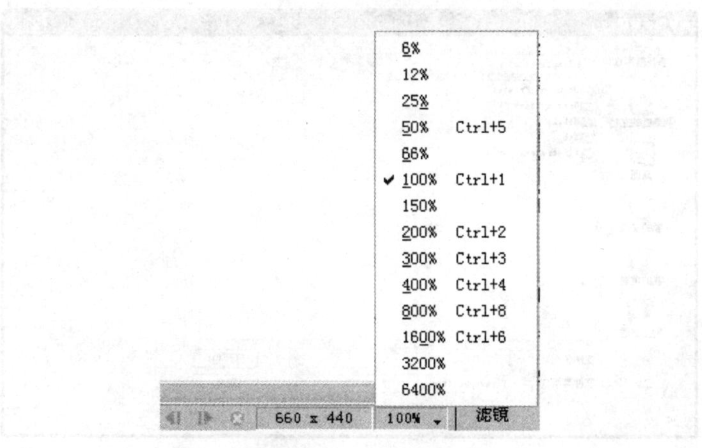

图 8－58 显示比例

二、Fireworks 的基本操作

(一)创建文档

在启动 Fireworks CS 中文版时，会出现一个起始页面窗口，在这里可以快速访问最近编辑过的文档或创建一个新文档，也可以访问帮助一类的文件或网页。

当我们选择“创建一个新文档”后，就会弹出“新建文档”对话框，如图 8－59 所示。

新建文档
画布大小：1.3M
宽度(W)：732 像素 宽：732
高度(H)：472 像素 高：472
分辨率(R)：72 像素/英寸
画布颜色：
白色(I)
透明(T)
自定义(C)：
模板... 确定 取消

图 8－59 “新建文档”对话框

画布大小：设置文件画布的宽、高度，可以用像素、英寸或厘米为单位。

分辨率：文件的分辨率越高，图像越精细，但同时文件也会越大。

画布颜色：文档画布颜色有三个选项，依次为白色、透明色和自定义颜色。在自定义颜色下方的色彩选择框中，可以自行选择一种颜色。

单击“确定”后，新的文件就创建完成了。

Fireworks CS5 新增了设计模板，利用内置的 5 种不同类型的模板，即文档预设、网络系统、移动设备、网页和线框图，用户能够快速创建相应的应用，减少二次开发，提高效率。此外，用户还可以将常用的文档结构保存为可与设计小组共享的模板，以下将说明这一点。

1.在“新建文档”对话框中，单击左下角的“模板”按钮，即可打开“通过模板新建”对话框，如图 8－60 所示。

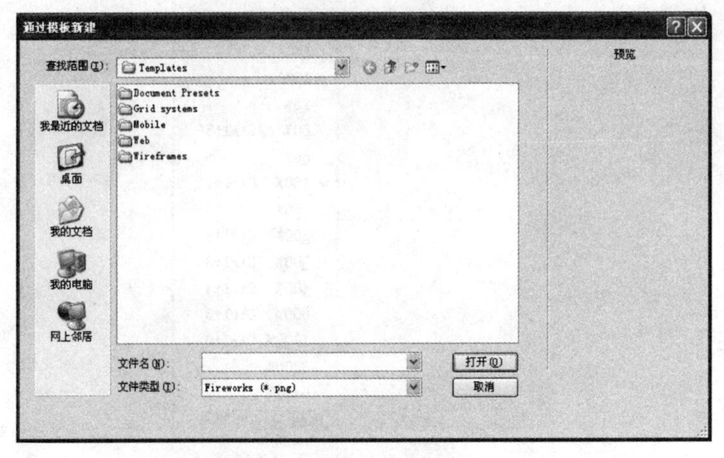

图 8－60 “通过模板新建”对话框

在弹出的对话框中选择需要的模板后，单击“打开”按钮，即可基于模板创建一个新文件，如图 8－61 所示。

2.鼠标单击按钮“基于模板的文档(PNG)”，即可以弹出如图 8－61 所示的对话框。

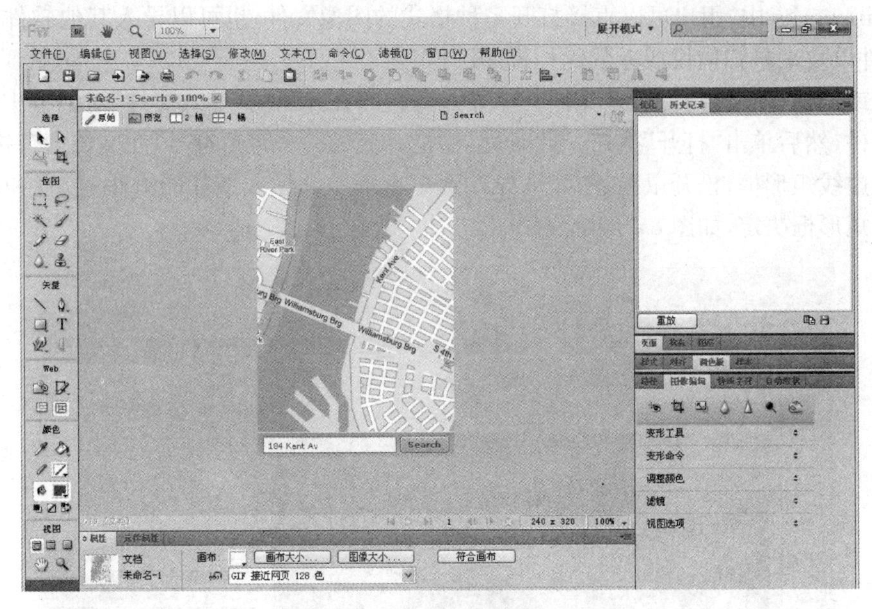

图 8－61　基于模板新建的文件

3.鼠标单击选择菜单栏“文件”→“通过模板新建”命令，即可以弹出如图 8－60 所示的对话框。

用户可以根据需要在该文件上进行进一步创作，例如，可以轻松地对模板的文本、图像、配色方案进行修改、替换。

可以通过多种方式创建新文档，可以点击“文件”→“新建”，当然，也可以单击工具栏的“□”按钮。

(二)打开已有文档

通过点击“文件”→“打开”方式来打开已存在的文档是最直接的方式。在打开对话框中选择文件并点击“打开”。

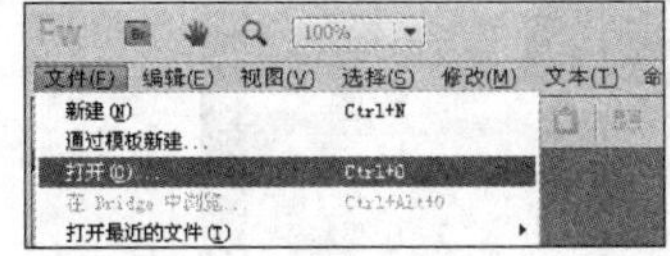

图 8－62　打开文件对话框

可以通过多种方式打开文档，可以点击文档窗口的空白区域，当然，也可以单击工具栏的“▭”按钮，如图 8－62 所示。

（三）导入图像

在 Fireworks 中，用户可以直接打开多种格式的图像文件，也可以导入其他软件中绘制的对象、文件以及来自扫描仪或者数码相机的图像。

打开或创建一个文档，执行“文件”→“导入”命令，在弹出的“导入文件”对话框中选择需要导入的文件，然后单击“打开”按钮。此时，鼠标指针变成一个直角符号，在文档窗口拖动鼠标，出现一个虚线矩形框，松开鼠标，图片被导入到矩形框中。导入图片的大小、位置和尺寸由拖动产生的矩形框决定，如图 8－63 所示。

图 8－63　导入画布为透明的图像

执行导入命令并选中图形后，在文档编辑窗口中直接单击鼠标也可以导入图片，单击的位置即为图片左上角的位置，且图片的大小不变，如图 8－64 所示。

图 8－64　画布为粉色的原图大小的导入图像

在 Fireworks CS5 中导入 Photoshop 的 PSD 文件时，还可以保留图层、图层之间的层次关系以及可编辑的图层特效，并且可以把设计的文档保存为 Photoshop 格式的文件，便于在 Photoshop 中操作；也可以对 Fireworks 中的对象直接应用 Photoshop 的图层特效。

导入 Illustrator 文件的同时，也可以保留许多文件属性，包括图层和样式等。

Fireworks CS5 还支持从扫描仪或数码相机中导入图像。选择"文件"→"扫描"命令，即可扫描所需的图像。

（四）插入其他文件中的对象

在 Fireworks CS5 中，利用鼠标拖放或复制粘贴可以插入其他图形编辑工具编辑的图像。下面以 Microsoft Internet Explorer 8.0 为例讲解鼠标拖放对象到 Fireworks 中的方法。

（1）同时打开 Microsoft Internet Explorer 8.0 和 Fireworks CS5，将鼠标移到 IE 窗口中需要导入的对象上。按住鼠标左键不放，将光标拖动到 Fireworks CS5 文档编辑窗口上。

（2）将对象拖放在文档编辑窗口合适的位置，释放鼠标，即将对象插入到当前编辑的文档中。

利用复制和粘贴同样可以在文档中插入其他格式的文本与图像。从其他应用程序复制的对象粘贴到 Fireworks 中时会把对象放置在文档的中心。

注意：如果剪贴板上的位图图像与当前文档的分辨率不同，Fireworks 会弹出信息提示窗口，询问用户是否重新取样。选择"重新取样"会保持粘贴位图的原始宽度和高度不变，并在必要时添加或去除一些像素。选择"不重新取样"则维持全部原始像素，这可能会使粘贴图像的相对大小比预想的要大或小一些。

（五）修改画布的属性

很多时候，在 Fireworks 中创建图像后，需要对创建的画布的属性进行编辑，使创建的画布的颜色和分辨率等属性满足需要。这些操作均可以通过"修改"→"画布"命令的子命令实现。

1. 改变画布的大小

画布的大小决定了图像可以存在的空间大小，Fireworks 允许随时修改画布的大小。

选择"修改"→"画布"→"画布大小"命令，打开"画布大小"对话框。对话框中"当前大小"区域显示画布在修改之前的大小，在"新尺寸"区域输入画布新的高度和宽度值，并从右方的下拉列表中选择数值的单位。"锚定"区域的按钮表示画布扩展或收缩的方向，根据需要单击相应的方向按钮，如图 8－65 所示。

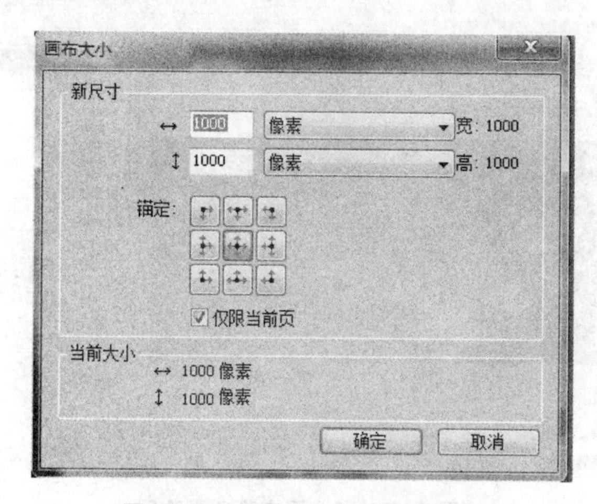

图 8－65 修改画布大小的对话框

Fireworks CS6 支持在单个文档(PNG 文档)中创建多个页面。可以将整个项目的页面分页全部保存在一个 PNG 文档里:如果只改变当前页面的大小,则选中"仅当前页面";如果未选中该项,则修改当前文档中所有页面的尺寸。设置完毕,单击"确定"按钮,即可完成对画布大小的重设。

如果要改变当前文档(PNG 文件)中指定页面的画布大小,可以单击文档编辑窗口状态栏页面上 图标上的下拉箭头,选择需要的页面。页面默认的名称不便于标识,用户可以在"页面"面板中双击某一页面,在弹出的对话框中为选中页面重命名。

如果要在当前文档中增加一个页面,可以执行"编辑"→"插入"→"页面"命令,也可以单击"页面"面板右上角的选项菜单,从中选择"新页面"命令。

此外,还可以单击选择工具组中的裁切工具,在文档中拖动鼠标,勾绘出需要的画布范围,然后双击鼠标,即可将画布改变为裁切框所包围的大小。

2. 改变画布颜色

选择"修改"→"画布"→"画布颜色"命令,根据需要在对话框中选择新的画布颜色,如图8－66所示。

图 8－66－1　画布颜色更改前

图 8－66－2　画布颜色更改后

3. 旋转画布

选择"修改"→"画布"命令,然后根据需要选择二级菜单中的旋转命令即可。需要注意的是,旋转画布会导致画布中的所有图像对象同时被旋转,如图 8—67 所示。

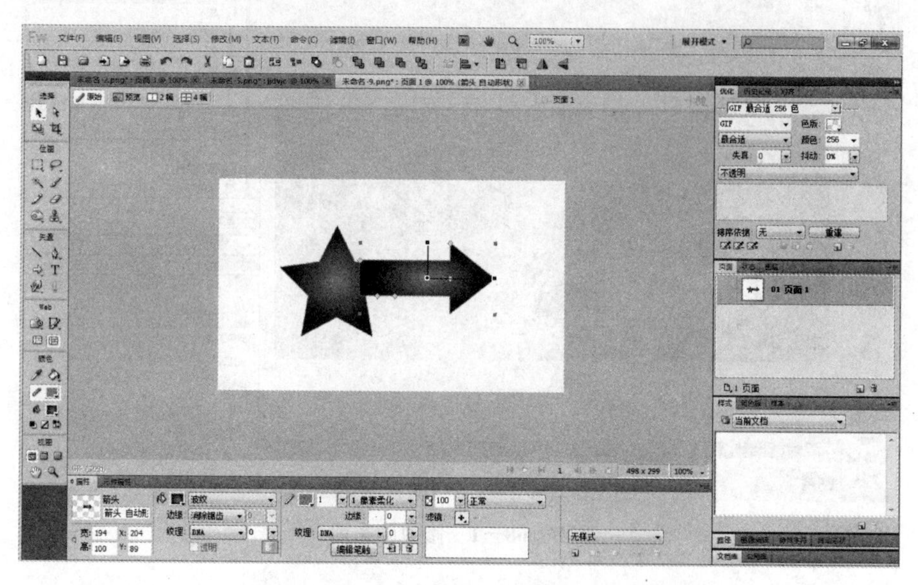

图 8—67—1 通过裁切工具改变画布大小前

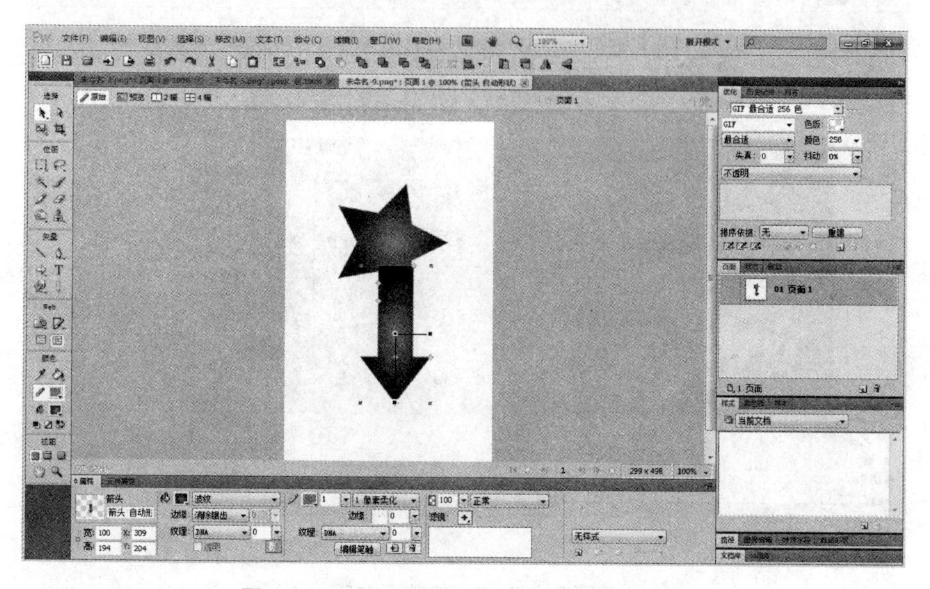

图 8—67—2 通过裁切工具改变画布大小后

4. 修剪、符合画布

在画布上绘制图像时,有时会出现画布与对象大小不匹配的情况。例如,图像对象绘制在画布中的某个局部位置,而四周都是画布,显得很不协调。修剪、符合画布操作可以使画布刚好容纳所画的图像。

选择"修改"→"画布"→"修剪画布"命令,画布的大小将自动被缩小,直至刚好容纳图像内容,如图 8—68 所示。

图 8—68—1 修剪画布前

图 8—68—2 修剪画布后

选择“修改”→“画布”→“符合画布”命令，画布的大小将自动被放大，而且较小的画布适应较大的图像范围。

5. 改变图像的大小

选择“修改”→“画布”→“图像大小”命令，在弹出的对话框中重新设置图像的宽度和高度值。

如果选中“约束比例”复选框，在改变图像的高度和宽度时，将保持高度和宽度的比例不变;否则,将分别改变图像的高度和宽度值。

选中“图像重新取样”复选框,在对图像进行缩放的过程中,Fireworks 会自动调整图像中的像素,使图像大小变化后尽量不失真。用户还可以在“图像重新取样”复选框后面的下拉列表框中选中 Fireworks 缩放图像时改写像素的方法。其中,“双立方”在多数情况下提供最明快和最高质量的改写,是 Fireworks CS5 的默认设置;“双线性”较 Soft 明快,但比“双立方”差;“柔化”会令图形模糊,清除明快细节;“最近的临近区域”会产生锯齿状边缘,强烈的对比。

与改画布大小的操作一样,如果只改变当前页面中的图像大小,则要选中“仅当前页面”选项。

(六)显示文档

在文档编辑过程中,常常需要采用不同的显示模式及比例,以便更宏观或更精确地查看或设计图像。这些操作可通过视图工具实现。

直接调整文档的显示比例:选择“视图”→“缩放比例”命令,在弹出的下拉菜单中单击所需的显示比例。其中,“选区符合窗口大小”和“符合全部”两个选项分别表示将所选对象全窗口显示和将图像全窗口显示。

使用缩放工具调整:单击工具箱中的“视图”栏内的缩放工具按钮后,鼠标指针会变成放大镜形状。在文档窗口中单击鼠标后即可放大显示文档内容。在选取缩放工具后,按住 Alt 键,鼠标指针会变成缩小镜形状。单击鼠标左键,即可缩小显示文档内容。用鼠标双击工具箱中的缩放工具按钮,可以将文档的显示比例恢复到 100%。

使用手形工具调整:单击工具箱中“视图”栏内的手形工具按钮,鼠标指针会变成手形,在文档窗口上按住鼠标左键后拖动鼠标,即可很方便地查看文档的各个部分。双击手形工具按钮,可以将当前文档全窗口显示。

完全显示和草图显示:在 Fireworks 中,文档的显示方式有两种:完全显示和草图显示。选择“视图”→“完整显示”命令可以在两种显示方式之间切换。完全显示就是在整个文档窗口中显示图像的所有细节,包括矢量结构和应用到这些结构上的各种效果。草图显示则是使用一个像素宽的路径显示矢量图形,不显示填充效果,对于图像显示一个“X”。

Macintosh 灰度系数显示:灰度预览可使用户查看图像在其他计算机平台上的显示效果。选择“视图”→“Macintosh 灰度系数”命令,即可在当前文档中显示该图像在 Macintosh 计算机中的显示效果。

(七)应用辅助工具

Fireworks 提供了标尺、辅助线、网格等定位工具,可以帮助用户精确布局图像,了解图像当前的坐标位置。

1. 显示/隐藏标尺

使用标尺可以很方便地布局对象,并能了解编辑对象的位置。

选择菜单栏“视图”→“标尺”命令即可显示/隐藏标尺,打“√”即表示显示。标尺显示在工作区的上沿和左沿,标尺的原点位置可以自行设置拖动文档窗口左上角的原点标记,直到达到满意的位置,如图 8-69 所示。

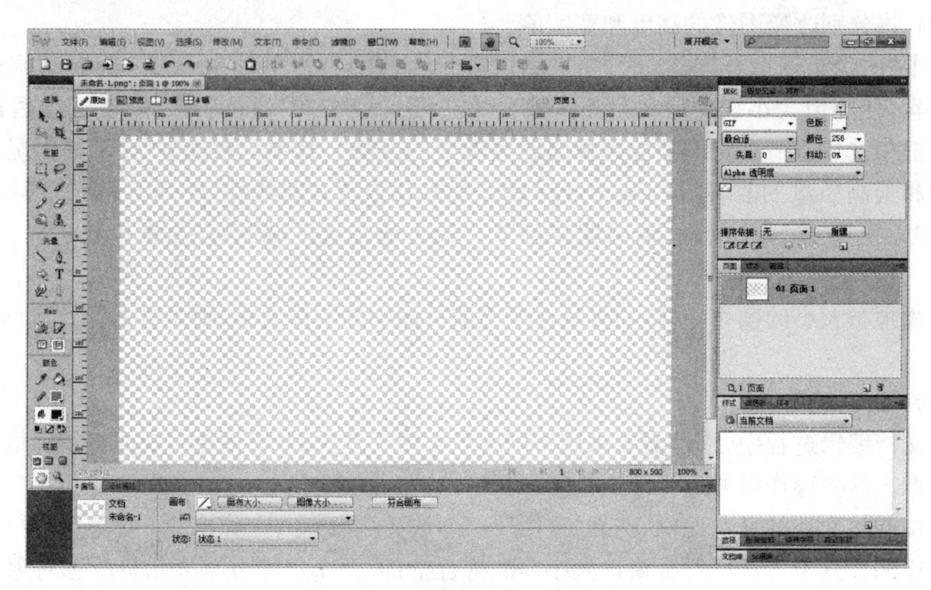

图 8－69　显示标尺的工作区界面

2. 网格

网格是文档窗口中纵横交错的直线，通过网格可以精确定位图像对象。

显示(或隐藏)网格：选择“视图”→“网格”→“显示网格”命令，如图 8－70－1 所示。

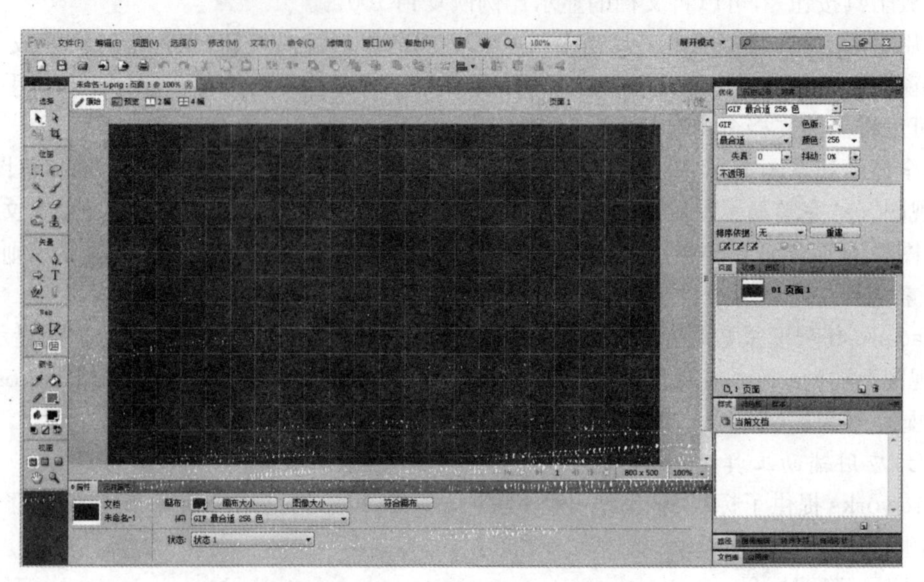

图 8－70－1　显示网格的工作区界面

对齐网格：选择“视图”→“网格”→“对齐网格”命令。对齐网格后，在文档中创建或移动对象时，对象就会自动对齐距离最近的网格线，如图 8－70－2 所示。

编辑网格：选择“编辑”→“首选参数”→“辅助线和网格”命令，在弹出的“首选参数”对话框中设置网格的颜色、网格线的水平/垂直间距，以及是否显示和对齐网络，如图 8－70－3 所示。

3. 辅助线

在显示标尺时，还可以在文档编辑窗口添加一些辅助线。使用辅助线可以更精确地对齐

图 8—70—2 显示对齐网格的工作界面

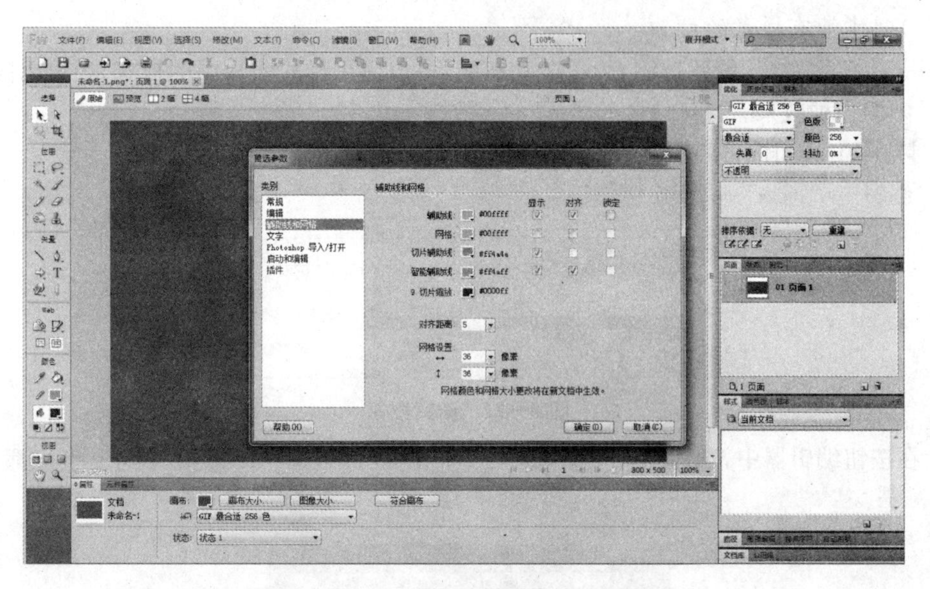

图 8—70—3 显示编辑网格的工作界面

和放置对象，标记图像中的重要区域。常用的辅助线操作有添加、移动、锁定、删除等。

添加辅助线：将鼠标移到标尺上，按住鼠标左键并拖动到文档中合适的位置释放，即可添加一条辅助线。

移动辅助线：将鼠标移到辅助线上，当鼠标指针变成双箭头时拖动辅助线，即可改变辅助线的位置。如果要将辅助线精确定位，可以双击辅助线，在弹出的对话框中输入辅助线的具体位置，即可将该辅助线移到指定的位置。

锁定辅助线：编辑图像时，如果不希望已经定位好的辅助线被随便移动，可以将其锁定。选择“视图”→“辅助线”→“锁定辅助线”命令，即可锁定辅助线。再次选中该命令，即可解除对辅助线的锁定。

删除辅助线：将辅助线拖动到画布范围之外即可，或者选择“视图”→“辅助线”→“清除辅助线"命令,清除画布中所有的辅助线。

编辑辅助线:选择"编辑"→"首选参数"→"辅助线和网格"命令,在弹出的"首选参数"对话框中可以设置辅助线和切片的颜色。

智能辅助线是临时的对齐辅助线,可帮助用户相对于其他对象来创建对象、对齐对象、编辑对象和使对象变形。

在 Fireworks CS5 中拖拽或移动对象的时候,智能辅助线就能够自动在对象的边缘产生洋红色的虚线来帮助对齐。若要激活和对齐智能辅助线,可以在菜单栏中选择"视图"→"智能辅助线"菜单命令,然后在下一级子菜单中选择"显示智能辅助线"和"对齐智能辅助线"命令。

在默认情况下,显示并对齐辅助线和智能辅助线,且智能辅助线显示为洋红色(#ff4aff)。若要更改智能辅助线出现的时间和方式,可以在"首选参数"对话框中的"辅助线和网格"面板中进行设置。

三、按钮和导航栏的制作

在 Fireworks 中,可以使用按钮编辑器快速创建一个按钮元件,从库面板中克隆多个按钮元件,就可以制作成导航栏。

(一)创建带有样式的按钮

使用"按钮编辑器"创建按钮,为了美化按钮,可以应用样式面板中的样式,还可以应用"属性面板"中的各种效果。

1. 打开 Fireworks,通过"文件"→"新建",新建一个文档。

2. "编辑"→"插入"→"新建按钮"。

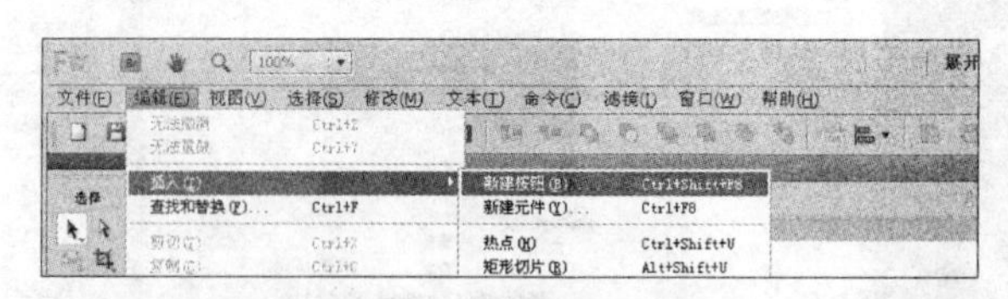

图 8—71 新建按钮

3. 在按钮编辑器中,选择"释放"状态,画一个宽 69 像素、高 20 像素、x 与 y 坐标都为 0 的矩形。

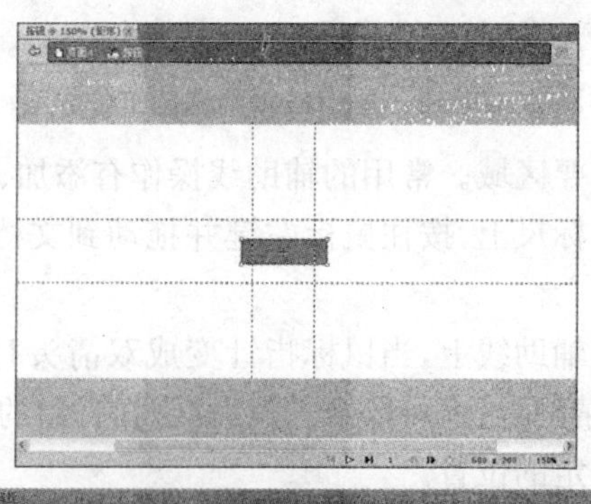

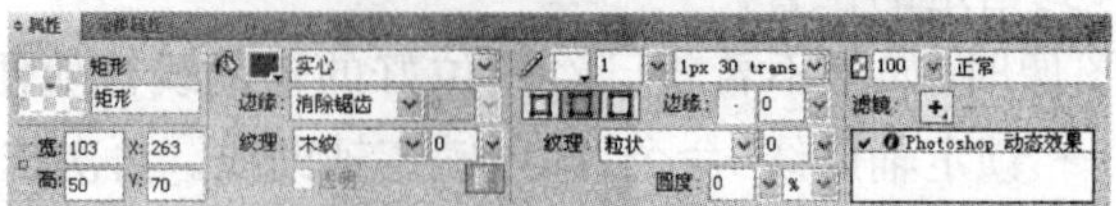

图 8—72 绘制矩形

4. 选中矩形，然后打开样式面板，点击并且应用一种样式；然后在属性面板上点击填充颜色块，实例中选择红色。

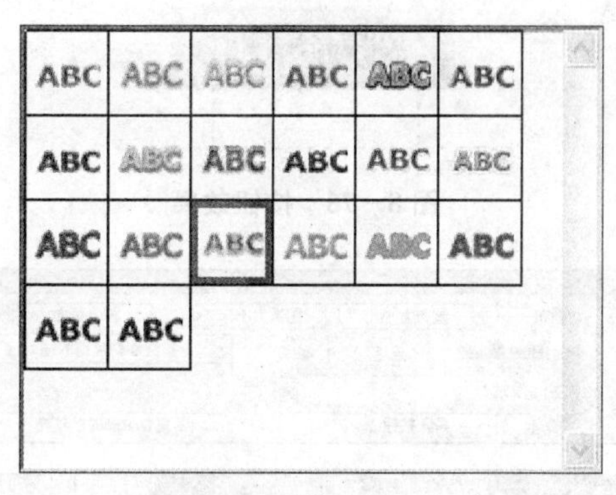

图 8－73　应用样式

5. 也可以选中按钮，通过点击属性面板上的“＋”来增加各种效果。

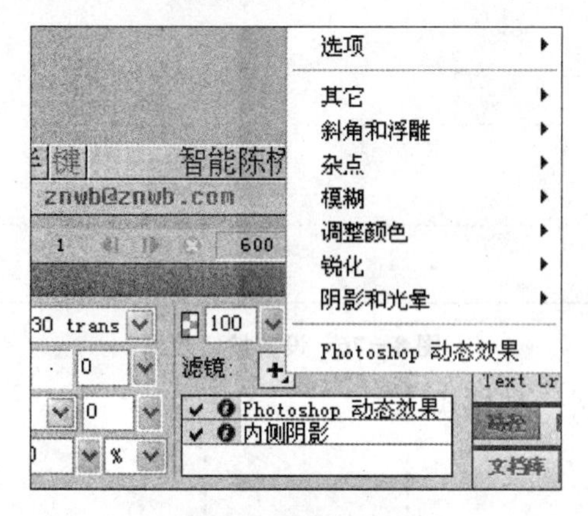

图 8－74　增加效果

（二）输入清晰的按钮文字

在网页图像中，如果使用较小的中文字体，如 12 像素，可以使用“不消除锯齿”的宋体，但在使用更大的其他字体时，就需要消除锯齿了。

1. 在“按钮编辑器”的释放状态下，使用工具面板上的“文本工具”A，在按钮上输入文字，在属性面板上选择宋体、12 像素、不消除锯齿。

输入文字后的按钮效果如图 8－75 所示。

使“滑过”状态的按钮颜色相对“释放”状态变亮。

2. 选中“滑过”状态，点击“复制弹起时的图形”。

图 8—75　按钮效果

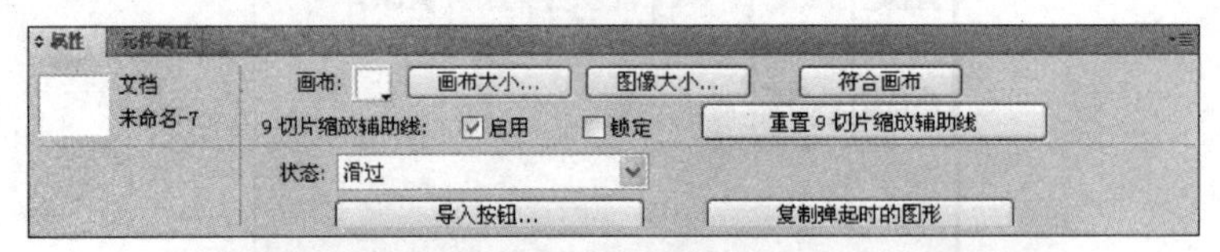

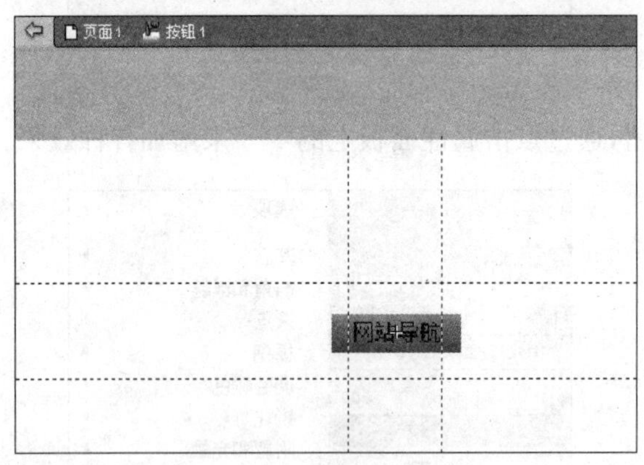

图 8—76　设置按钮效果

3. 选中矩形，应用另外一种样式。

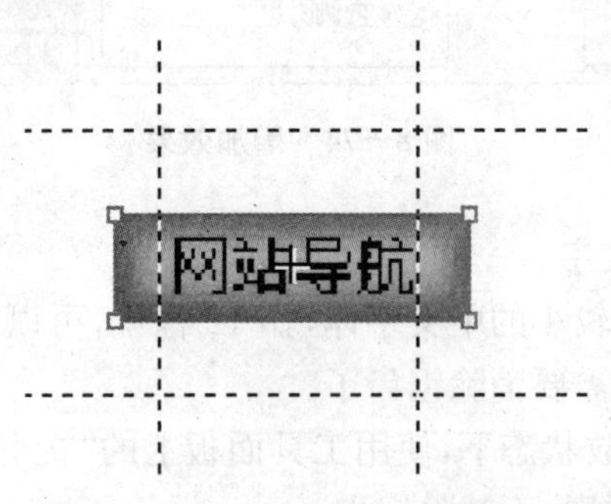

图 8—77　应用样式效果

重复上面的过程，调整"滑过"状态和"按下"状态的样式和滤镜。

图 8—78　调整样式和滤镜

(三)为按钮增加链接

1. 选中图层中的"切片"，在属性面板的"链接"项中，输入"＃"作为链接，以后可以修改。这样，就做好一个按钮了。

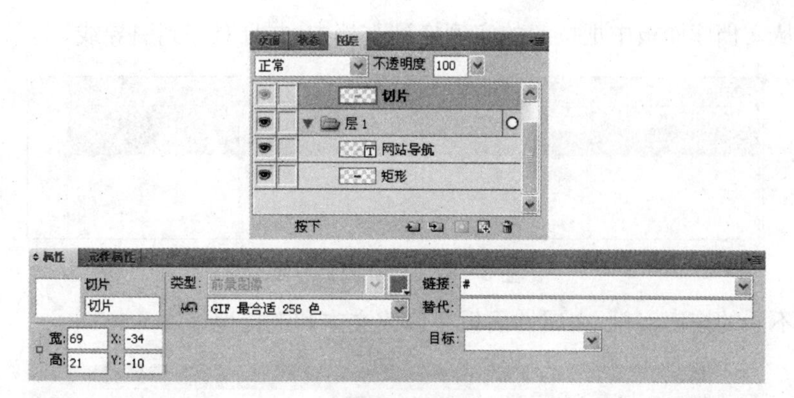

图 8—79　为按钮增加链接

（四）创建导航栏

1. 创建按钮元件后，可以从文档库面板中将该元件的一个实例拖到工作区域中，重复这个过程，创建多个按钮。

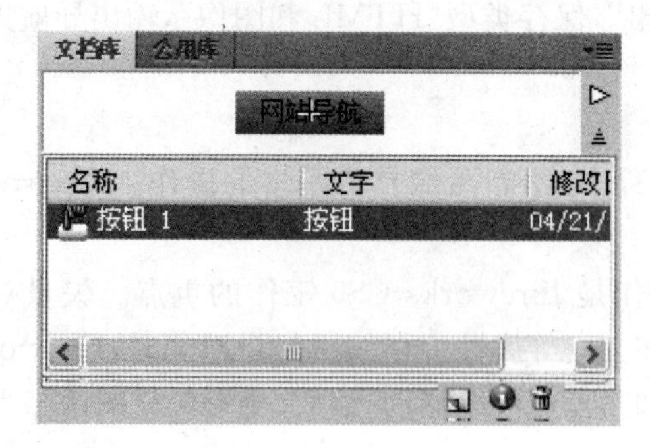

图 8—80　创建导航栏

2. 为了对齐各个按钮，需要先做出引导线。选中“视图”→“标尺”。

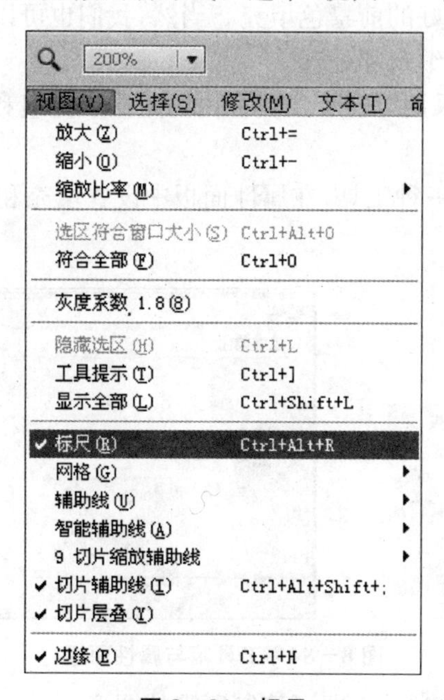

图 8—81　标尺

3. 反复从文档库面板中把按钮的实例拖到文档中，并且对齐到引导线。

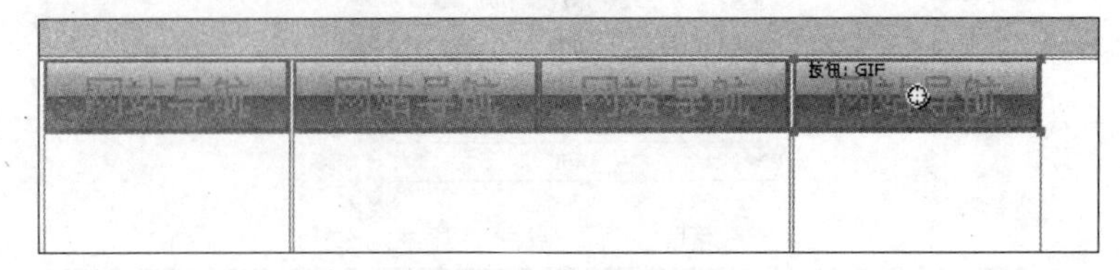

图 8－82　对齐到引导线

4. 选中不同的按钮实例，在属性面板上修改文本和链接地址。

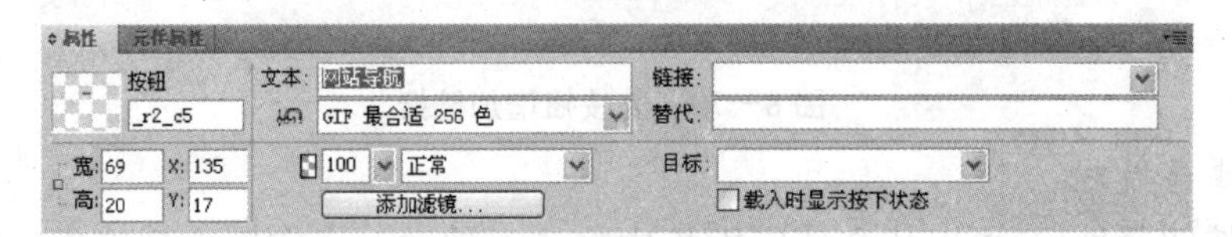

图 8－83　属性面板

5. 使用“文件”→“导出”，保存类型“HTML 和图像”，输出导航条。

四、绘制矢量图像

在处理网页图像的过程中，绘制图像是最基本的操作。Fireworks CS5 提供了非常便捷的矢量图像的绘制功能。

矢量对象的绘制和操作是 Fireworks CS5 工作的重点。矢量对象的基本组成元素是路径，而路径又具有起始点和方向等属性。在编辑矢量对象时，Fireworks CS5 会自动生成路径和路径点，通过修改路径和路径点可以移动、缩放、变形矢量图像。当然，还可以改变矢量图像的颜色。

使用矢量工具可以很方便地创建一些矢量图形，如矩形、椭圆、圆形、多边形等，在默认情况下，绘制出来的图形以设置好的前景色填充。当然，我们也可以根据自己的需求任意修改它的填充颜色、显示模式并进行编辑和处理。

绘制基本矢量对象一般采用“矢量”工具栏内的矩形工具组和直线工具。

具体操作如下：

1. 在工具箱中任意选择一种工具，在属性面板中设置填充和笔触样式、合成模式、不透明度等选项。

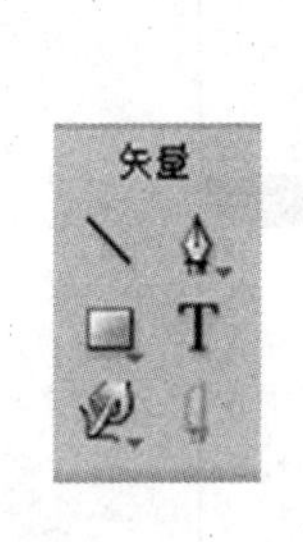

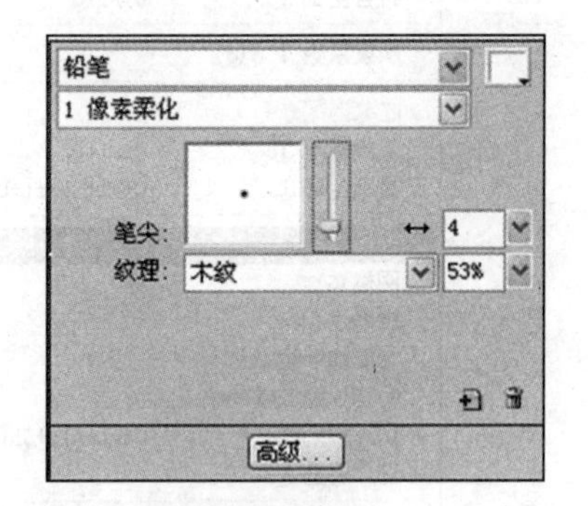

图 8－84　工具箱与属性面板

2. 在图像编辑窗口中拖拽鼠标，即可绘制所需的图形。

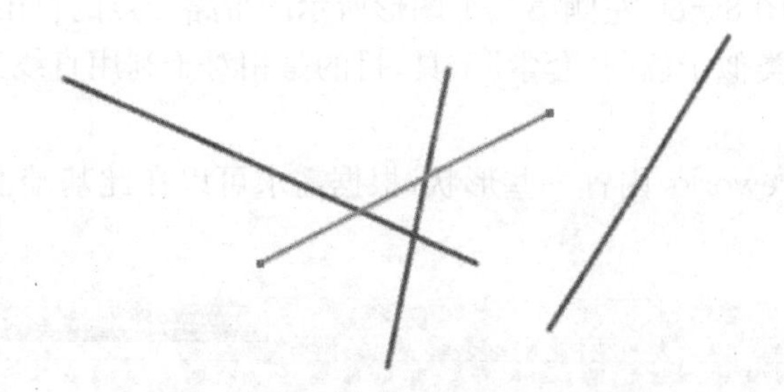

图 8－85 绘制直线路径的工作界面

对于矩形工具组，在使用矩形、圆角矩形、椭圆形工具绘制图形时，按住 Shift 键的同时在图像编辑窗口中拖拽鼠标，可绘制出正方形、圆角正方形、正圆。直线工具绘制直线的路径（即使用直线工具的同时按住 Shift 键，可绘制出水平、垂直或 45°的直线）。

钢笔工具组：方便、细致地绘制各种矢量路径。

单击工具箱中的“矢量”栏钢笔工具组的钢笔工具按钮。在属性面板设定钢笔工具的属性。

在文档编辑窗口绘制路径，先在路径的起始位置单击鼠标，添加第一个路径点。

直线图：拖动鼠标到下一个位置，点击一下；接着拖动鼠标再到下一个位置，点击一下……以此类推，直到绘制出所需要的图形为止，只需在路径的终点处双击鼠标。若想绘制闭合路径，将鼠标移动到起始位置单击即可。

曲线图：只需要点击拖动，再点击拖动，这样重复操作即可以绘制出曲线路径。

对于已绘制好的自由路径，使用钢笔工具组还可以调整其形状。将鼠标移到路径点上，按住并拖动鼠标，即可调整路径的形状。

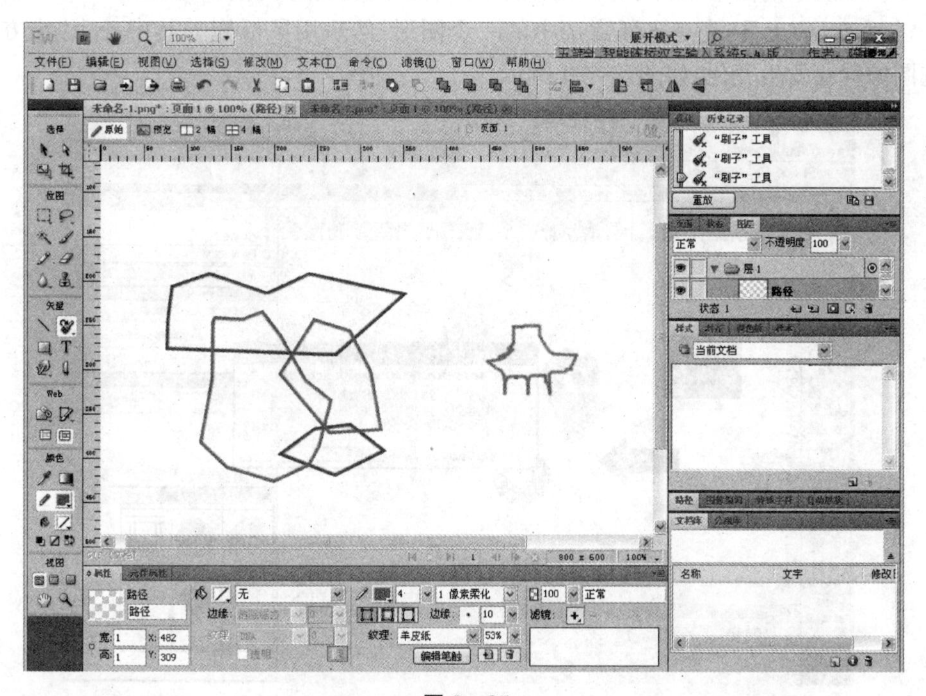

图 8－86

选中（“矢量路径”工具类似于位图工具栏中的“刷子”工具，只是用它绘制的图形具有路径点）即可绘制如图 8－86 左侧第二个图形所示的带路径点的自由路径。

“重绘路径”工具：类似于位图“套索”工具，目的是相对于利用直线工具能更加随意地画取路径。

自动形状工具：Fireworks 内置一些形状，根据需求可以在此基础上进行修改以得到想要的图像。

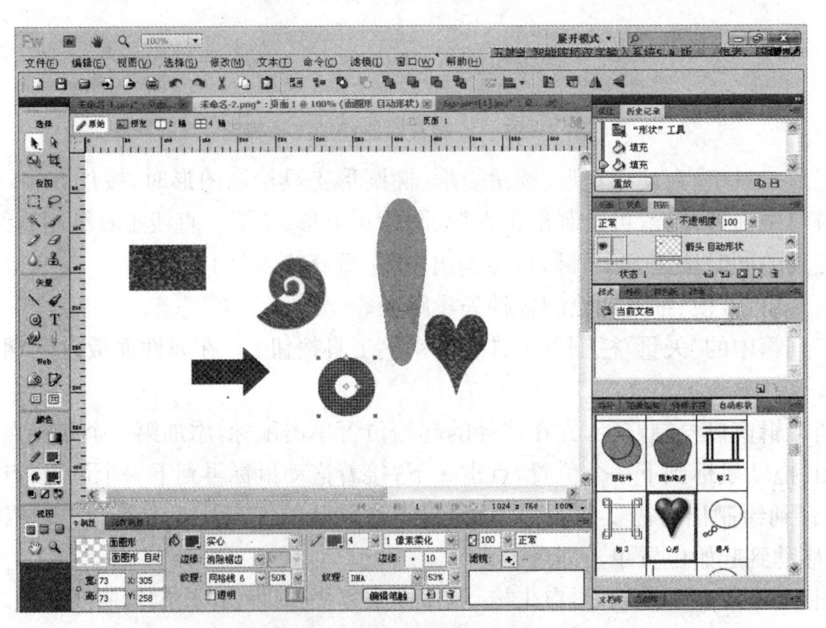

图 8－87

图 8－87 所示的图形来自于左侧工具栏和右侧浮动板中的自动形状栏。

“自由变形”工具：先点击任意选中的一个图形，然后用鼠标拖动其中一个“小方格”，此时所选图像就会发生变化，如图 8－88 所示。

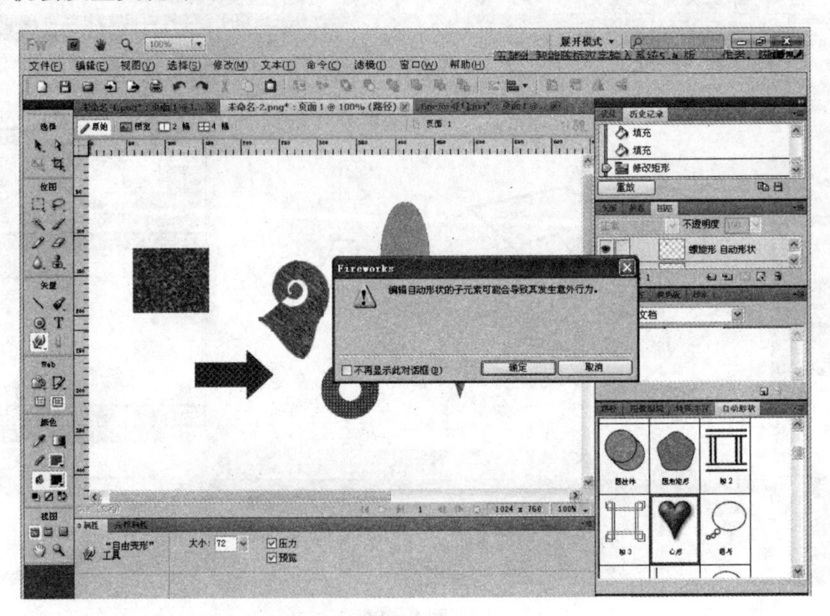

图 8－88

此操作中点击“确定”按钮。

“更改区域形状”工具：先点击任意选中的一个图形，然后用鼠标拖动其中一个“小方格”，此时所选图像就会发生变化，如图 8—89 所示。

图 8—89

“刀子”工具：用于切割路径，在所画图形的任意位置用刀点一下或按住鼠标划过，就会多一个路径点。

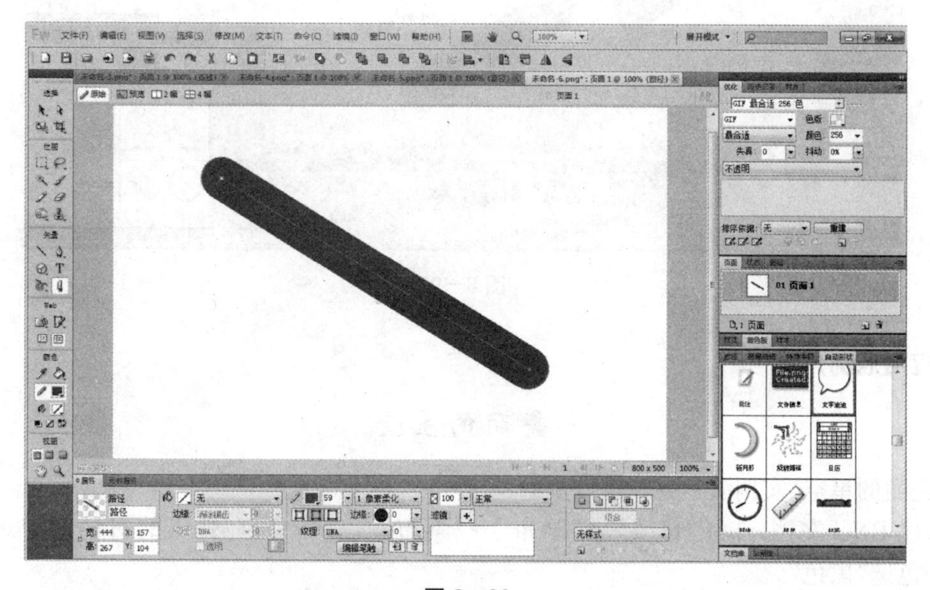

图 8—90

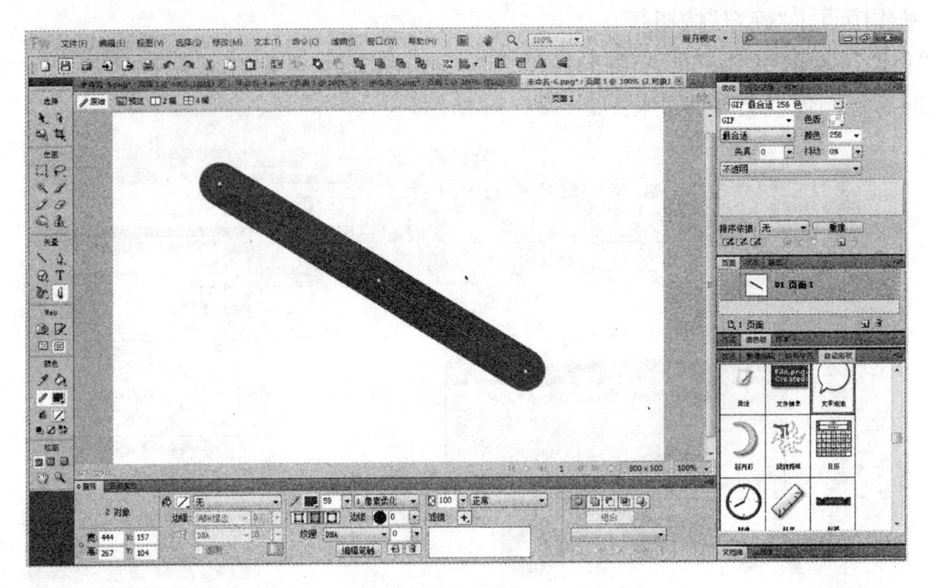

图 8－91

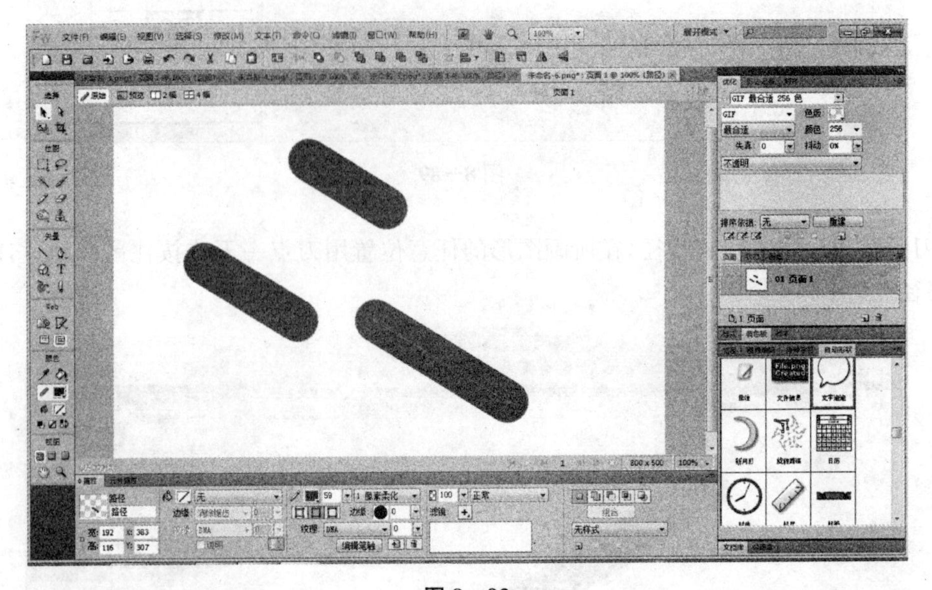

图 8－92

【应用范例】

美丽的星空

〈美丽的星空〉实例演示具体操作步骤：

新建 PNG 文档，选择“修改”→“画布”→“画布颜色”命令，在弹出的对话框中选“自定义”，颜色选“黑色”。

图 8－93　图像效果——美丽的星空

选工具栏中的椭圆工具（即矢量工具栏中第一列第二个，有时会是矩形、星形等其他图标，只要用鼠标点击右下角的黑色箭头即可，就会得到想要的图形），如图 8－94 所示，在属性面板中操作即可做出月亮。

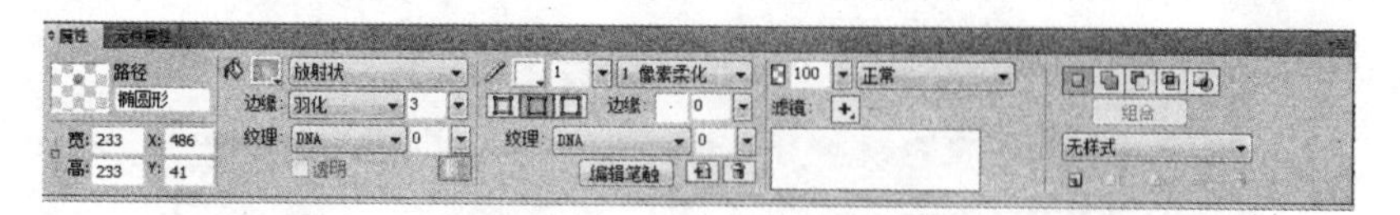

图 8－94　属性面板

选工具箱中的星形工具，选“窗口”→“自动形状属性”命令，然后将星形的点数改为“4”，并且设置半径和圆度。如图 8－95 所示，在属性面板中操作即可做出星星（其余数据根据需求改变）。

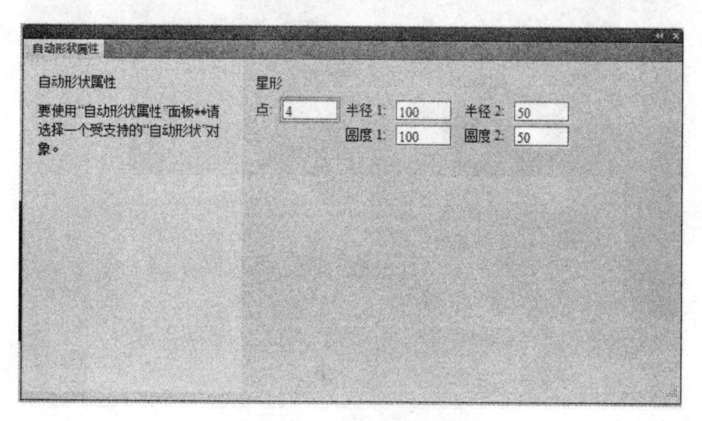

图 8－95　自动属性面板

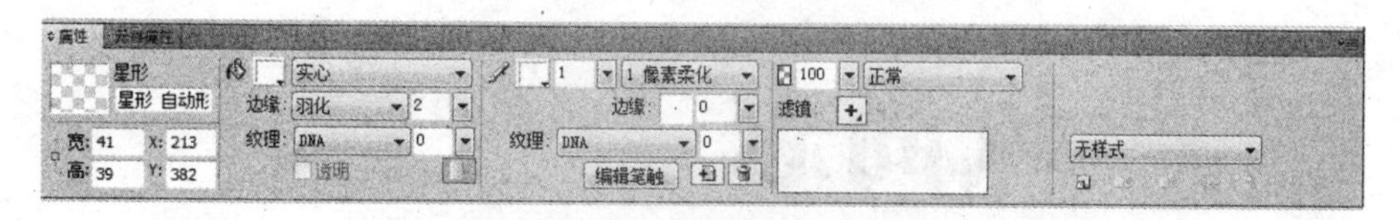

图 8－96　制作星星的属性面板

注意：月亮、星星的大小可根据需求在属性面板中自行调整，以上图示只是实例的参考数据。单击选中的图像，此时可以按住任意一个点对图像进行修改。

同理，制作其他星星及类似的图形。

【应用范例】

风尚志美腿加油站网站图像设计分析

一、风尚志美腿加油站网站图像分析

（一）网站首页分析

风尚志美腿加油站网站首页为访问者提供了一个简洁、友好的访问入口，展示了清晰的站点层次，可快速帮助访客搜寻所需的信息。

网站 logo 与 banner 下侧是方便用户访问的图像文字菜单，菜单栏的内容涵盖了用户几乎所有的需求。不同栏目内容导读区域的清晰分割可降低访客的扫描难度。

首页设计的视觉层次符合逻辑层次，可提高访客快速扫描页面，并做出点击行为的可能性。

图 8－97　风尚志美腿加油站网站首页

图 8－98　风尚志美腿加油站网站 Logo

该菜单显示在网站的每个 Web 页面上，从而保证了网站的一致性。

图 8－99　风尚志美腿加油站网站导航菜单

首页菜单下侧是风尚志美腿加油站的企业宣传展示动态画面，几幅画面交替展示。

图 8－100　网站宣传展示动态画面

网站宣传展示动态画面左下侧是风尚志美腿加油站网站的专题栏目图像链接。

图 8－101　网站专题栏目图像链接

网站专题栏目图像链接右侧是网站最新的新闻信息和活动动态等。

首页最下面是网站产品快速链接，均以图像方式展示。

图 8－102　网站产品快速链接

（二）二级页面分析

二级页面采用与首页完全一致的风格，图 8－103 为"风尚志美腿加油站网站首页＞实体店"页面和"风尚志美腿加油站网站首页＞美腿课堂"页面，页面中也使用了图像。

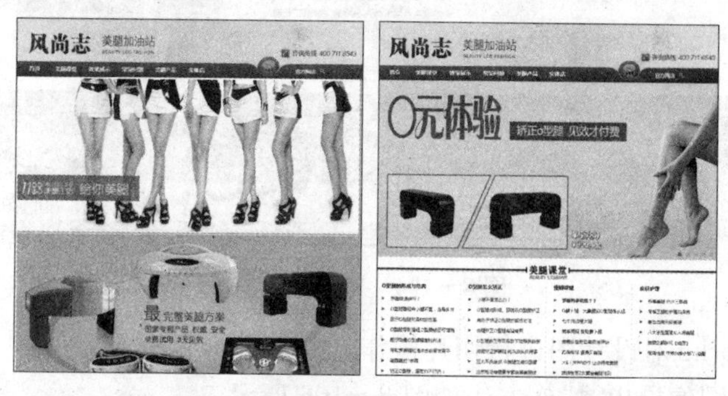

图 8－103　网站二级页面"实体店"页面与"美腿课堂"页面

二、风尚志美腿加油站网站图片图像调整与处理步骤

（一）网站图像处理步骤

一般的处理步骤：

（1）网站需求确定后，用 Photoshop 或 Fireworks 等图像处理软件设计出网站的设计稿；

（2）使用图像处理软件切片功能，对设计稿进行切片；

（3）用网页设计软件（如 Dreamweaver）进行切片的选择，去掉不需要的图像部分（如文字部分）；

（4）网页设计。

下面以风尚志美腿加油站网站首页为例，利用 Fireworks 进行图像切片，以便 Dreamweaver 进行切片的网页编辑，处理步骤如下：

（1）风尚志美腿加油站网站首页，使用 Fireworks 打开首页设计稿，如图 8－104 所示。

图 8－104　首页设计稿

（2）使用 Fireworks 对设计图进行切片操作，如图 8－105 所示。

（3）将处理后的图像导出，操作方法如图 8－106 所示。

（4）使用 Dreamweaver 进行图像切片的网页编辑，其中，“网页背景”“活动动态区域”在设

图 8－105　首页设计稿切片处理

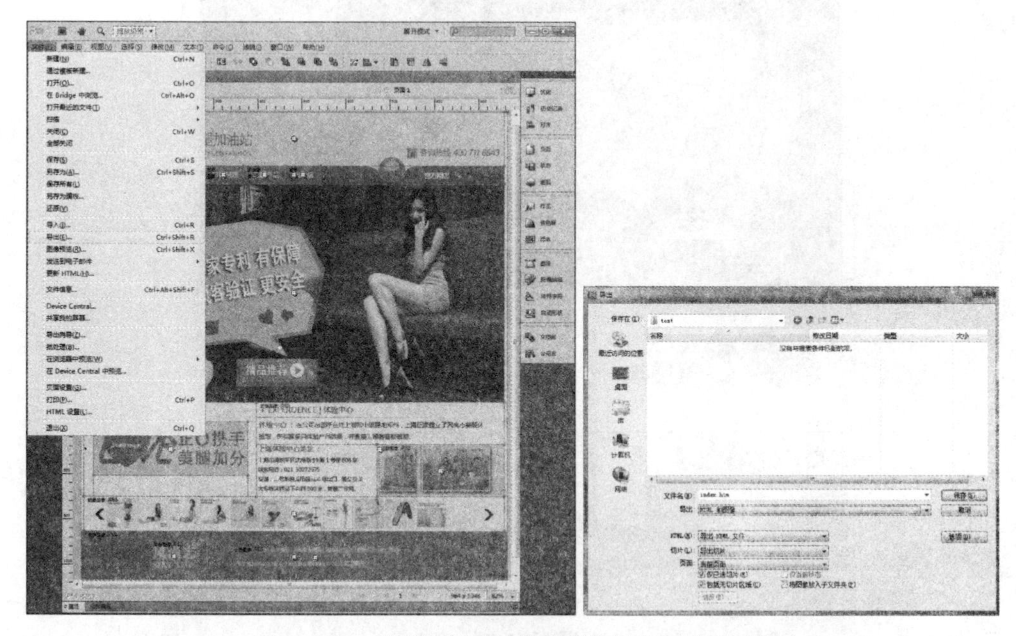

图 8－106　首页设计稿切片导出菜单与导出对话框

计稿的填充已被删除，如图 8－107 所示。

图 8-107　Dreamweaver 图像切片编辑

(二)图像热区

可以在图片图像中设置多个热区,当用户点击不同热区时,会打开不同的 URL,图像热区设置方法如图 8-108 所示,通过属性工具栏能够进行更详细的热区设置。

图 8-108　图像热区设置方法

【知识拓展】

目前,切片成为创建交互性网页的一个基本方法,利用切片就可以实现交互功能。但制作切片时不能随心所欲,需要注意以下原则:

1. 切片尽量切得小一点。
2. 需要注意将不同颜色切到不同切片中。
3. 切片大小要根据需要灵活变化。
4. 尽量保证一个完整的部分切到同一个切片内。
5. 圆角表格部分要根据显示区域的大小来切,控制好边缘和边角。
6. 颜色单一、过渡少的部分应该导出为 gif 动画。
7. 颜色丰富、过渡较多的部分应该导出为 jpg 文件。
8. 有动画的部分应该导出为 gif 动画。
9. 可能用来做背景的部分切整齐一些,以备改小做背景。

切片具有减少下载时间、制作动态效果、优化图像和创建链接等许多优点。在制作切片的时候,只有很好地把握这些切片原则,才能让切出来的切片效果好。

【课后专业测评】

任务背景:

张华同学正在为某企业设计网站,他已经勾画完草图,接下来要做的事情是选择网页的主色调以及进行主页图像与相应按钮、导航的设计。

任务要求:

设计制作网站所需的图形图像。

技术要领:

用 Photoshop 及 Fireworks 进行网络图形图像的设计。

解决问题:

分析网页风格,选择合适的网页色调。

应用领域:

个人网站;企业网站。

项目 9　Dreamweaver 布局

【课程专业能力】

1. 熟悉 Dreamweaver 操作界面。
2. 掌握建立站点的方法。
3. 熟悉利用表格布局网页的方法。
4. 掌握利用 spry 对象布局菜单的方法。

【课前项目直击】

苹果公司官网

图 9—1—1 为苹果公司官网(http://www.apple.com)的首页。苹果公司网站的设计传承其产品设计的真谛,整个页面风格是完全的“苹果风”。网站的页面布局设计基本都是做三栏划分,虽然三栏格局各有不同,但整体布局设计走向还是一致的。不同模块间通过圆角矩形框配合阴影进行区分,每个大的布局区域还会配合灰底条框作为标题。

图 9—1—1　苹果公司官网

图文搭配采用跳跃式布局，避免了画面的呆板、凌乱，布局上也尽可能地采用对称布局或呼应式布局，使整个画面在整体上统一、规范，各模块之间相互呼应。细节决定成败，苹果公司在网站的细节设计上做得很成功，下面将分别予以说明。

图 9—1—2　苹果公司官网

(一)圆角设计

圆角设计是苹果公司官网网页设计的一大特色，这也是苹果系列产品的标识性品牌设计。在苹果公司的所有产品中，圆角矩形的设计使得产品的设计别具特色，也形成了苹果设计的独特风格，圆角的尺寸、弧度比例等已经形成了绝对的设计规范。

图 9—2　圆角设计

(二)导航的细节

在苹果网站里,可以清楚地看到网页导航按钮的多种状态,可见网站设计与制作的用心。

图 9-3 导航的细节

(三)阴影的运用

阴影效果在平面尤其是在非印刷产品上尤为多见。网页设计中由于画面的局限性较大,所呈现的内容都被框在一个矩形框内,因此所有的设计师都在有意识地打破局限,在画面的层次感、空间感等方面做足功夫,于是便出现了使用阴影的效果。在目前没有新技术进一步打破常规的情况下,使用阴影是能够打破画面空间维度限制的最佳手段。

根据模块的大小确定阴影的强度、大小,网站整体的阴影运用要尽量统一,统一才能制造整洁的效果,不统一会出现画面花、层次混乱等问题。苹果网站上的处理恰到好处,在不同的模块下,阴影强度有机的统一和配合,加上淡灰色底的衬托,使模块内容从画面中浮起,区分了模块类别,也使画面格局更加规整。

图 9-4 阴影的运用

任务 1 站点的建立

一、Dreamweaver 操作界面

Dreamweaver CS5 的工作界面有 8 种选择,启动后在标题栏的"工作界面切换"处进行切换。其中,"经典"模式为常用的设计模式视图,适合所见即所得的设计模式;"编码器"是一般的代码视图,适合于对 HTML 和 ASP 十分熟悉的设计者。Dreamweaver CS5"经典"视图提供了一个将全部元素置于一个窗口中的集成布局。我们选择面向设计者的"经典"视图布局。

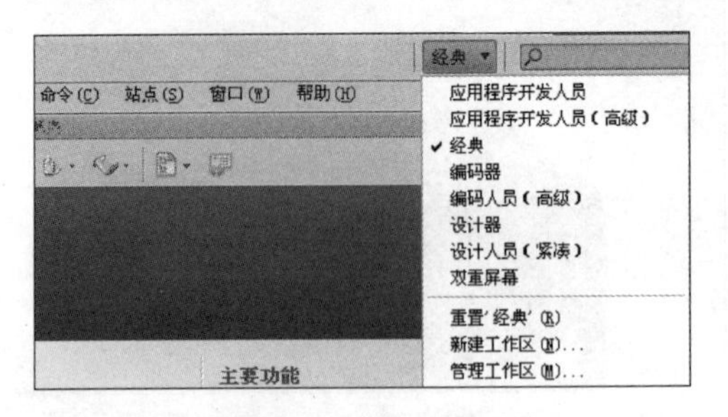

图 9-5 工作界面

在Dreamweaver CS5中，首先显示出一个起始页，可以勾选这个窗口下面的“不再显示此对话框”来隐藏它。在这个页面中包括“打开最近项目”“创建新项目”“从范例创建”3个方便实用的项目，建议大家保留。

图9—6 起始页

新建或打开一个文档，进入Dreamweaver CS的标准工作界面。Dreamweaver CS的标准工作界面包括标题显示、菜单栏、插入面板组、文档工具栏、标准工具栏、文档窗口、状态栏、属性面板和浮动面板组。

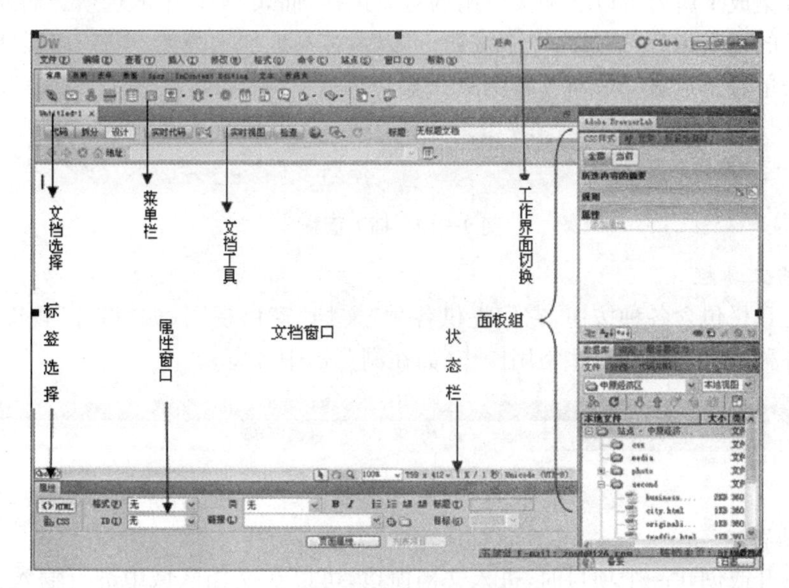

图9—7 标准工作界面

(一)标题栏和菜单栏

Macromedia Dreamweaver CS5的程序界面中的标题栏除了具有一般程序标题栏的功能外，在右侧显示有界面模式选择器，并添加了在线搜索帮助功能，简洁而且实用。菜单栏在标题栏的下方。

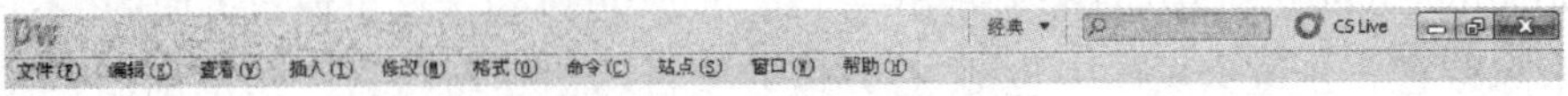
经典
CS Live
文件(F) 编辑(E) 查看(V) 插入(I) 修改(M) 格式(O) 命令(C) 站点(S) 窗口(W) 帮助(H)

图 9—8 标题栏和菜单栏

（二）常用的菜单项

Dreamweaver CS5 的菜单共有 10 个，即文件、编辑、查看、插入、修改、格式、命令、站点、窗口和帮助。其中，编辑菜单里提供了对 Dreamweaver 菜单中[首选参数]的访问。

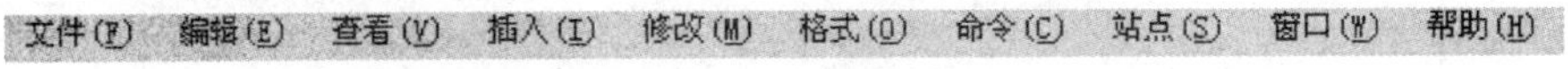
文件(F) 编辑(E) 查看(V) 插入(I) 修改(M) 格式(O) 命令(C) 站点(S) 窗口(W) 帮助(H)

图 9—9 菜单

文件：用来管理文件，如新建、打开、保存、另存为、导入、输出打印等。

编辑：用来编辑文本，如剪切、复制、粘贴、查找、替换和参数设置等。

查看：用来切换视图模式以及显示、隐藏标尺、网格线等辅助视图功能。

插入：用来插入各种元素，如图片、多媒体组件，表格、框架及超级链接等。

修改：具有对页面元素进行修改的功能，如在表格中插入表格、拆分与合并单元格等。

格式：用来对文本进行操作，如设置文本格式等。

命令：所有的附加命令项。

站点：用来创建和管理站点。

窗口：用来显示和隐藏控制面板以及切换文档窗口。

帮助：联机帮助功能。例如，按下 F1 键，就会打开电子帮助文本。

（三）插入面板组

插入面板集成了所有可以在网页应用的对象包括“插入”菜单中的选项。插入面板组其实就是图像化了的插入指令，通过一个个按钮，可以很容易地加入图像、声音、多媒体动画、表格、图层、框架、表单、Flash 和 ActiveX 等网页元素。

常用 布局 表单 数据 Spry InContext Editing 文本 收藏夹

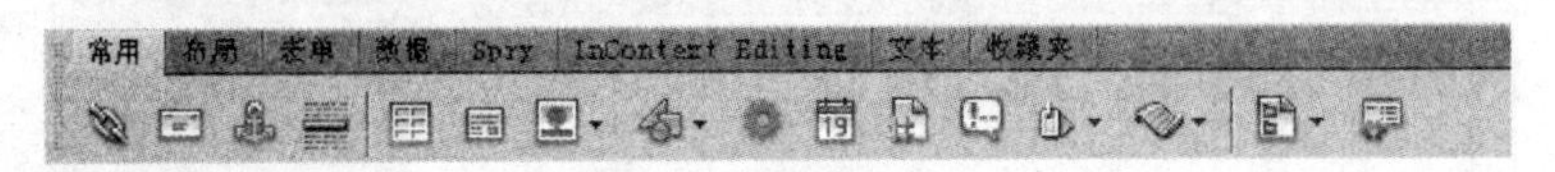

图 9—10 插入面板

（四）文档工具栏

“文档”工具栏包含各种按钮，它们提供各种“文档”窗口视图（如“设计”视图和“代码”视图）的选项、各种查看选项和一些常用操作（如在浏览器中预览）。

Untitled-1
代码 拆分 设计 实时代码 实时视图 检查
标题: 无标题文档

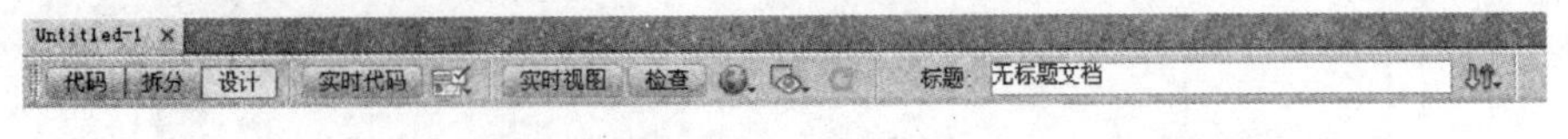

图 9—11 文档工具栏

（五）文档窗口

当我们打开或创建一个项目时，进入文档窗口，可以在文档区域中进行输入文字、插入表格和编辑图片等操作。

“文档”窗口显示当前文档。可以选择下列任一视图：“设计”视图是一个用于可视化页面布局、可视化编辑和快速应用程序开发的设计环境。在该视图中，Dreamweaver 显示文档的完全可编辑的可视化表示形式，类似于在浏览器中查看页面时看到的内容。“代码”视图是一个用于编写和编辑 HTML、JavaScript、服务器语言代码以及任何其他类型代码的手工编码环境。通过“代码和设计"视图，可以在单个窗口中同时看到同一文档的"代码"视图和"设计"视图。

(六)状态栏

"文档"窗口底部的状态栏提供正在创建的文档有关的其他信息。标签选择器显示环绕当前选定内容的标签的层次结构。单击该层次结构中的任何标签以选择该标签及其全部内容。单击＜body＞可以选择文档的全部正文。

图 9—12 状态栏

(七)属性面板

属性面板并不是将所有的属性加载在面板上，而是根据我们选择的对象来动态显示对象的属性。属性面板的状态完全是随当前在文档中选择的对象来确定的。例如，当前选择了一幅图像，那么属性面板上就出现该图像的相关属性；如果选择了表格，那么属性面板会相应地变化成表格的相关属性。

图 9—13 属性面板

(八)浮动面板

其他面板可以统称为浮动面板，这些面板都浮动于编辑窗口之外。在初次使用 Dreamweaver 时，这些面板根据功能被分成若干组。在窗口菜单中，选择不同的命令可以打开基本面板组、设计面板组、代码面板组、应用程序面板组、资源面板组和其他面板组，如图 9—14 所示。

二、站点建立实例操作

要制作一个能够被浏览的网站，首先将设计制作的网站存放在本地磁盘中，然后通过特定的工具将这个网站上传到互联网的 Web 服务器上。放置在本地磁盘中的网站被称为本地站点，而位于互联网 web 服务器里的网站被称为远程站点。Dreamweaver CS5 提供了对本地站点和远程站点强大的管理功能。

(一)规划站点结构

网站是多个网页文件及附属各种相关文件的集合，其包括一个首页和若干个分页面，这种集合不是简单的集合。为了达到最佳效果，在创建任何 Web 站点页面之前，要对站点的结构进行设计和规划，决定要创建多少页、每页上显示什么内容、页面布局的外观以及各页是如何相互连接起来的。

我们可以通过把文件分门别类地放置在不同类别的子文件夹里，使网站的结构清晰明了，便于管理和查找。

(二)创建站点

在 Dreamweaver CS5 中可以有效地建立并管理多个站点。搭建站点可以有两种方法；一是利用向导完成；二是利用高级设定来完成。

在搭建站点前，我们先在自己的电脑硬盘上建一个以英文或数字命名的空文件夹。(注

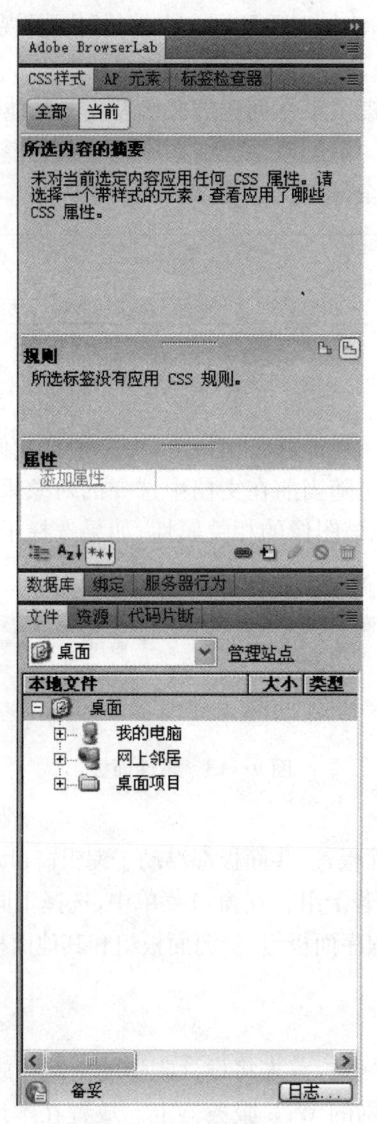

图 9－14 浮动面板

意:在 Dreamweaver 中,文件和文件夹的命名不应使用汉字,否则在运行时会出现错误。)

1. 选择菜单栏—站点—管理站点,出现“管理站点”对话框。点击“新建”按钮。

图 9－15 管理站点对话框

2. 在打开的“站点设置对象”窗口中，可以进行“站点”“服务器”“版本控制”和“高级设置”的设置，“站点”标签设置 Dreamweaver 的本地站点。

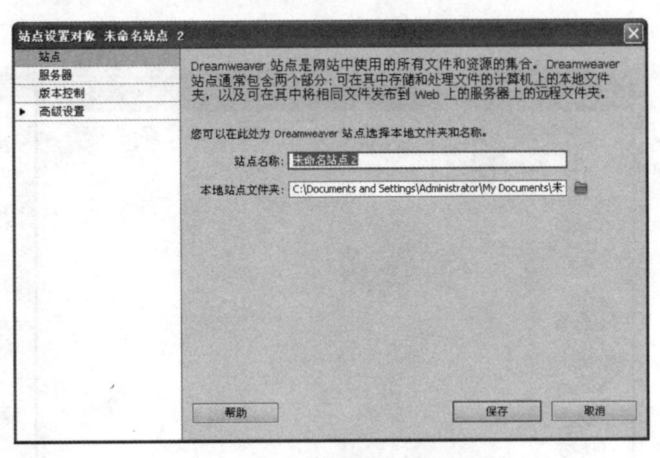

图 9—16　站点设置对象窗口

3. 在文本框中，输入一个站点名字以在 Dreamweaver CS5.0 中标识该站点。这个名字可以是任何你需要的名字。在“本地站点文件夹”文本框中，输入本地站点的物理地址，也可以利用文本框右侧的浏览按钮进行选择。

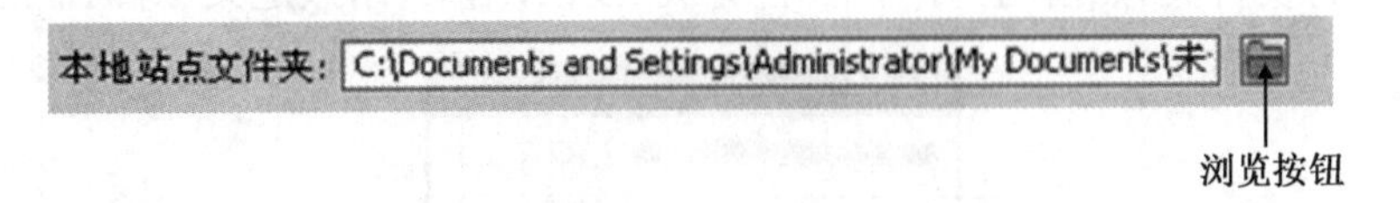

图 9—17　本地站点文件夹文本框

4. 如果建的是一个静态网站，只需设置本地站点就可以了。如果要建设一个动态的网站，则还需设置服务器。

5. 接下来，还需设置一个文件夹用于放置图像文件。因为在网站制作的过程中，图像是一种必不可少的元素。在网页中，图像是独立于页面存在的，图像存放于特定文件夹是利用 Dreamweaver 开发网站的基本要求。

6.定义本地的文件夹，需开“站点设置对象”的“高级设置”，在“本地信息”进行。

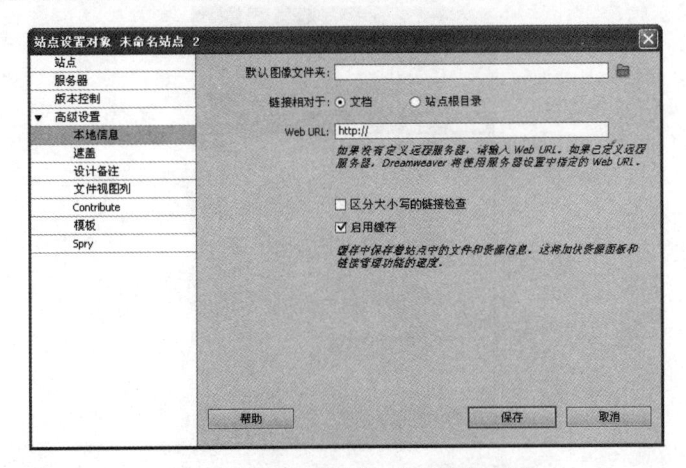

图 9—18　站点设置对象的高级设置

7. 单击浏览按钮，在本地站点下新建一个文件夹用于存放图像文件。（注意：图像文件夹一定要定义在本地文件夹下，这样可以保持站点的整体性。在移动网站时，可以保证网页图片正确显示。）

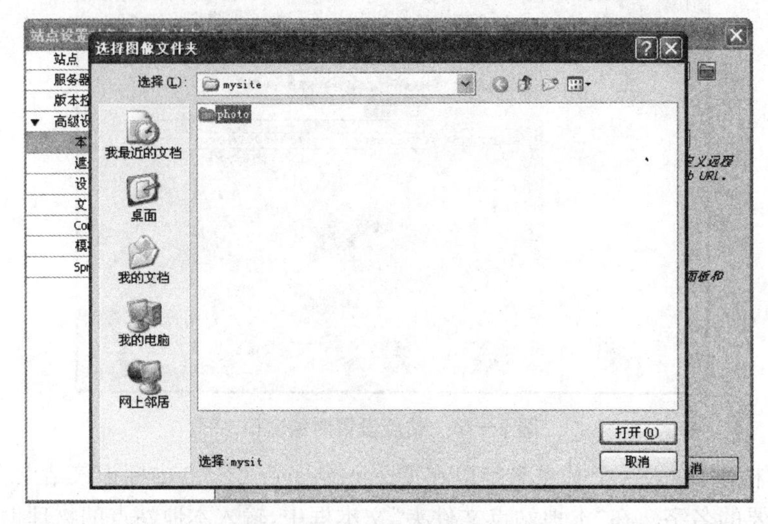

图 9—19　存放图像文件对话框

8. 选中图像文件夹，点击“打开”，单击“完成”按钮，结束“站点定义”对话框的设置。

图 9—20　管理站点对话框

9. 单击“完成”按钮，文件面板显示出以上建立的站点。

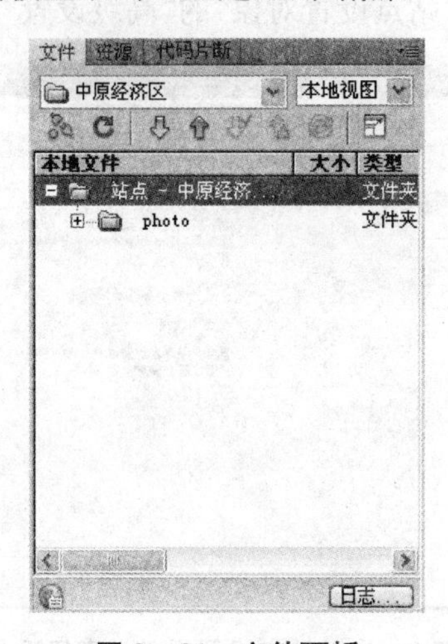

图 9—21　文件面板

至此，我们完成对站点的创建。

（三）搭建站点结构

站点是文件与文件夹的集合，下面我们根据前面对中原经济区网站的设计来新建站点需要设置的文件夹和文件。

新建文件夹：在文件面板的站点根目录下单击鼠标右键，从弹出的菜单中选择“新建文件夹”项，然后给文件夹命名。这里我们新建几个文件夹，分别命名为：media、swf、txt 和 css。

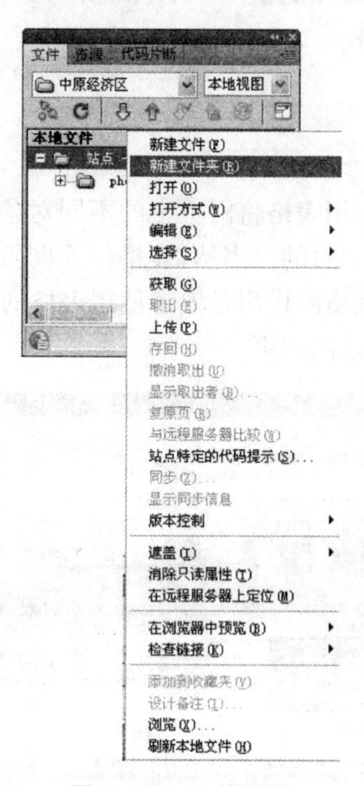

图 9—22　文件面板

创建页面：在文件面板的站点根目录下单击鼠标右键，从弹出的菜单中选择“新建文件”项，然后给文件命名。首先要添加首页，我们把首页命名为 index.html，再分别新建 01.html、02.html、03.html、04.html 和 05.html。

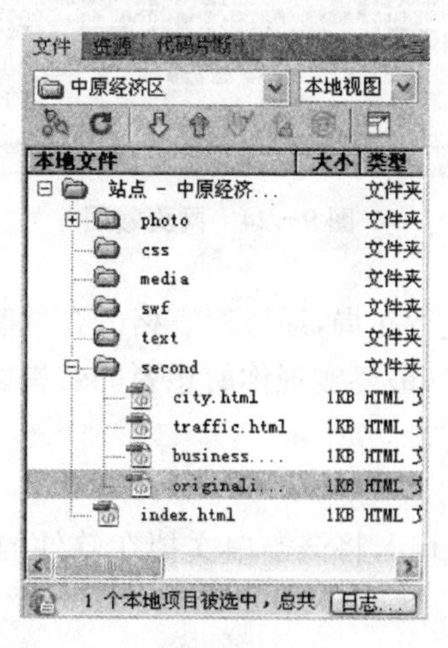

图 9—23

（四）文件与文件夹的管理

对于建立的文件和文件夹，可以进行移动、复制、重命名和删除等基本的管理操作。单击鼠标左键，选中需要管理的文件或文件夹，然后单击鼠标右键，在弹出的菜单中选“编辑”项，即可进行相关操作。

任务2　页面布局

一、利用表格布局网页

（一）任务概要

最简单的网页布局方式是运用表格将网页中的不同对象进行合理安排，使其看起来比较美观，这也是表格布局网页的主要目的。当然，表格作为网页素材在网页内容中也广泛使用。学会合理设计表格和熟悉掌握表格的作用是熟练使用表格的前提。下面用表格对网页元素进行合理安排，制作如图 9－24 所示的网页。

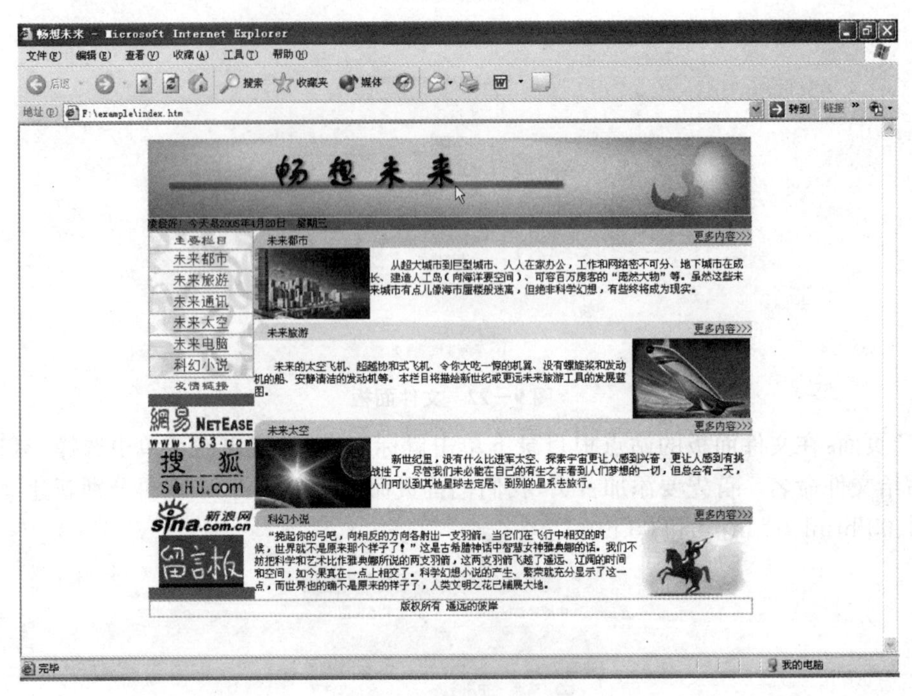

图 9－24　网页截图

本网页主要是运用表格来进行布局，通过对表格的合并和拆分对表格进行编辑，同时在表格中插入图片和添加文本等元素，最终实现你所想要的效果。

（二）创作步骤

1. 启动 Dreamweaver 软件。

2. 在文件窗口中双击 city.html，将该空白文档在软件的文档窗口中打开，如图 9－25 所示。

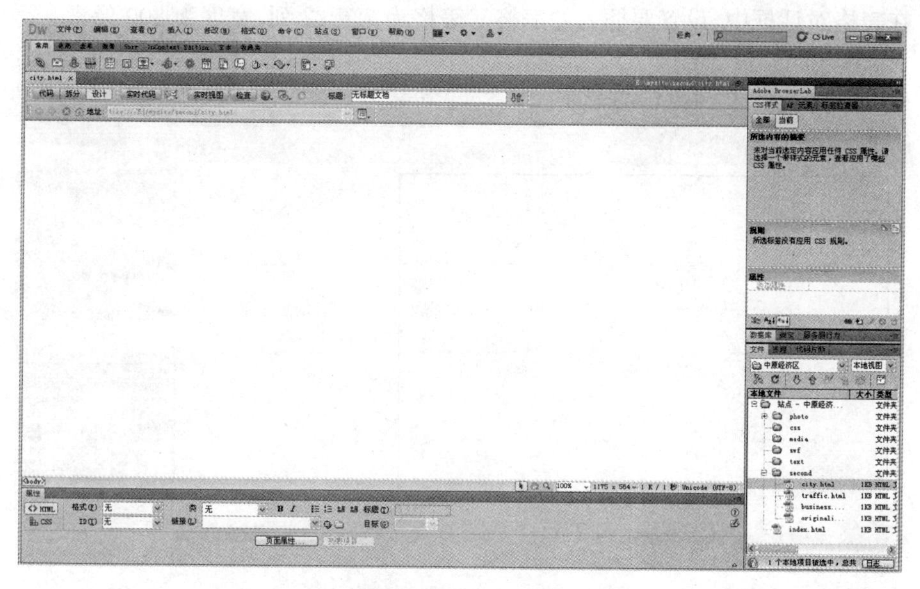

图 9－25　打开文档

3．选择菜单栏的“插入”→“表格”命令，弹出“表格”对话框，如图 9－26 所示，在“标题”栏中输入文字作为标题，如现在输入“布局表格”，再按“确定”按钮，返回主界面。

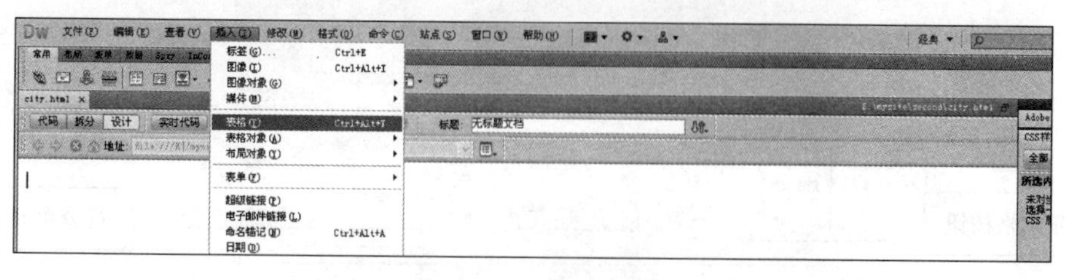

图 9－26　插入表格

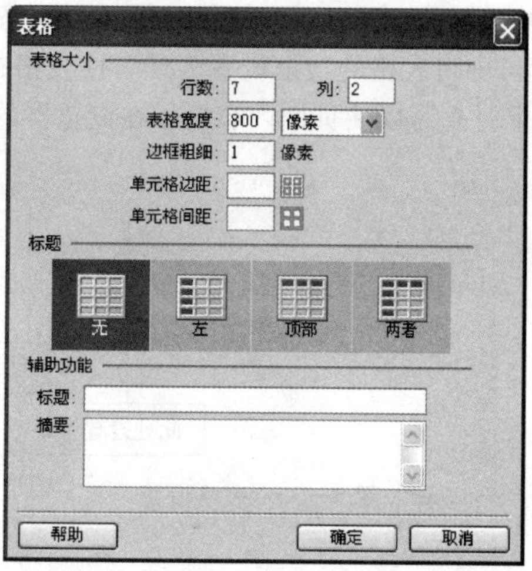

表格
表格大小
行数：7　列：2
表格宽度：800　像素
边框粗细：1　像素
单元格边距：
单元格间距：
标题
无　左　顶部　两者
辅助功能
标题：
摘要：
帮助　确定　取消

图 9－27　表格对话框

4. 在表格对话框中,设置要插入的表格。表格为 7 行、2 列,宽度为 800 像素。

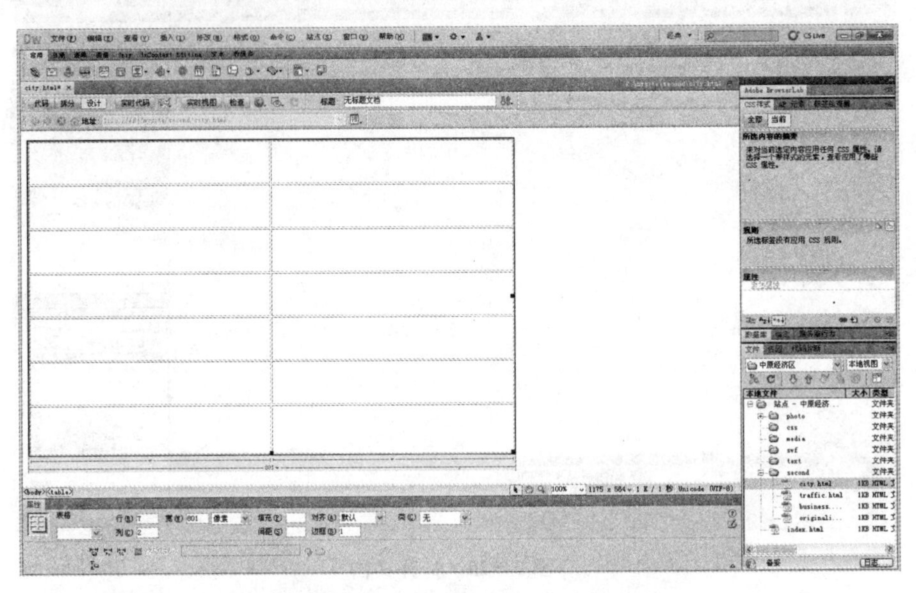

图 9—28　表格布局工作界面

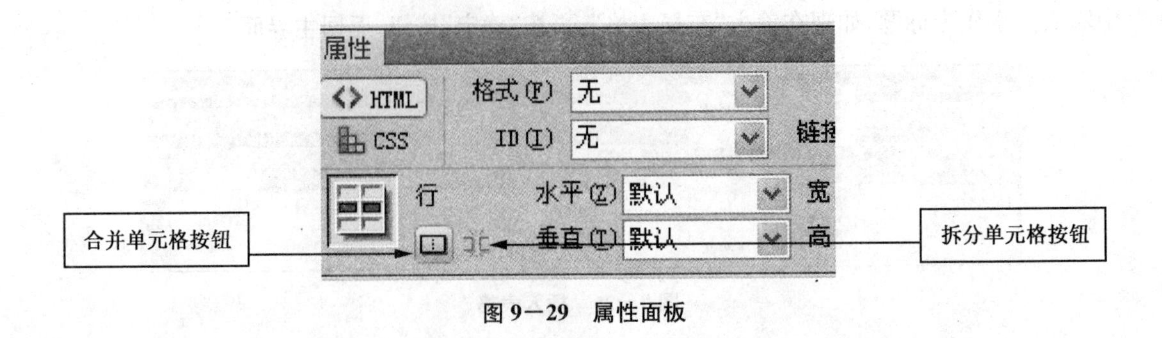

图 9—29　属性面板

5. 利用对单元格的合并和拆分,在特定的单元格插入图片,完成网页的制作任务。

6. 选中表格,在属性窗口中将表格的边框设置为“0”,使表格在页面预览时不再显示。将表格的对齐方式设置为“居中对齐”,以使页面内容显示在浏览器的中间位置。

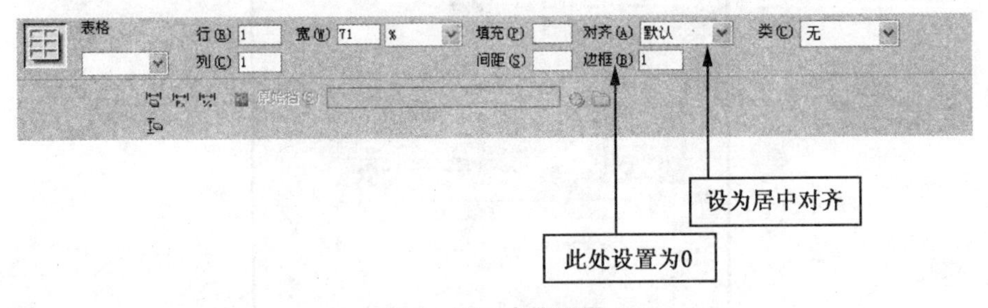

图 9—30　表格设置

7. 选择“文件”→“保存”命令,保存文件。按快捷键“F12”,观看在浏览器中的效果,如图 9—31 所示。

图 9—31　浏览器中的效果

二、利用 Spry 对象布局菜单

利用 Adobe Dreamweaver CS5 中的 Spry 工具栏可以迅速布局和设计各式各样的菜单，Dreamweaver 提供的 Spry 工具是一个功能强大的菜单布局工具，能够比较方便地做个级联菜单。Spry 框架是一个 JavaScript 库，Web 设计人员使用它可以构建能够向站点访问者提供更丰富体验的 Web 页。有了 Spry，就可以使用 HTML、CSS 和极少量的 JavaScript，将 XML 数据合并到 HTML 文档中，创建构件（如折叠构件和菜单栏），向各种页面元素中添加不同种类的效果。下面我们用 Spry 菜单设计一个网页的导航栏。

（一）用 Spry 菜单设计网页的导航栏

1. 在文件窗口中打开 business.html，或利用“文件”→“新建”创建一个新文档并保存（如果不保存，在插入 Spry 时 Dreamweaver 将提示你保存。）在插入窗口中打开 Spry。

图 9—32　打开 Spry

2. 单击 Spry 菜单栏，在网页中插入 Spry 菜单，如图 9—33 所示。

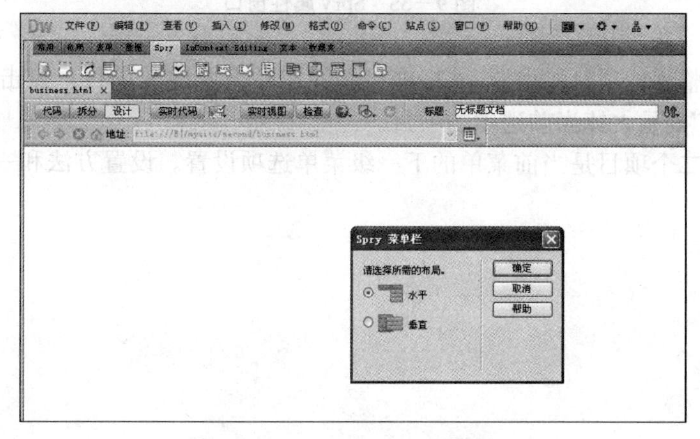

图 9—33　插入 Spry 菜单

3. 这里我们选择水平样式建立文档的 Spry 菜单，当然也可以根据自己的实际需要建立垂直的菜单格式。点击“确定”，进入下一步操作。选中 Spry 菜单并打开属性工具栏，此时就能对其中的选项进行设置了。

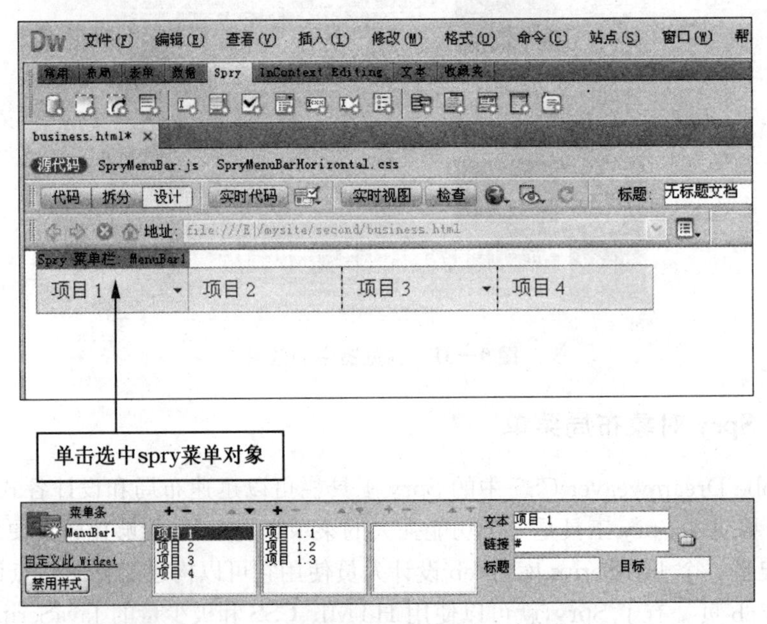

图 9—34　Spry 设置

(二)Spry 属性窗口

选中“项目 1”在文本框中输入“货贸中心”，再添加两个菜单栏项目。

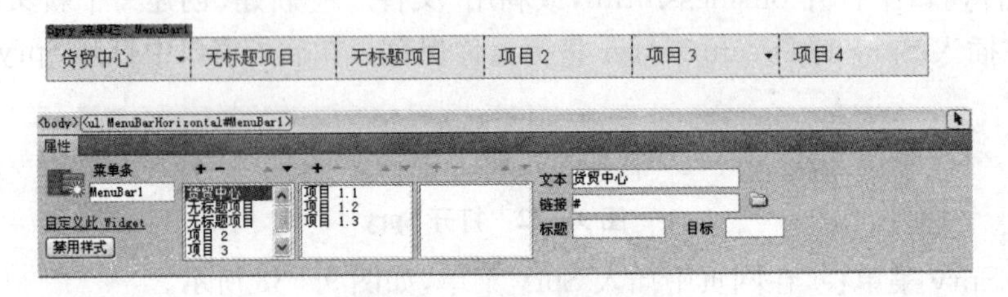

图 9—35　Spry 属性窗口

根据需要调整其他项目的设置，并根据自己的实际需要增减项目。点击“＋”可以新增一个项目；点击“—”则是去掉当前选中的项目。

属性中的第二个项目是当前菜单的下一级菜单选项设置。设置方法和一级项目的设置相同。

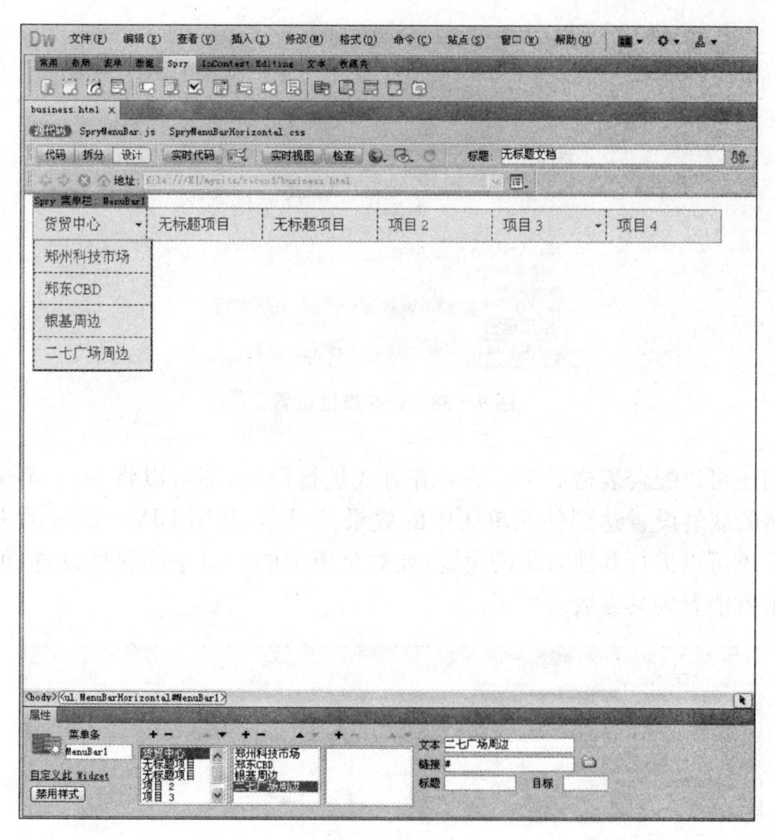

图 9—36 菜单设置

先进行保存，预览一下效果。保存时会提示将图片和文件保存到项目下，点击“是”确定。

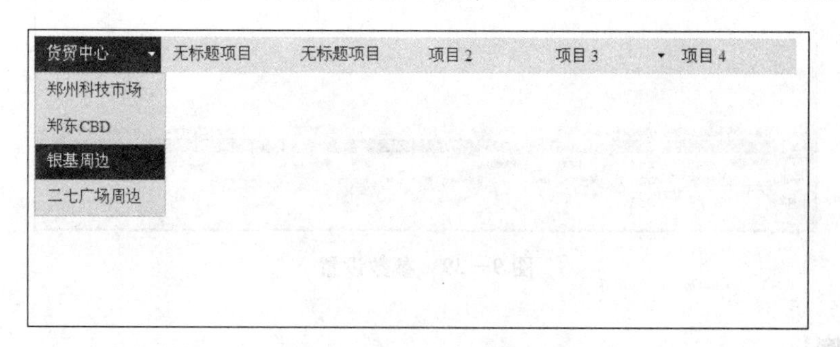

图 9—37 保存后的效果

（三）其他设置

我们可以对其中的样式进行选择，Spry 提供了几种样式，可以根据自己的实际需要选择。设置方法如下：先选中要设置的菜单（单击选中），然后在 CSS 属性中进行设置。

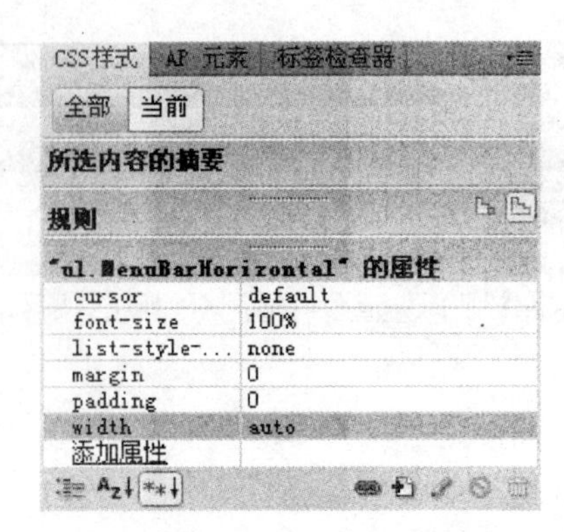

图 9－38　CSS 属性设置

同时，我们还可以配合表格对菜单的对齐方式进行设置，即可以将 Spry 菜单放置进表格中，运用对表格的属性设置达到使菜单居中的效果。当然，利用 DIV＋CSS 的方法设置也是可以的。此外，还可以进行其他对象的设置，如对菜单中的层对象的属性设置，可以选中菜单的层，在属性中就能看到其参数设置了。

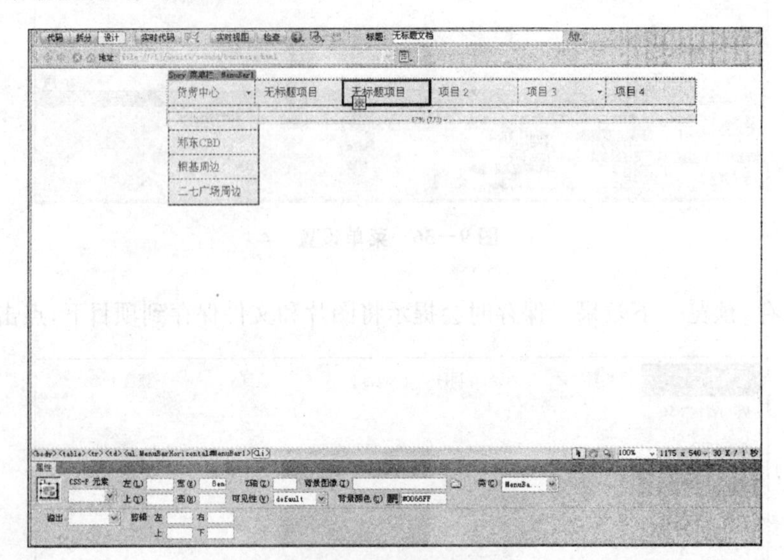

图 9－39　参数设置

【应用范例】

某电子商务网站页面布局分析

这是一个微店，页面的布局比较简单，可以用表格进行布局。最上面的部分可以用一个 2 行多列的表格排列中间的内容；中间的部分则可用 1 行 6 列的表格进行布局；商品展示部分可用 2 行 4 列的表格进行布局；最下面一部分则用 2 行 5 列的表格进行布局。

但是，现在用表格布局的网页越来越少，因为表格布局太死板，不够灵活，不能适应不同显示区域、不同分辨率的浏览要求，表格布局的网页可能会在不同的显示器设置中显示出不同的效果，有时显示出来的页面可能比较乱。因此，现在网页普遍采用的布局方式是 DIV＋CSS。

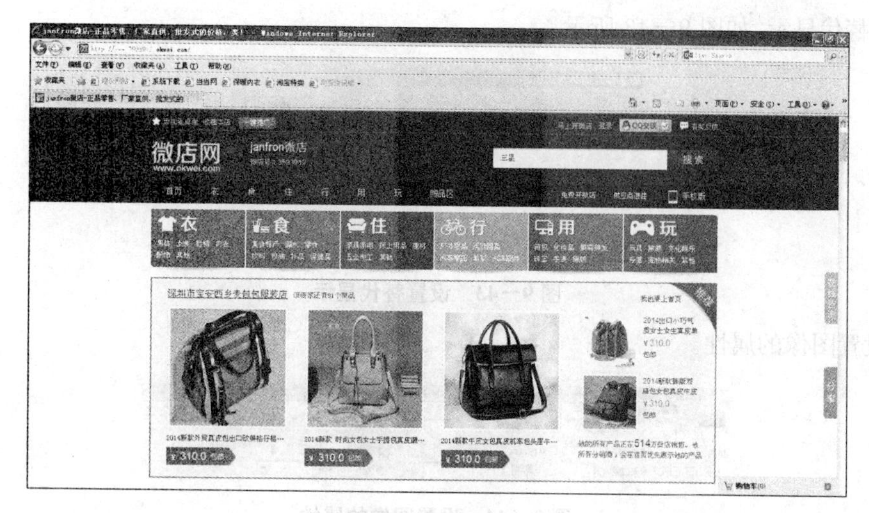

图 9－40 微店网

【知识拓展】

除文字外，在网页中插入各种网页对象可以使网页更加美观，也可以使网页实现更多的功能。Dreamweaver 提供了多种对象的插入方式，并可以结合 Flash 和 Fireworks 两款软件实现复杂的网页制作功能。

一、在网页中插入图片

图像是网页上最常用的元素之一，在网页中适当地插入图像可以大大增强网页的视觉效果。

1. 点击插入图像按钮或菜单栏的“插入”→“图像”，可以插入选定的图像，如图 7－41 所示。

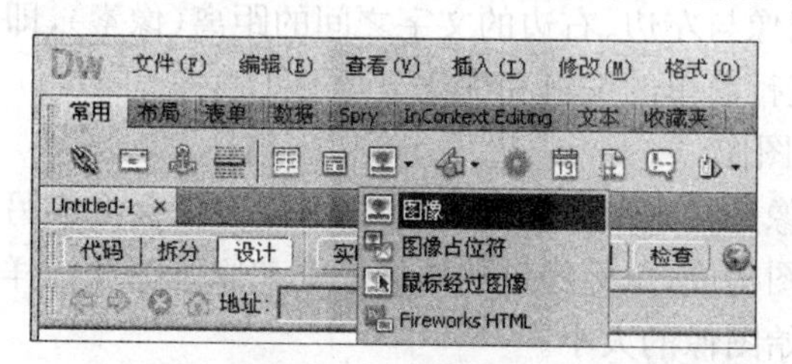

图 9－41 插入图像

选择图像文件，如图 9－42 所示。

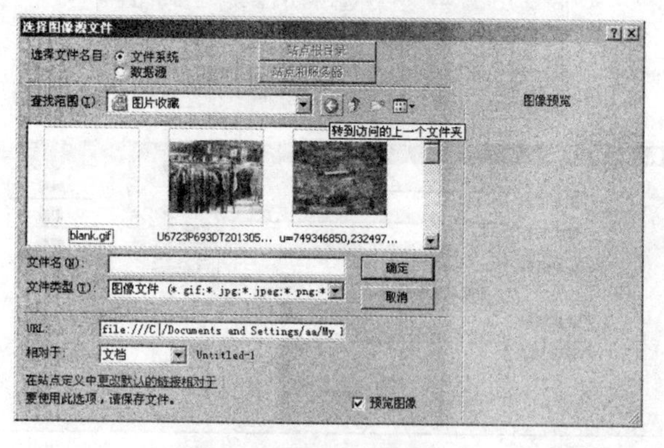

图 9－42 选择图像文件

设置替代显示，如图 9－43 所示。

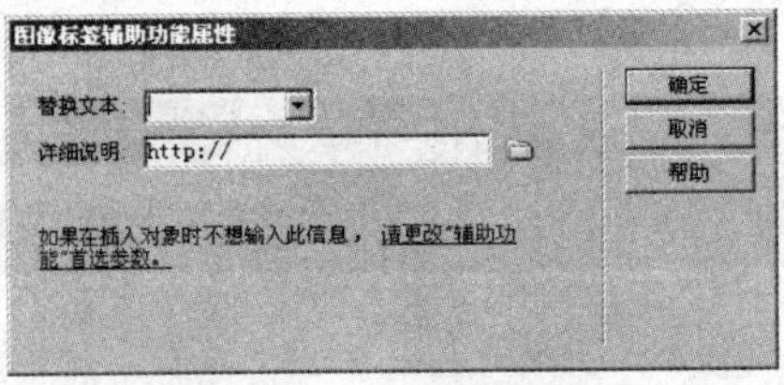

图 9－43　设置替代显示

2. 设置图像的属性。

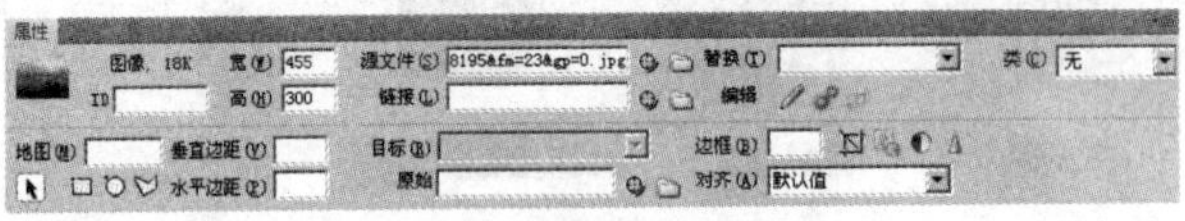

图 9－44　设置图像的属性

“图像”文本框：可以省略，设置的值会给<img>的 ID 和 name 属性。

“宽”和“高”：设置图像的宽度和高度。

“替换”：设置图像的替换文本。

“类”：选择应用于图像的 CSS 样式。

“链接”和“目标”：链接是指给图像加的链接，目标是指链接的打开方式。

“边框”：设置图像的边框粗细，以像素为单位。

“对齐”：是指图像相对于同一段落或同一行中其他元素的对齐方式。

“垂直边距”：设置图像与上面、下面的文字之间的距离（像素），即 vspace 属性。

“水平边距”：设置图像与左边、右边的文字之间的距离（像素），即 hspace 属性。

“编辑”：可对图像进行简单的编辑和优化。

3. 设置鼠标经过的图像。

设置鼠标经过的图像是指当鼠标经过图像时，原始图像会变成另一张图像，它由原始图像和鼠标经过的图像两张图构成，鼠标经过的图像最好和原始图像一样大，否则系统会自动将鼠标经过的图像调整到原始图像的大小。

图 9－45　设置鼠标经过的图像

勾选“预载鼠标经过的图像”选项，可以在网页打开时就将第二幅图像下载到本地，以加快显示的速度。

二、插入 flash 影片

1. 首先，打开 Dreamweaver，新建一个站点，再通过 HTML 在站点下创建一个文档。

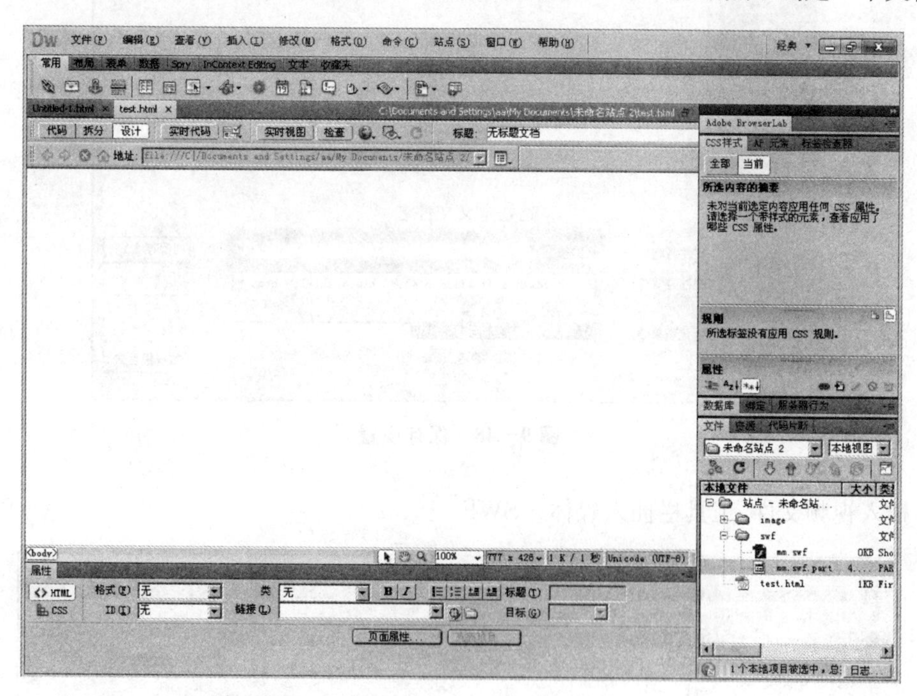

图 9—46　创建文档

2. 将新建的 html 项目进行保存，即“新建”→“保存”，将文件保存在站点中，此处命名为“test”。注意：在插入 swf 前，建议先对文件进行保存，否则将无法顺利进行插入。

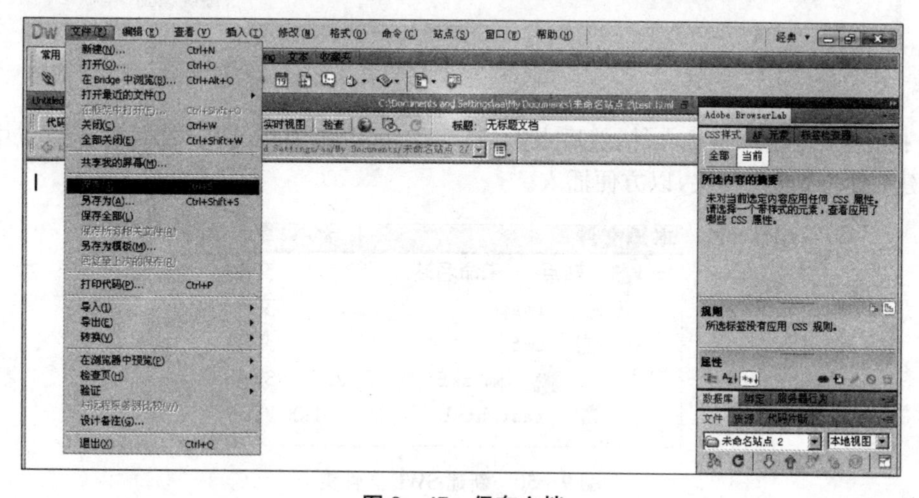

图 9—47　保存文档

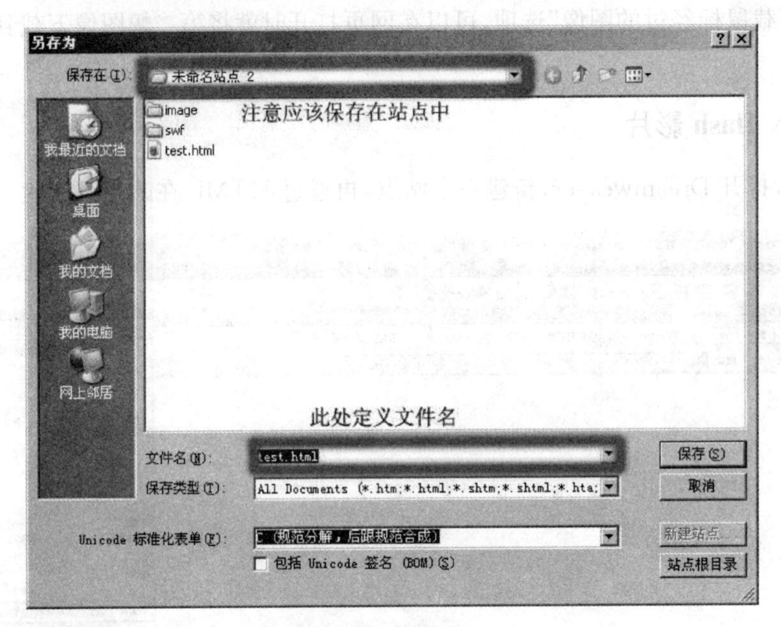

图 9—48　保存设置

3. 插入视频文件，工具栏插入媒体—SWF。

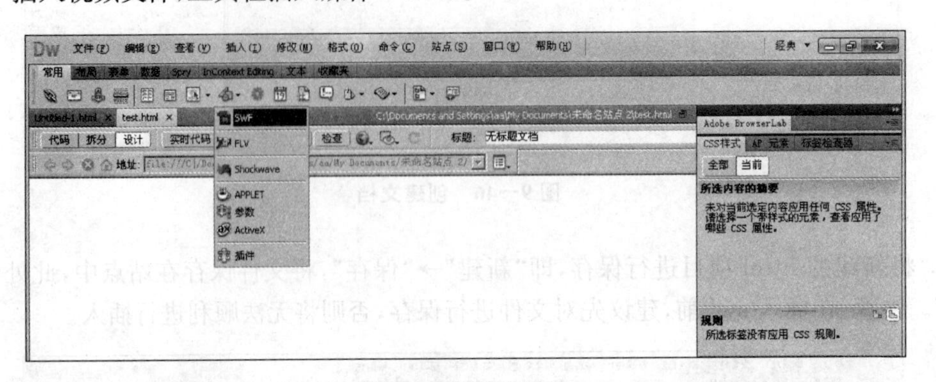

图 9—49　插入视频

4. 找到要插入的 SWF 文件，然后点击“确定”。可以提前将 SWF 文件移至站点中，在站点中新建一个 SWF 文件夹，以方便插入。

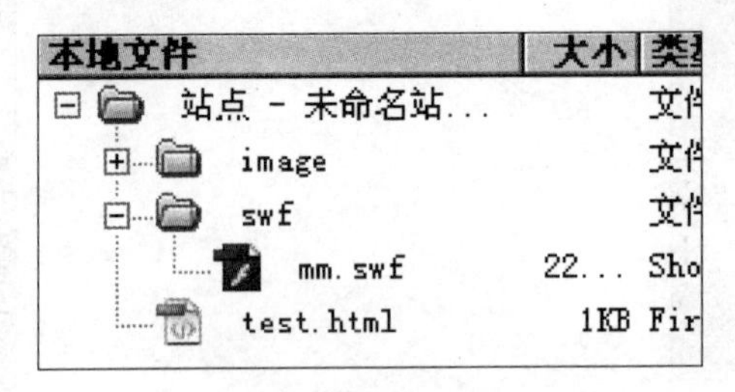

图 9—50　新建 SWF 文件夹

5. 在弹出的窗口中填写“标题”“访问键”“Tab 键索引”，如图 9—51 所示。

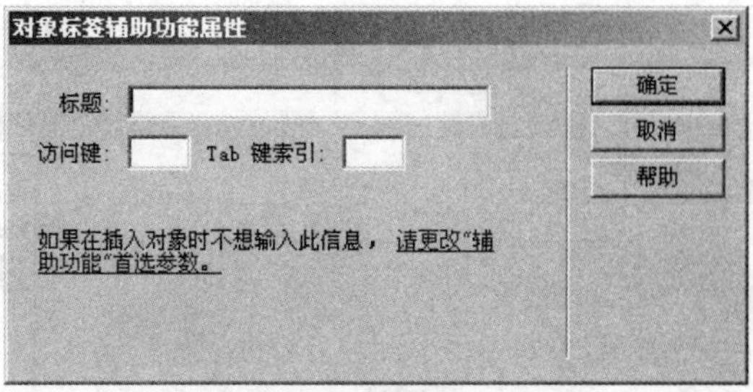
对象标签辅助功能属性
标题:
访问键:
Tab 键索引:
确定
取消
帮助
如果在插入对象时不想输入此信息，请更改"辅助功能"首选参数。

图 9－51 对象标签辅助功能属性对话框

在“标题”文本框中输入媒体对象的标题。

在“访问键”文本框中输入等效的键盘键(一个字母),用以在浏览器中选择表单对象。这使得站点访问者可以使用“Control”键(Windows)和“Access”键来访问该对象。例如,如果输入“B”作为快捷键,则使用 Control＋B 在浏览器中选择该对象。

在“Tab 键索引”文本框中输入一个数字以指定该表单对象的 Tab 键顺序。当页面上有其他链接和表单对象,并且需要用户用 Tab 键以特定顺序通过这些对象时,设置 Tab 键顺序就会非常有用。若为一个对象设置 Tab 键顺序,则一定要为所有对象设置 Tab 键顺序。

注意:如果按“取消”键,一个媒体对象占位符将出现在文档中,但 Dreamweaver 不会将辅助功能标签或属性与之关联。

6. 成功插入 SWF 文件后,可以通过“实时视图”进行查看。

让我们一起见证这段爱情……

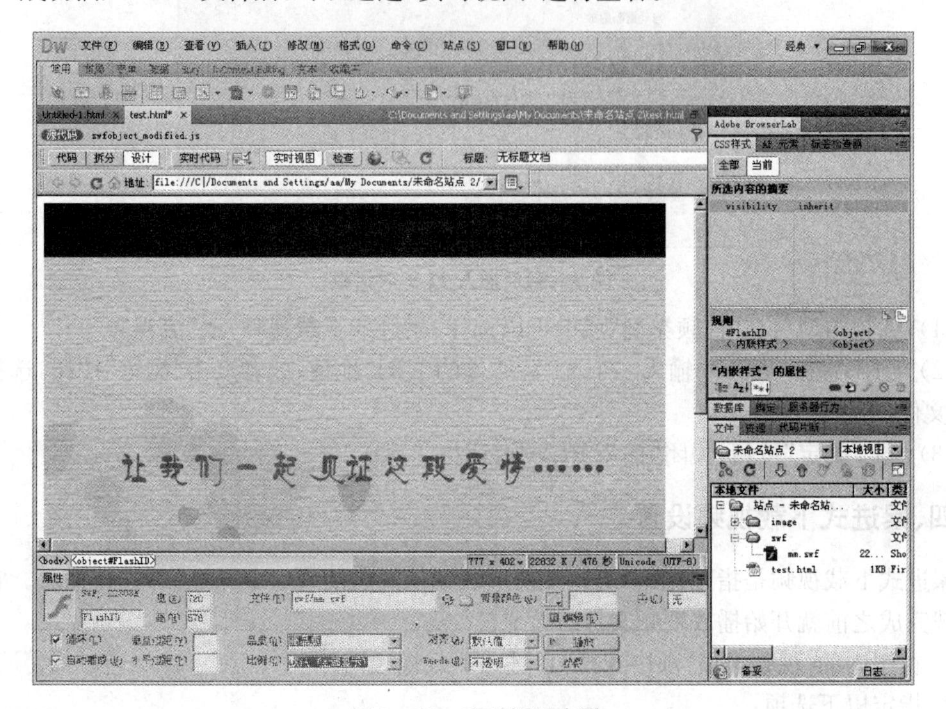

图 9－52 实时视图查看

三、插入 FLV 文件

1.打开 HTML 文档,点击“插入”菜单,选择“媒体”命令,在弹出的子菜单中选择“FLV”项。

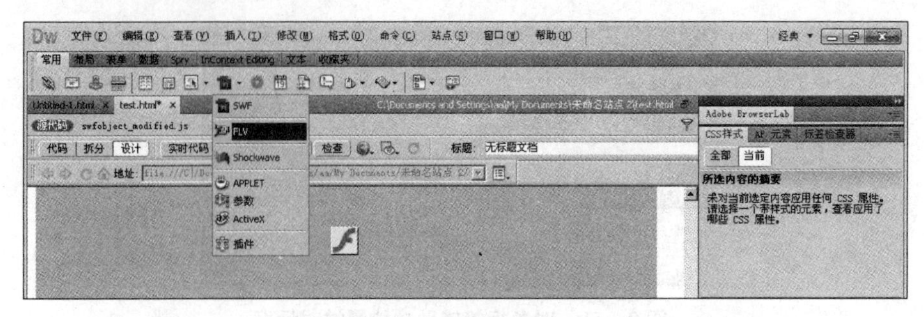

图 9—53 选择 FLV 项

2. 选择“FLV”项后，弹出“插入 FLV”对话框，如图 9—54 所示。

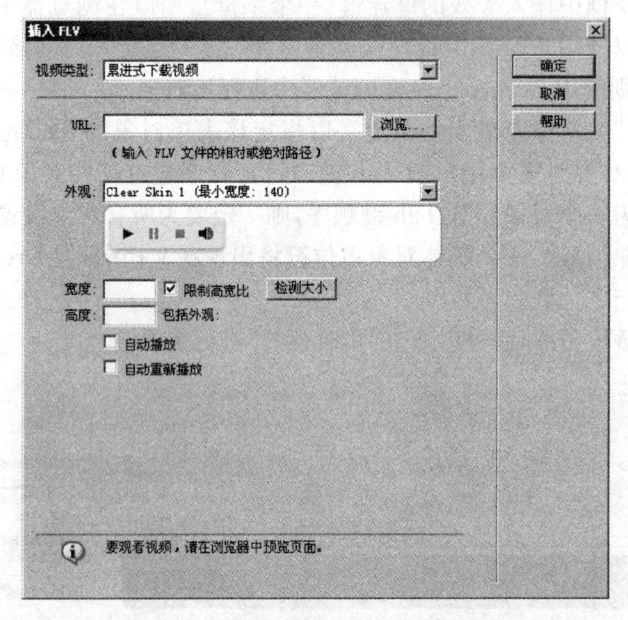

图 9—54 插入 FLV 对话框

(1)“视频类型”：在“视频类型”项中可以选择“累进式下载视频”或“流视频”。

(2)“URL”：在 URL 中输入一个 FLV 文件的 URL 地址，或者点击“浏览”按钮，选择一个 FLV 文件。

(3)点击“确定”按钮，关闭“插入 FLV”对话框。

四、累进式下载视频设置

累进式下载视频是指首先将 FLV 文件下载到访问者的硬盘上，然后再进行播放。它允许在下载完成之前就开始播放视频文件。

1. 在图中的“视频类型”项中选择“累进式下载视频”。

2. 指定以下选项：

URL：输入一个 FLV 文件的 URL 地址，或者点击“浏览”按钮，选择一个 FLV 文件。

外观：指定视频组件的外观。选择某一项后，会在“外观”弹出菜单的下方显示它的预览效果。

宽度：指定 FLV 文件的宽度。单位是像素。单击“检测大小”按钮，Dreamweaver 会自动指定 FLV 文件的准确宽度。如果不能指定宽度，那么必须手工键入宽度值。

高度：指定 FLV 文件的高度。单位是像素。单击“检测大小”按钮，Dreamweaver 会自动指定 FLV 文件的准确高度。如果不能指定高度，那么必须手工键入高度值。

高度右边的“包括外观”项是 FLV 文件的宽度和高度与所选外观的宽度和高度相加得出来的。

限制高宽比：保持 FLV 文件的宽度和高度的比例不变。默认选择此选项。

自动播放：选择此项，加载页面时会自动播放 FLV 文件。

自动重新播放：选择此项，FLV 文件播放完之后会自动返回到起始位置。

3. 单击“确定”按钮，关闭“插入 FLV”对话框，将 FLV 文件插入到网页中。

五、流视频

流视频是指对视频内容进行流式处理，并在一段可确保流畅播放的很短的缓冲时间后在网页上播放该内容。

1. 在“视频类型”项中选择“流视频”，如图 9－55 所示。

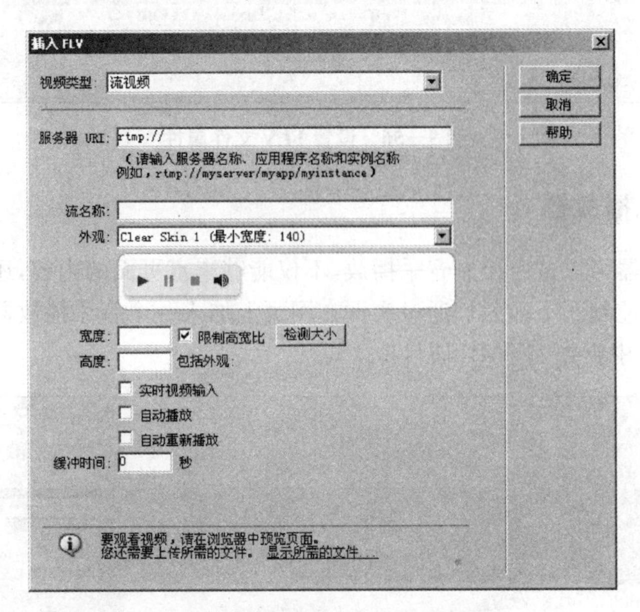

图 9－55 插入 FLV 对话框设置

2. 指定下述选项。

服务器 URL：输入服务器名称、应用程序名称和实例名称。

流名称：指定要播放的 FLV 文件名称。如 baike369.flv。

外观：指定视频组件的外观。选择某一项后，会在“外观”弹出菜单的下方显示它的预览效果。

宽度：指定 FLV 文件的宽度。单位是像素。单击“检测大小”按钮，Dreamweaver 会自动指定 FLV 文件的准确宽度。如果不能指定宽度，那么必须手工键入宽度值。

高度：指定 FLV 文件的高度。单位是像素。单击“检测大小”按钮，Dreamweaver 会自动指定 FLV 文件的准确高度。如果不能指定高度，那么必须手工键入高度值。

高度右边的“包括外观”项是 FLV 文件的宽度和高度与所选外观的宽度和高度相加得出

来的。

限制高宽比：保持 FLV 文件的宽度和高度的比例不变。默认选择此选项。

实时视频输入：如果选择此项，Flash Player 将播放从 Flash Media Server 流入的实时视频流。实时视频输入的名称是在“流名称”文本框中指定的名称。

自动播放：选择此项，加载页面时会自动播放 FLV 文件。

自动重新播放：选择此项，FLV 文件播放完之后会自动返回到起始位置。

缓冲时间：设置在视频开始播放之前进行缓冲处理所需要的时间（以秒为单位）。

3. 单击“确定”按钮，关闭“插入 FLV”对话框后，将 FLV 文件插入到网页上。

提示：如果要在网页上启用流视频，那么必须具有访问 Adobe® Flash® Media Server 的权限。

六、设置 FLV 文件的属性

在文档的“设计”视图中单击 FLV 文件占位符，选定 FLV 内容。打开 FLV 文件的“属性”面板，如图 9－56 所示。

图 9－56 设置 FLV 文件属性

七、插入音乐播放器

网页音乐播放器可以自由控制音乐播放，不仅能够丰富页面的内容，还可以依据访问者的喜好由访问者自主控制。下面我们通过实例在网页上加入一个音乐播放器。

1. 首先在站点中新建 HTML 项目。

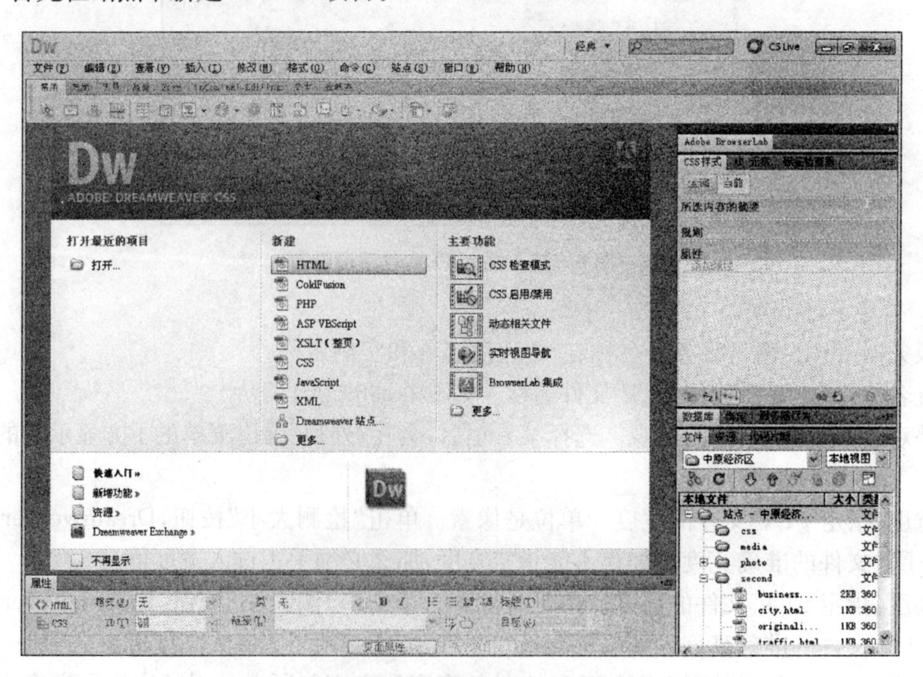

图 9－57 新建 HTML 项目

2. 选择 Dreamweaver 的“设计”窗口，“插入”→“布局对象”→“Div 标签”。在随后跳出的“插入 Div 标签”对话框中直接点击“确定”按钮。

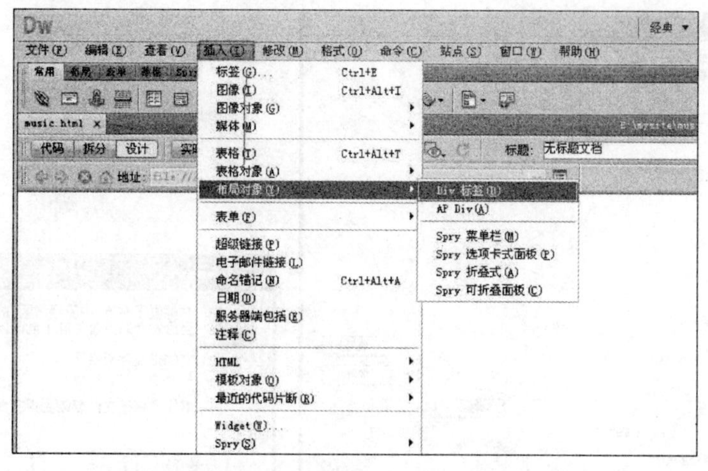

图 9—58　插入标签

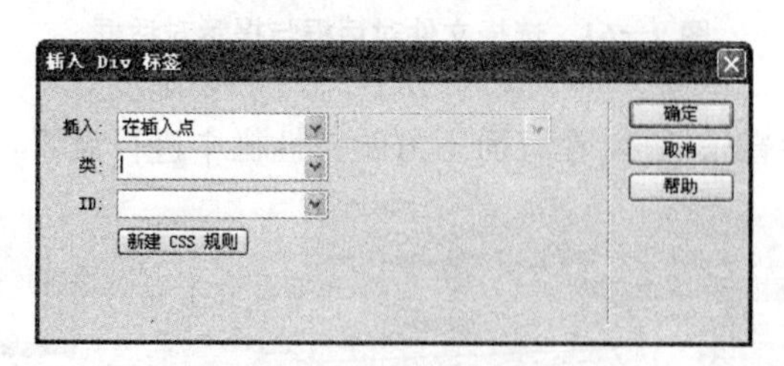

图 9—59　插入标签对话框

3. 删除 Div 标签中的文字内容，再次进行“插入”→“媒体”→“插件”操作。

图 9—60　插入插件操作

4. 可以将音乐文件放入已经创建好的站点中，选择要插入的音乐文件，点击“确定”。弹出提示窗口后同样选择“确定”。

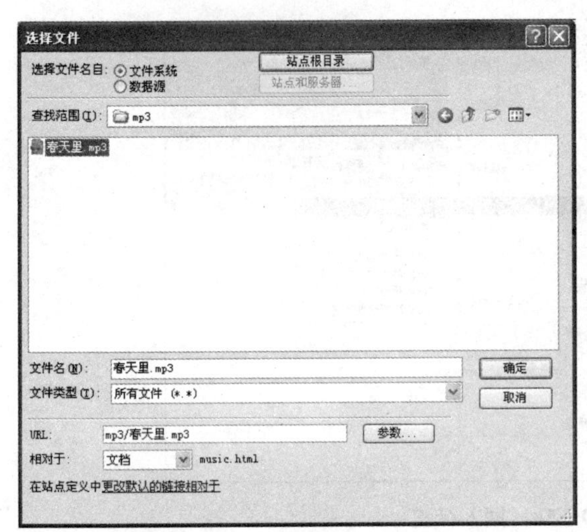

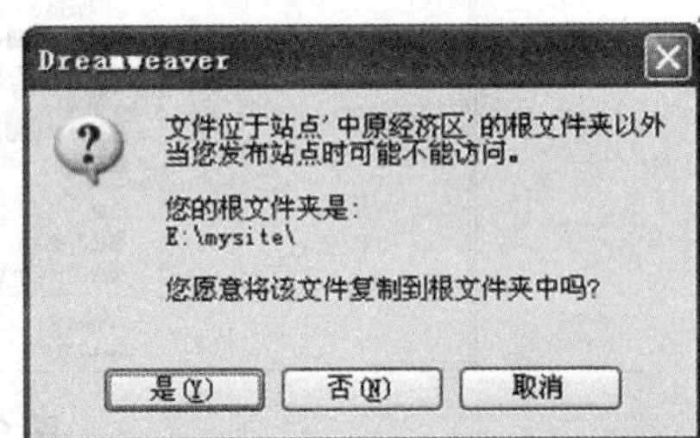

图 9－61 选择文件对话框与提示对话框

5. 成功插入后，选中音乐插件，在页面下方的属性栏中进行设置，如宽度和高度等。

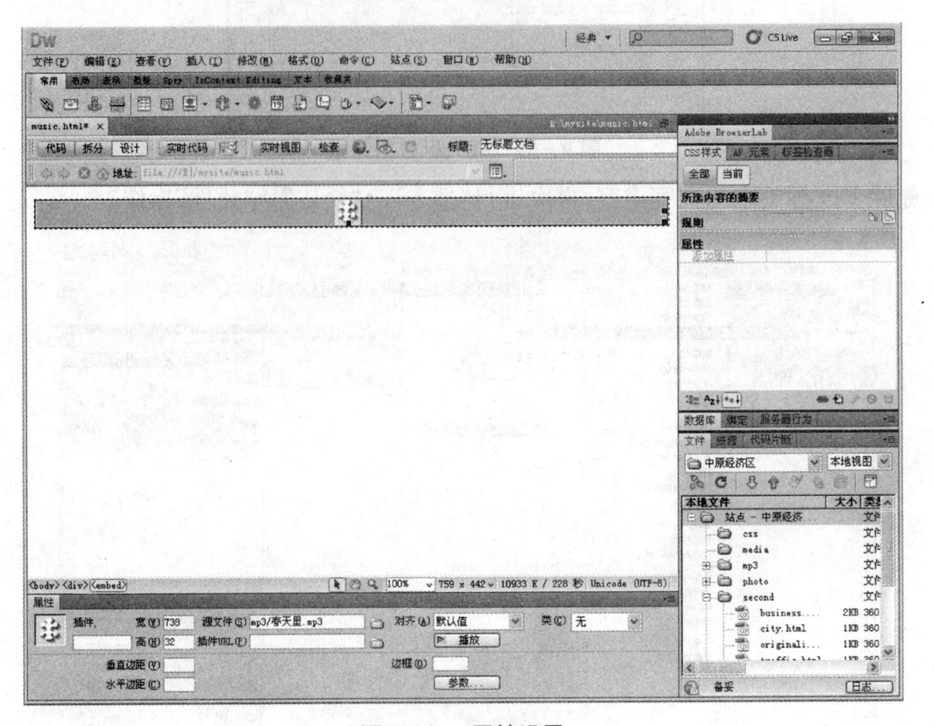

图 9－62 属性设置

6. 设置属性完成后可以对网页进行预览了，点击页面上方球形按钮，选择在 IE 中进行预览，并根据提示将网页保存到站点中。

图 9—63 预览

图 9—64 保存对话框

7. 在 IE 中选择“允许阻止的内容”,并选择运行活动内容。

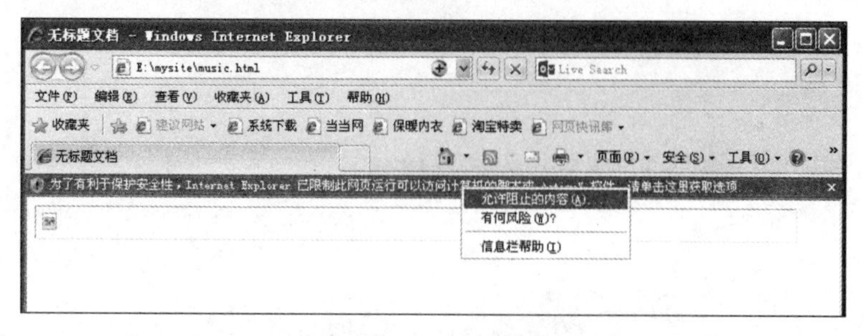

图 9—65 IE 浏览器

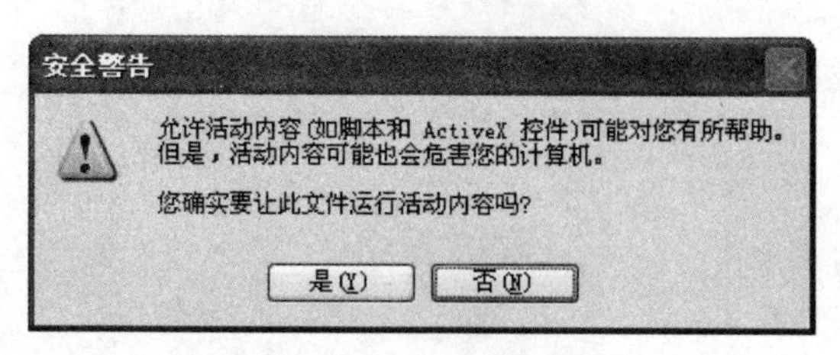

图 9—66 安全警告

8. 可以看到 IE 中显示的播放器,经过测试,可以正常播放。

图 9—67 IE 中显示的播放器

【课后专业测评】

任务背景:

王丽同学正在设计个人网站,网页的主色调、素材等都已确定,下面开始设计网页。

任务要求:

1. 定义站点,要求网页打开后不会出现水平滚动条。

2. 增加各种网页元素。

技术要领:

用 Dreamweaver 完成网页布局设计。

解决问题:

在 Dreamweaver 中进行各种元素的布局。

应用领域:

个人网站;企业网站。

项目 10　Flash 动画制作

【课程专业能力】

1. 熟悉 Flash 操作界面。
2. 掌握 Logo 动画制作方法。
3. 掌握 Banner 动画制作方法。

【课前项目直击】

动画是网页的重要组成元素之一，动画以其“动”来吸引访问者的注意力，优秀的动画制作不仅能在形式上吸引人，还能通过独特的视觉冲击使人们对其内容产生深刻的印象。Flash 是动画制作的常用软件之一，本项目通过“风尚志”网站 logo 的制作，系统讲授 flash 软件的常用操作。

任务 1　Flash 动画

作为面向动画设计师和初级程序员的一款动画设计软件，Flash 可为用户提供可视化的动画设计工具绘制和制作动画元素，并为其赋予动态的效果，同时也提供一个简单的代码开发环境和最基本的 ActionScript 脚本开发支持。

一、Flash 操作界面

(一)显示风格

1. Flash CS5 的操作界面有多种显示风格，单击菜单栏右侧的显示风格按钮可以更改界面的显示风格，我们选用“传统”显示风格。

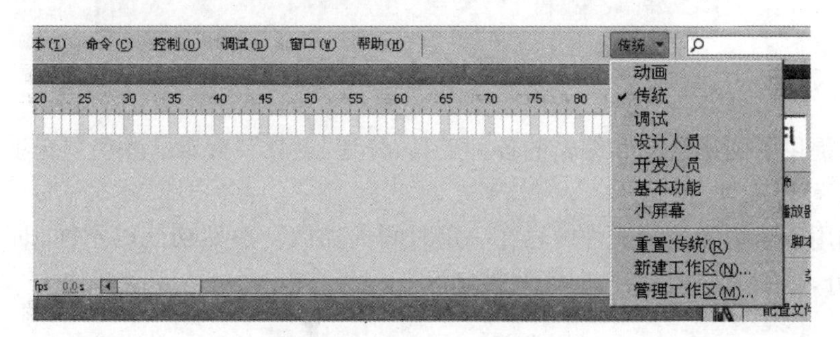

图 10－1　Flash 风格选择

Flash CS5 的传统风格的操作界面由以下几部分组成：菜单栏、主工具栏、工具箱、时间轴、场景和舞台、属性面板以及浮动面板。

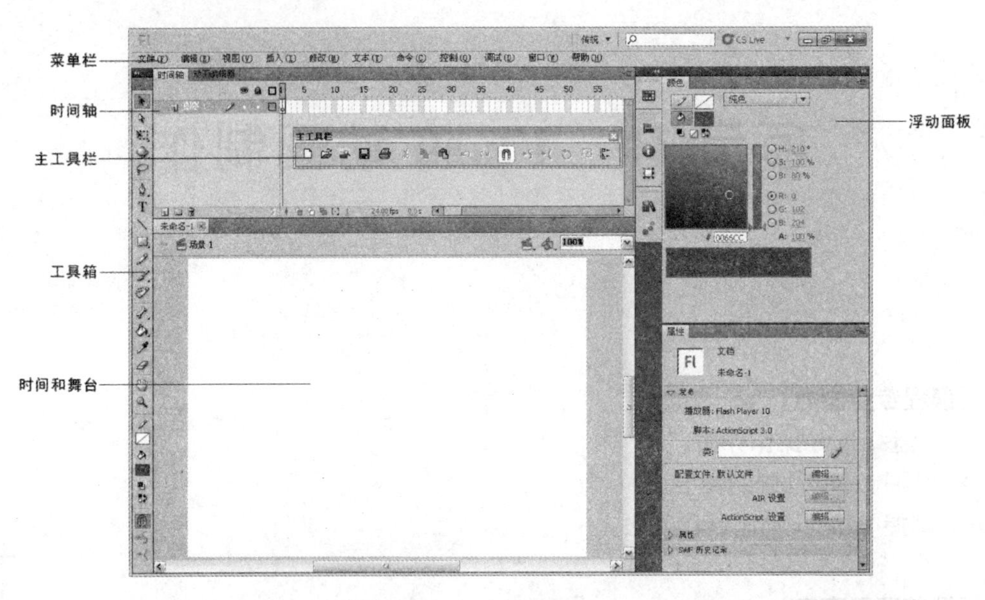

图 10－2　操作界面

(二)菜单栏

Flash CS5 的菜单栏依次分为“文件”菜单、“编辑”菜单、“视图”菜单、“插入”菜单、“修改”菜单、“文本”菜单、“命令”菜单、“控制”菜单、“调试”菜单、“窗口”菜单及“帮助”菜单。

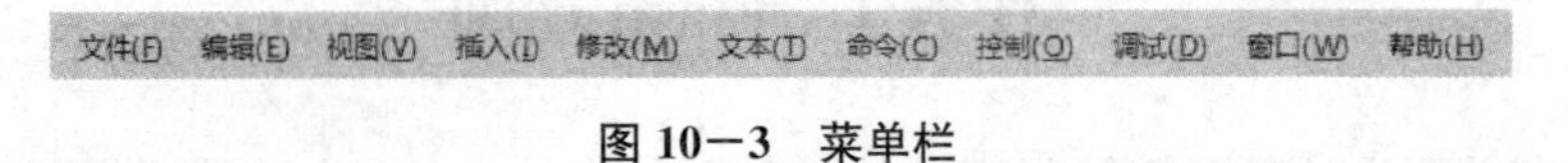

图 10－3　菜单栏

(三)工具栏和工具箱

为方便使用，Flash CS5 将一些常用命令以按钮的形式组织在一起，置于操作界面的上方。主工具栏依次分为“新建”按钮、“打开”按钮、“转到 Bridge”按钮 、“保存”按钮、“打印”按钮、“剪切”按钮、“复制”按钮、“粘贴”按钮、“撤销”按钮、“重做”按钮、“对齐对象”按钮、“平滑”按钮、“伸直”按钮、“旋转与倾斜”按钮、“缩放”按钮以及“对齐”按钮。

图 10－4　工具栏

工具箱提供了图形绘制和编辑的各种工具，分为“工具”“查看”“颜色”“选项”4 个功能区。

(四)时间轴窗口

时间轴用于组织和控制文件内容在一定时间内播放。按照功能的不同，时间轴窗口分为左、右两部分，分别为层控制区、时间线控制区。

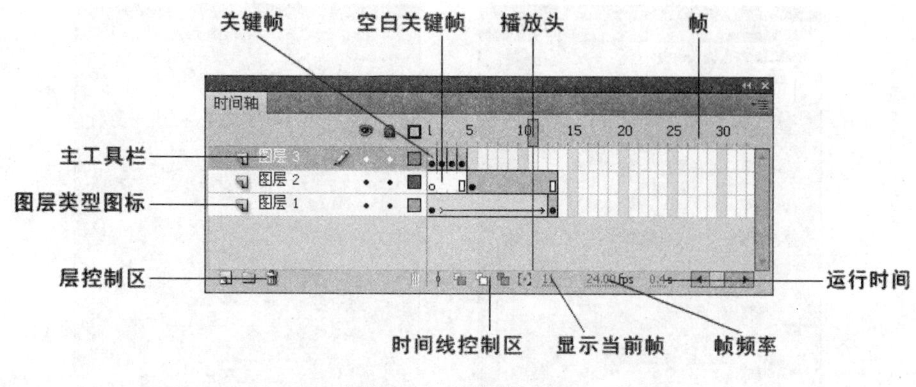

图 10－5 时间轴窗口

（五）舞台

舞台是所有动画元素的最大活动空间。像多幕剧一样，场景可以不止一个。要查看特定场景，可以选择"视图"→"转到"命令，再从其子菜单中选择场景的名称。场景也就是常说的舞台，是编辑和播放动画的矩形区域。在舞台上可以放置、编辑向量插图、文本框、按钮、导入的位图图形、视频剪辑等对象。舞台包括大小、颜色等设置。

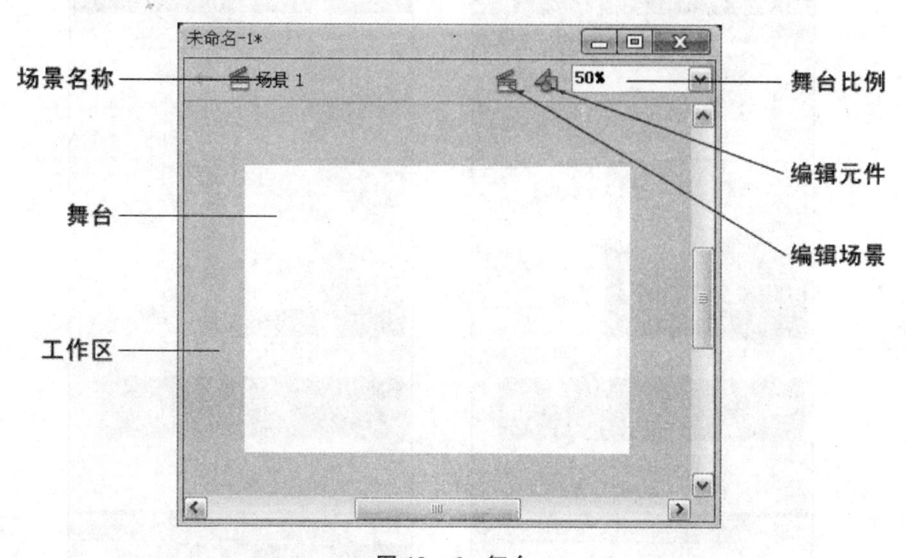

图 10－6 舞台

（六）属性窗口

对于正在使用的工具或资源，使用"属性"面板可以很容易地查看和更改它们的属性，从而简化文档的创建过程。当选定单个对象时，如文本、组件、形状、位图、视频、组、帧等，"属性"面板可以显示相应的信息和设置。当选定了两个或多个不同类型的对象时，"属性"面板会显示选定对象的总数。

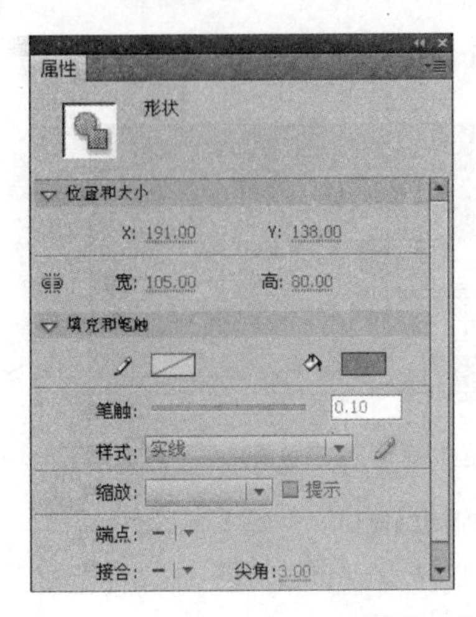

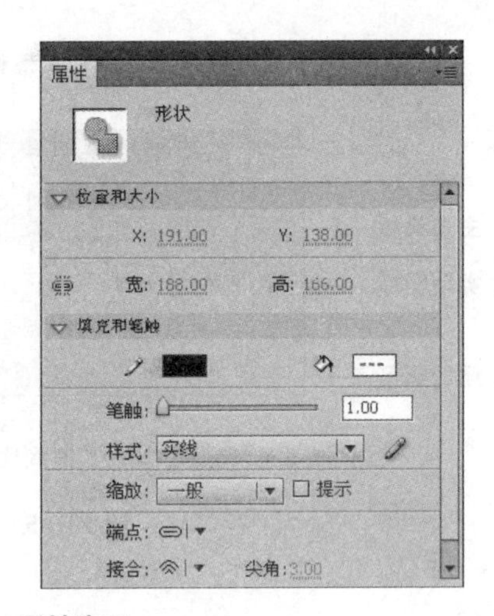

图 10—7　属性窗口

使用面板可以查看、组合和更改资源，但屏幕的大小有限，为了尽量使工作区最大，Flash CS5 提供了许多种自定义工作区的方式，如可以通过"窗口"菜单显示、隐藏面板，还可以通过鼠标拖动来调整面板的大小以及重新组合面板。

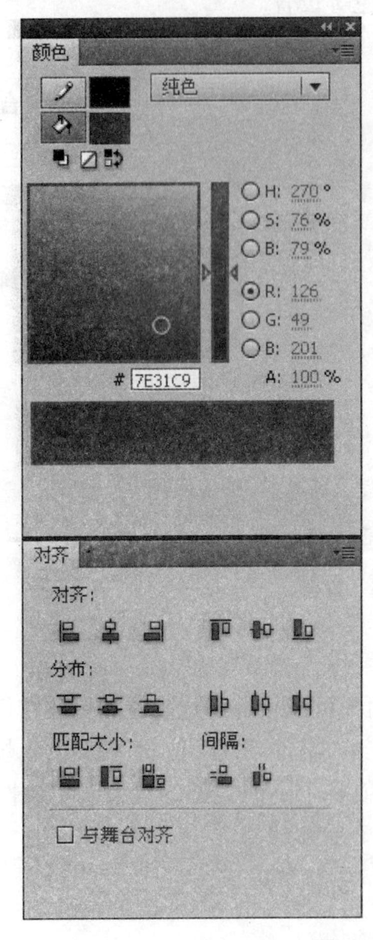

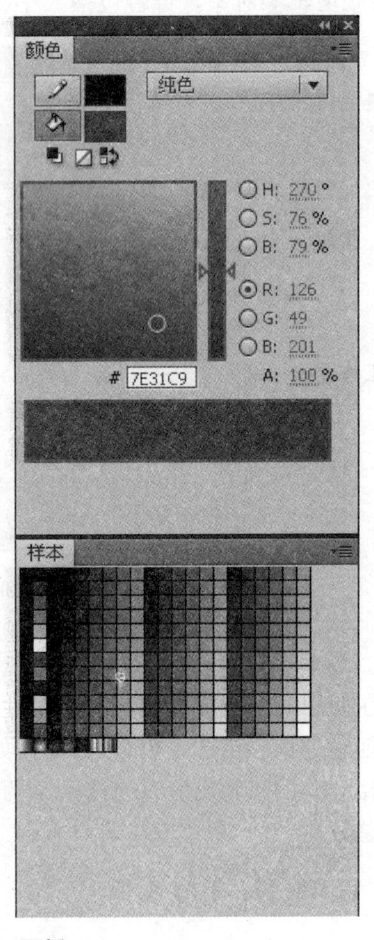

图 10—8　面板

二、Flash 的系统配置

在 Flash CS5 中，系统配置包括首选参数面板、设置浮动面板和历史记录面板，本节将详细介绍 Flash CS5 系统配置方面的知识。

（一）首选参数面板

在首选参数面板中，可以自定义一些常规操作的参数选项。在菜单栏中，选择“编辑”→“首选参数”命令，可以调出“首选参数”面板，在“类别”区域中，依次分为“常规”选项卡、ActionScript 选项卡、“自动套用格式”选项卡、“剪贴板”选项卡、“警告”选项卡等，单击不同的选项卡，即可进入不同的对话框，如图 10－9 所示。

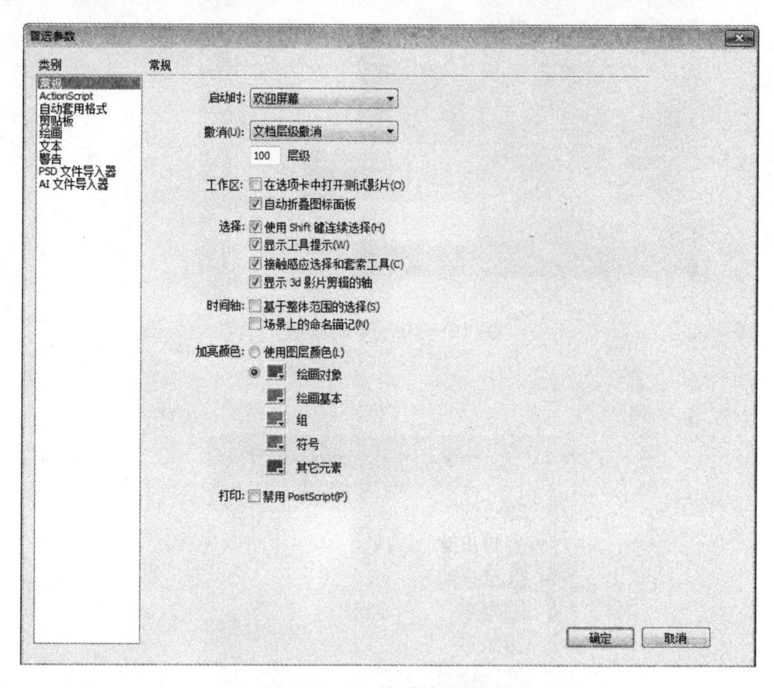

图 10－9　首选参数面板

（二）浮动面板

Flash 中的浮动面板用于快速设置文档中对象的属性。用户可以应用系统默认的面板布局，也可以根据需要随意地显示或隐藏面板。调整面板的大小，还可以将最方便的面板布局形式保存到系统中，如图 10－10 所示。

（三）历史记录面板

在菜单栏中，选择“窗口”→“其他面板”→“历史记录”命令，即可弹出“历史记录”对话框，在文档中进行一些操作后，历史记录面板会将这些操作按顺序进行记录，以便于制作者查看操作的步骤过程，如图 10－11 所示。

图 10—10 浮动面板

图 10—11 历史记录面板

三、Flash 文件的基本操作

在制作 Flash 动画之前，需要先进行新建文件、保存之类的操作，本节将详细介绍 Flash 文件基本操作方面的知识。

(一)新建文件

在对 Flash CS5 软件进行操作时，新建文件是其进行设计的第一步，下面详细介绍新建文件的操作方法。

1. 启动 Flash CS5，在菜单栏中，选择“文件”→“新建”命令。

2. 弹出“从模板新建”对话框：①选择准备新建的文档；②单击“确定”按钮，即可完成新建文件的操作，如图 10—12 所示。

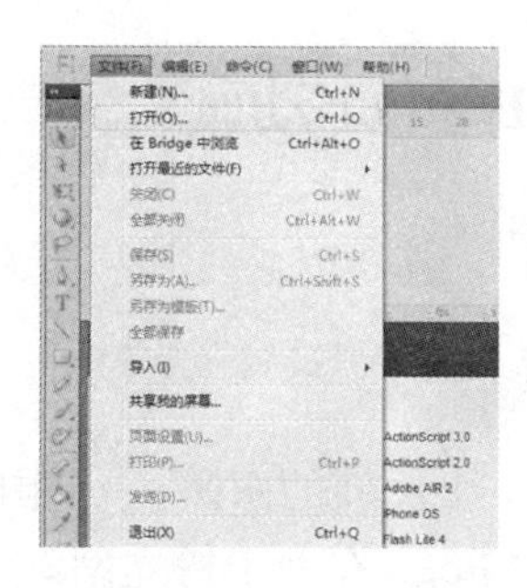

图 10－12　新建文件

（二）保存文件

在编辑和制作完动画以后，就需要将动画文件保存起来，下面详细介绍保存文件的操作方法。

1. 在菜单栏中，选择“文件”→“保存”命令。

2. 弹出“另存为”对话框：①在“保存在”区域中，选择准备保存的位置；②在“文件名”文本框中，输入文件名称；③单击“保存”按钮，即可完成保存文件的操作，如图 10－13 所示。

图 10－13　保存文件

（三）打开文件

如果想打开制作完成的 Flash 文件，可以在菜单栏中选择“文件”→“打开”命令，弹出“打开”对话框，在对话框中搜索路径和文件，单击“打开”按钮，或直接双击文件，即可打开所指定的动画文件，如图 10－14 所示。

图 10－14　打开文件

任务 2 制作动态 Logo 和 Banner 动画

一、动态 Logo 制作

(一)Logo 概述

Logo 是网站的标志,它的作用就像是商品的商标或一个民族的图腾、一个国家的国徽一样。它是由图、文字或符合及颜色等元素构成。一个好的 Logo 有助于树立网站的品牌形象,更能吸引人的注意也更容易让人记住,它能清楚、明确地告知浏览者目前正在浏览的是哪个网站。最具有代表性的 Logo 就是 Google 网站的 Logo,它是所有网站中更新最快的,几乎所有的节日及国际重大活动或事件都会推出具有特殊意义的 Logo,但始终是以 Google 六个字母以不同形式及颜色组合而成,给浏览者留下动态的美感。

(二)Logo 规格

关于 Web 的 Logo,目前常用的有以下三种规格:

(1)88px×31px,这是互联网上最普遍的 Logo 规格。

(2)120px×60px,中等规格 Logo。

(3)120px×90px,大型 Logo 多用这种规格。

当然,也可根据网站自己定义 Logo 规格。

一个好的 Logo 应该具备以下几个条件:符合关于 Web Logo 的国际标准;明确、有效传达 Web 的类型信息;具有独特的风格和精美的设计,特别是拥有自己特有的风格,否则只是简单的模仿,这样容易给人留下"商载版"的印象。

【应用范例】

"风尚志"Logo 制作

1. 新建 Flash 文档,大小为 250×100px。

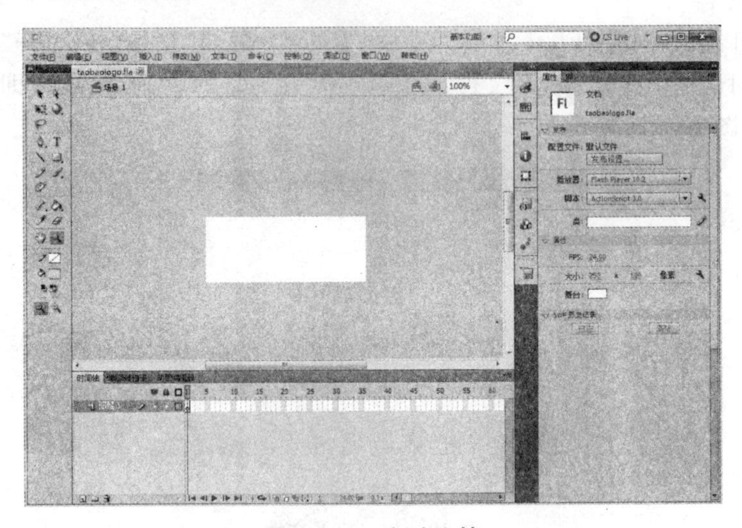

图 10—15 新建文档

2. 图层名称改为“背景”，在背景层上，用矩形工具绘制矩形，颜色为“＃31154E”，用选择工具移动到线上，当变成带圆弧的光标箭头时，调整矩形四边带有一定弧度(或绘制椭圆并用选择工具调整出不规则形状)，如图 10－16 所示。选中第 35 帧，点击右键选择“插入帧”。

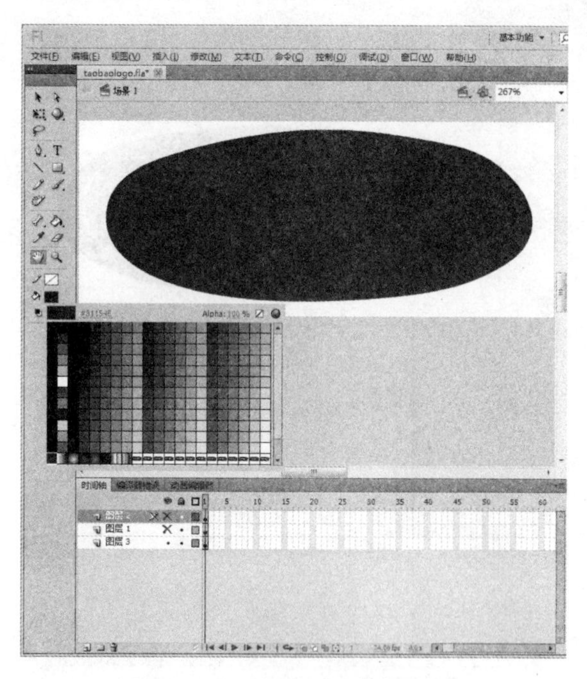

图 10－16　绘制不规则椭圆图形

3. 新建一个图层，命名为“文字”。用文本工具在该层上设置文字“风尚志”，字体为“方正粗宋简体”，字号为“35”，颜色为“白色”，在属性面板下的滤镜中分别添加“投影”和“发光”滤镜，具体设置如图 10－17 所示。投影：模糊 X 和模糊 Y 均为“5 像素”，颜色为“黑色”；发光：模糊 X 和模糊 Y 均为“53 像素”，颜色为“＃6633CC”。选中第 35 帧，点击右键选择“插入帧”。

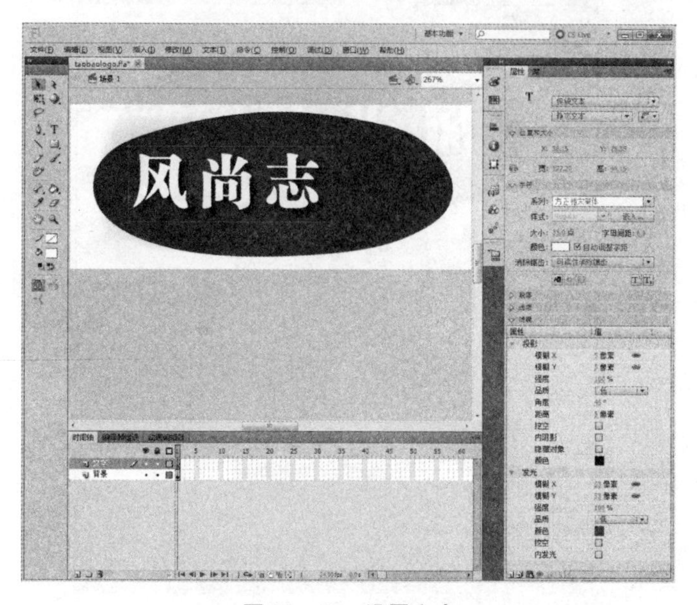

图 10－17　设置文字

4. 新建一个图层，命名为“装饰”。在第 5 帧插入一个空白关键帧，选择椭圆工具，按“Shift”键，绘制一个无填充的白色轮廓线的正圆，选中该正圆，按“Alt”键，复制一个相同的正圆，并与第一个正圆有叠加。

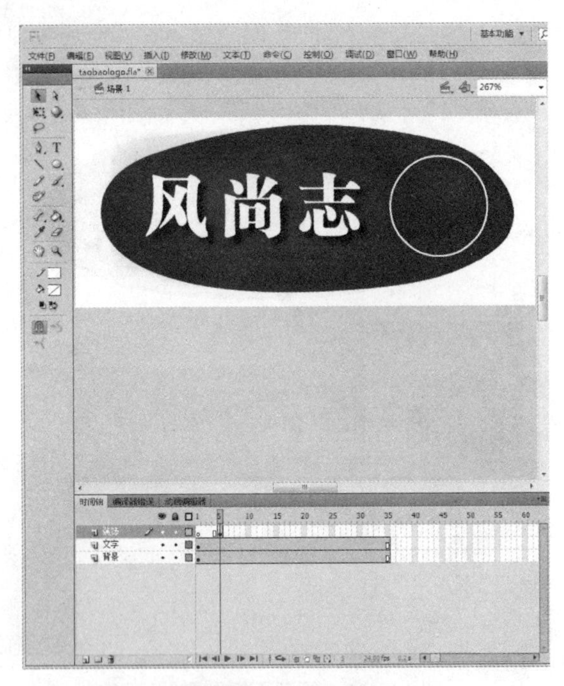

图 10－18　绘制圆形

5. 点击工具箱中的“选择”工具，分别选中并删除圆右上部的轮廓线，以便切割圆为月亮形状，如图 10－19 所示。

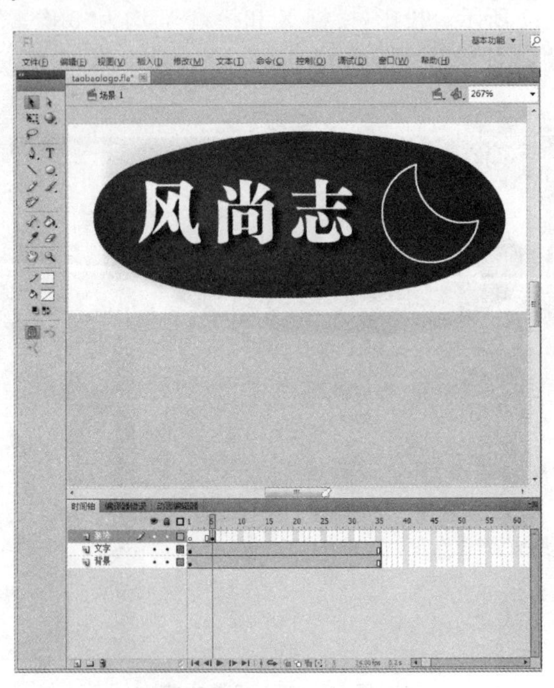

图 10－19　绘制月亮图形

6. 选中“月亮”形状，按“F8”键将其转换为影片剪辑元件。此时，可以添加滤镜效果。可利用滤镜面板下部“”第三个按钮“剪贴板”将“文字”层滤镜效果复制，粘贴到该层。在第15帧，右键“插入关键帧”，在两关键帧中间单击右键选择“创建传统补间”，点击15帧图中月亮，在属性面板设置色彩效果，让“月亮”颜色略有变化，如图10－20所示。

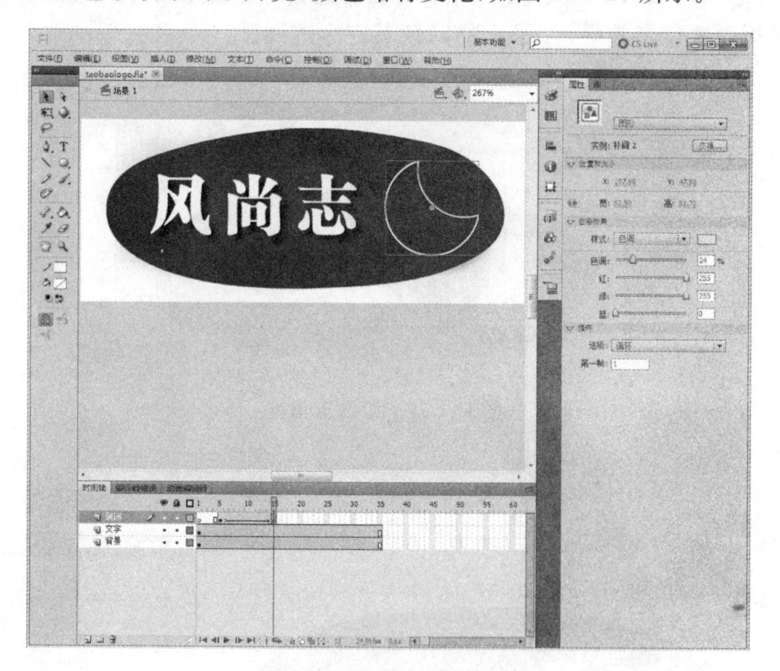

图 10－20　增加滤镜效果

7. 在第20帧，单击右键选择“插入关键帧”，在两个关键帧中间单击右键“创建传统补间”，点击20帧图中月亮，在属性面板设置色彩效果，Alpha 为 0，即完全透明。

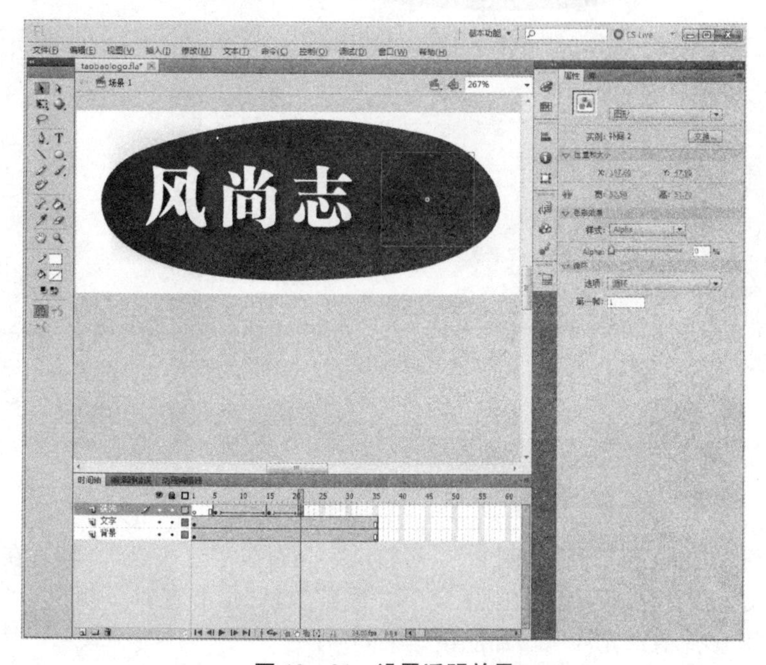

图 10－21　设置透明效果

8. 在第 25 帧，单击右键选择“插入空白关键帧”，与月亮的绘制方法相同，绘制星星图形。可用“多角星形”工具，通过属性面板“选项”和样式“星形”绘制五角星，颜色为“淡黄色”。复制多个星星。选中星星并转换为“影片剪辑元件”，增加滤镜效果同“月亮”。在第 35 帧，单击右键选择“插入关键帧”，在两个关键帧中间单击右键选择“创建传统补间”，点击 35 帧图中“星星”，在属性面板设置色彩效果，Alpha 为 0，使其完全透明。

图 10—22　绘制五角星

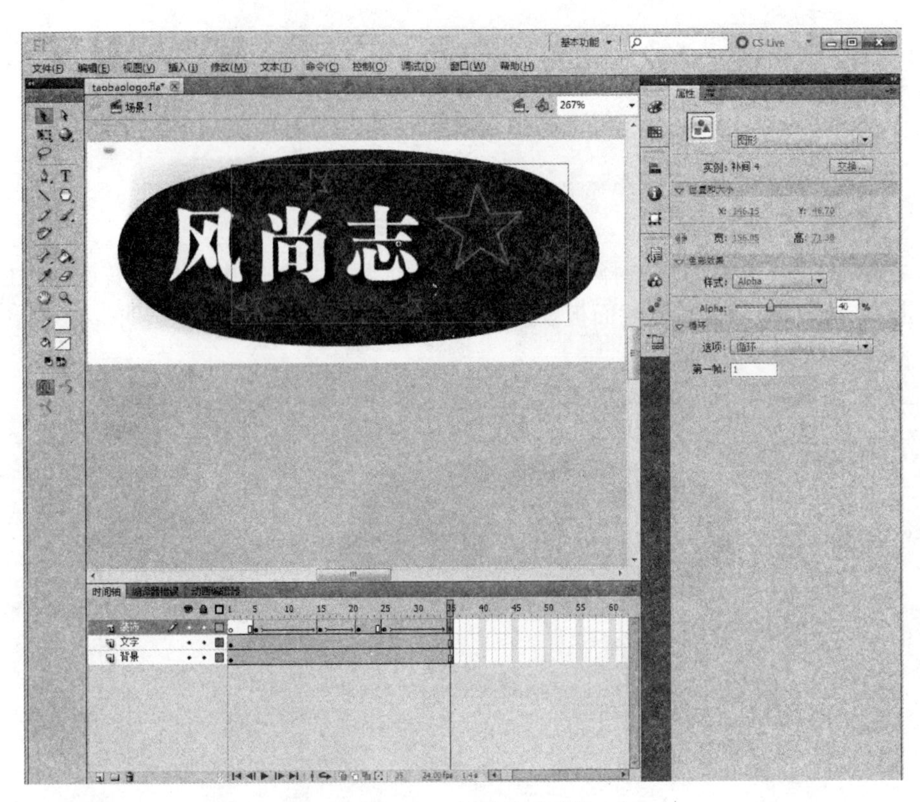

图 10—23　创建补间形状

10. 若还想增加“音符”渐隐动画效果，可将文字与背景层延长至 50 帧。在第 40 帧，单击右键选择“插入空白关键帧”，用“椭圆工具”和“线条工具”绘制音符。颜色为“淡蓝色”，选中“音符”，转换为“影片剪辑元件”，增加滤镜效果同“月亮”。

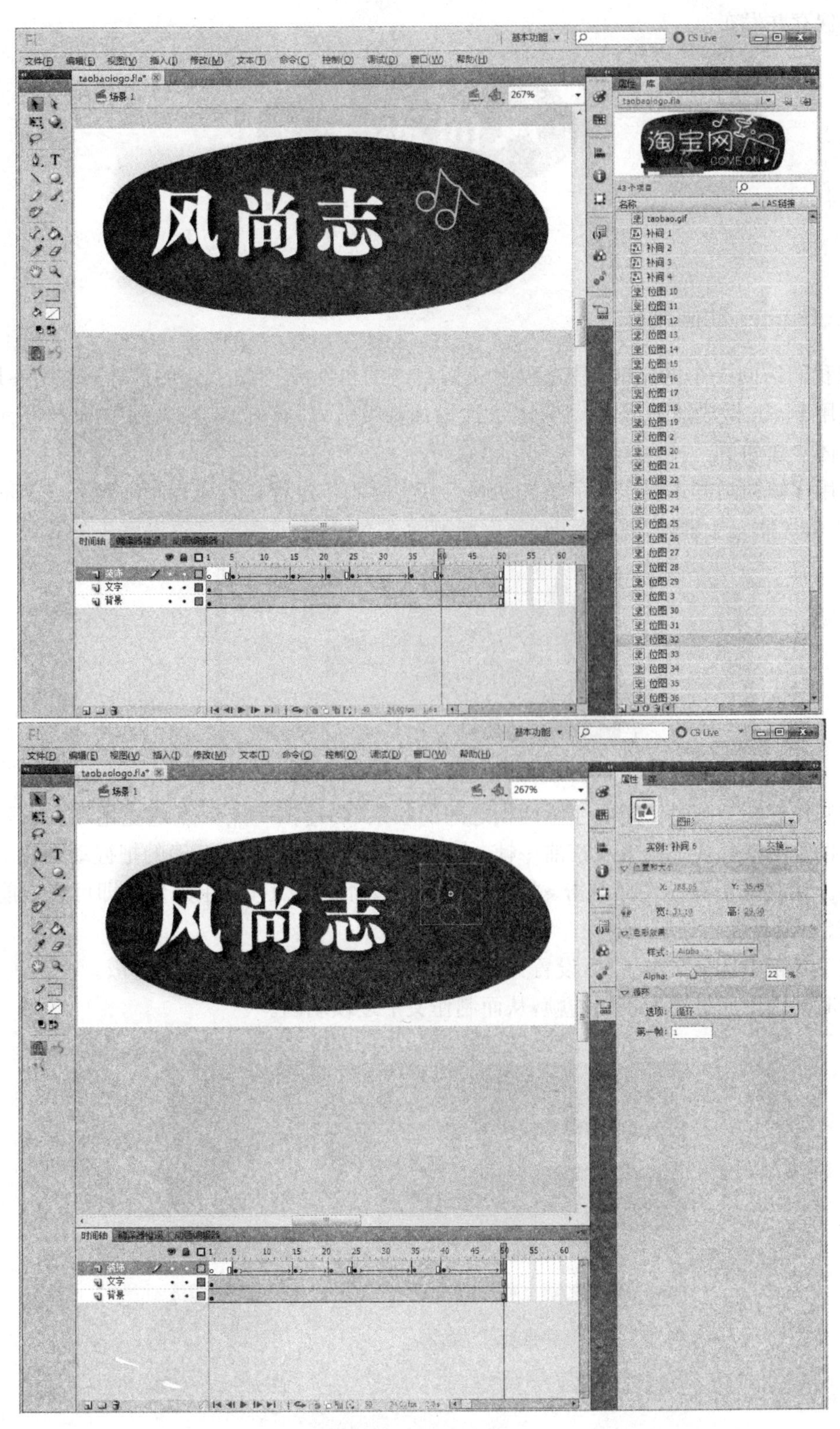

图 10－24 创建音符

11. 同时选中三个图层第 60 帧，单击右键选择“插入帧”，以便延长动画最后的停留时间。

将文档保存并发布。

图 10－25　最终效果

二、Banner 动画制作

当我们访问一个网站时，最先吸引我们目光的可能是网站上方的广告，这就是 Banner。如果能用 Flash 做成动画形式，无疑会大大增加其吸引力，如图 10－26、图 10－27 所示。

具体步骤如下：

采用逐帧动画方式制作文字消失动画。其实际制作过程是首先在第一帧完成全部文本的输入，再依次插入关键帧，并从后向前，逐渐删除文本，从而实现文字逐渐消失的效果。

图 10－26　逐帧动画设置

在制作逐帧动画时一定要注意两帧之间的联系，要逐帧一点一点地变化，跳跃不要太大，可以借助绘图纸外观工具来观察前一帧，或者全部帧的变化，对于精确的把握动画效果有极大的帮助。在时间轴面板底部单击按钮可打开绘图纸外观工具，在舞台中即可查看前后帧中的画面。

在工具箱中选择文本工具，设置文本属性，然后输入文本，并将文本打散。

在时间轴中通过插入不同的帧，从而制作文字逐帧动画。

图 10－27　逐帧动画设置

【应用范例】

1. 启动 Flash，新建空白文档，选择“修改”→“文档”命令，打开“文档属性”对话框，设置文档的宽和高分别是 950×120px。

2. 导入背景图片，使背景图像和舞台相互吻合，可设置“x，y”位置为“0，0”，如图 10－28 所示。

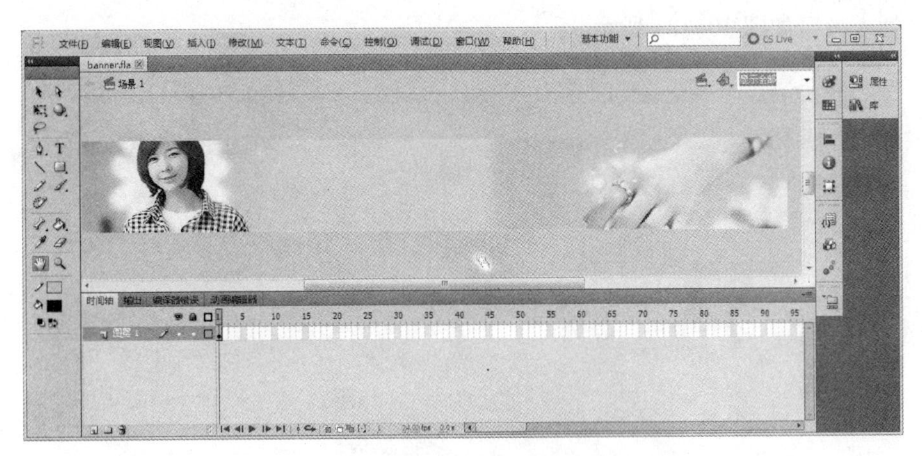

图 10－28 导入图片

3. 选择“图层 1”并命名为“图片 1”。

4. 新建“图层 2”并改名为“文字”。在第 2 帧上单击右键选择“插入空白关键帧”，然后选择“文本工具”。在属性面板中，设置“字体”名称为隶书、大小为 45 点，颜色为＃009966，字间距为 8.0，然后单击舞台，输入文本“精致生活 && 精品之家”，如图 10－29 所示。

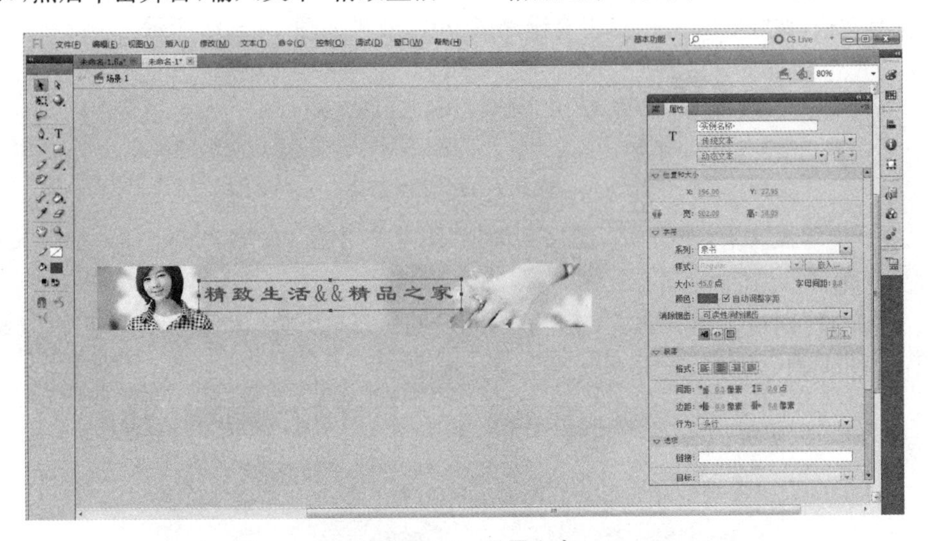

图 10－29 设置文本

5. 按“Ctrl＋B”快捷键，将文本分离为单个文字，如图 10－30 所示。

图 10－30　文本分离

6. 在“文字”层第 2～11 帧上，分别单击右键“插入关键帧”，在“图片 1”层的第 11 帧上单击右键“插入帧”，如图 10－31 所示。

图 10－31　创建逐帧动画

7. 将第 2 帧保留第一个文字，第 3 帧保留前两个文字，以此类推，第 11 帧为全部的文字。

8.保存文档，按“Ctrl＋Enter”组合键测试影片，效果如图 10－32 所示。

图 10－32　测试影片

9. 进一步增强效果，在图片 1 图层上增加“图片 2”图层，在第 20 帧“插入空白关键帧”导入图片 2 到舞台，设置“x，y”位置为“0，0”。

10. 分别将“图片 1”图层第 20 帧“插入关键帧”，将“图片 2”图层第 40 帧“插入关键帧”，分别单击右键选择“创建传统补间”，如图 10－33 所示。

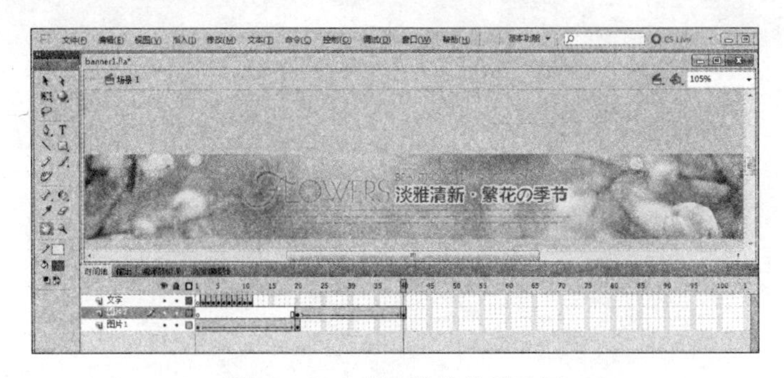

图 10－33　创建传统补间动画

11. 点击“图片 1”图层第 20 帧舞台上的图片，设置属性窗口中的“色彩效果”—“Alpha”值为 40。点击“图片 2”图层第 20 帧舞台上的图片，设置属性窗口中的“色彩效果”—“Alpha”值为 40，如图 10—34 所示。

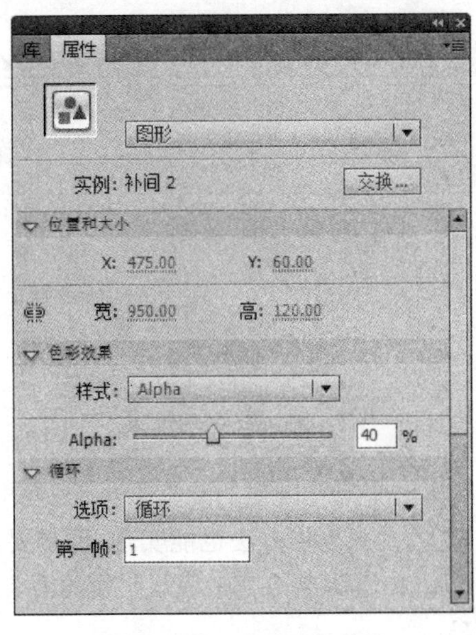

图 10—34　色彩效果设置

12. 在“图片 2”图层第 60 帧单击右键选择“插入帧”。

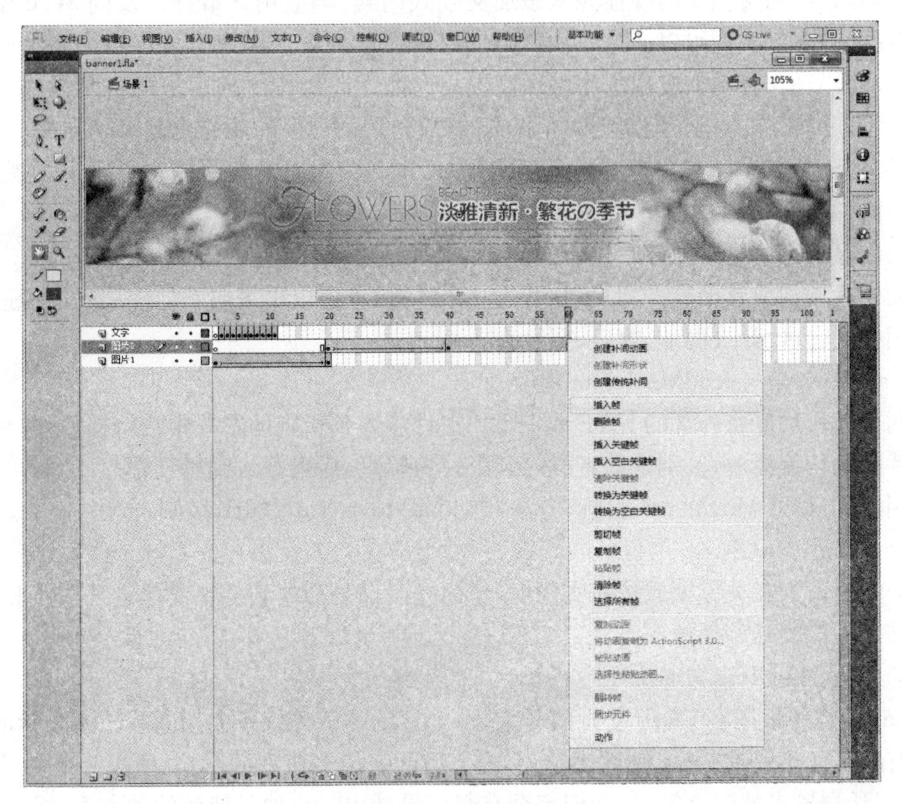

图 10—35　选择“插入帧”

13. 保存文档，按“Ctrl＋Enter”组合键测试影片，可看到图片渐隐过渡动画，如还需增加更多文字的动画效果，可参看前面的步骤。

图 10－36　最终效果

【知识拓展】

Flash 关键技术

运用 ActionScript 可以制作出交互性极强的动态网页、开发出精彩的游戏和各种实时交互系统，虽然有些效果通过传统的动画制作方法也能实现，但却要花费大量的时间，在这个讲究效率的时代，熟练地运用 Flash 内置脚本语言来满足制作的需要，才是明智之选。

（一）ActionScript 的代码

ActionScript 是一种功能全面的“面向对象编程”的编程语言，利用 ActionScript 代码可以控制动画的播放、为文档中的媒体元素添加交互式内容、响应用户事件以及同 Web 服务器之间交换数据。例如，我们可以通过添加代码使用户在单击某个按钮时显示一个新动画或新图像，还可以使用动作脚本向应用程序添加逻辑。它能让应用程序随用户的不同操作和其他情况而采取不同的工作方式。随着 Flash 版本的更新，代码命令的功能也越来越强大。

ActionScript 的一个突出特点是易于使用。Flash 为代码的编写创建了一个可视的、容易理解的界面，并提供了动作脚本助手，让初学者更易接受。

1. getURL()

该动作为按钮或其他事件与 Web 页建立超链接，也可以用来向其他应用程序传递变量。

调用格式：getURL(网址，窗口，变量)。

2. loadMovie()与 loadMovieNum()

这两个动作均能将外部的 SWF 或 JPEG 文件载入到指定的影片中进行播放，并可以实现几个影片间的切换播放，区别是前者载入到影片剪辑里，后者载入到场景中。

调用格式：load Movie(url，目标，方法)与 loadMovieNum (url，级别，方法)。

3. gotoAndPlay()

该语句通常加在关键帧或按钮实例上，作用是当动画播放到某帧或单击某按钮时，跳转到指定的帧并从该帧开始播放。

（二）动态 Loading 设计

Loading 经常被用在 Flash 动画的开头，一个好的下载等待条会让原本枯燥乏味的等待变得生动有趣。如果 index.swf 文件比较大，就会受网络传输速度的影响，所以在它被完全导入之前，为了让浏览者能耐心等待，我们完全有必要设计出一个独具特色的动态 Loading 来吸引浏览者。当然，一个好的 Loading 也能给网站起到良好的铺垫作用。

一般的方法是先将 Loading 做成一个独立的影片剪辑元件，在场景的最后位置设置一个标签，接着，再利用 ifFrameLoaded 函数来判断该动画是否已下载完毕，若已下载完毕就可以用 gotoAndPlay 命令来控制整个动画的播放。

例如：ifFrameLoaded(“标签”){gotoAndPlay(“开始播放的地方”)}。

(三)文本导入

在 Flash 网站的制作过程中进行文本导入，一般有两种方法：文本图形法和直接导入法。当文本内容较少，又希望有一定的动态效果时，可以使用文本图形法。文本导入法则能通过 loadVariables 函数，将独立的.txt 文本文件导入到 Flash 文件中，只要修改 txt 文本内容就可实现 Flash 中相关文件的修改，操作特别方便。

【课后专业测评】

任务背景：

李萍同学正在为自己设计网站，网页各种元素的布局都已确定，现增加 Flash 动画效果。下面就开始设计一个完美的网页吧。

任务要求：

1. 为网站设计 Logo 动画；

2. 为网站设计 Banner 动画。

技术要领：

用 Flash 完成网页中的动画设计。

解决问题：

动态效果与网页的完美结合。

应用领域：

个人网站；企业网站。

参考文献

[1]王爽,徐仕猛,张晶.网站设计与网页配色[M].北京:科学出版社,2011.
[2]王俭敏,方强,李静.CSS+DIV 网页样式与布局案例指导[M].北京:电子工业出版社,2009.
[3]王宇川.电子商务网站规划与建设[M].北京:机械工业出版社,2007.
[4]刘艳艳.企业网站总体规划探讨——以莱芜东方彩印有限公司为例[J].现代商业,2013(21).
[5]吴以欣,陈晓宁.动态网页设计与制作——HTML+CSS+JavaScript[M].北京:人民邮电出版社,2013.
[6]龙马工作室.全能网站建设完全自学手册[M].北京:人民邮电出版社,2011.
[7]吴倩.专题网站创意设计与实现[M].北京:北京师范大学出版社,2009.
[8]施教芳,谭海波,薛燕妮.HTML&CSS&JavaScript 标准教程[M].北京:中国青年出版社,2010.
[9]郝大鹏.电子商务网站建设[M].武汉:武汉理工大学出版社,2006.
[10]王大远.DIV+CSS 3.0 网页布局案例精粹[M].北京:电子工业出版社,2013.
[11]刘丽霞,陈隽,张宏.DIV+CSS 商业案例与网页布局开发精讲[M].北京:中国铁道出版社,2012.
[12]周明.网页设计与制作[M].天津:天津大学出版社,2009.
[13]唐乾林.网页设计与制作案例教程[M].北京:机械工业出版社,2010.
[14]姚莹,于俊丽,杨春浩等.网站制作与管理技术标准实训教程[M].北京:印刷工业出版社,2011.
[15]Jason Beaird 著.熊平,宓媛珊译.完美网页设计艺术[M].北京:人民邮电出版社,2008.
[16]Robin Williams,John Tollett 著.苏金国等译.写给大家看的 Web 设计书[M].北京:人民邮电出版社,2010.